全国测绘地理信息类职业教育“十四五”规划教材
职业教育产教融合特色规划教材

空间数据库技术及应用

主　编　代翔宇　陈　贺
副主编　任若菡　高　攀　朱　康
主　审　李　鹏

本书立体化资源

黄河水利出版社
·郑　州·

内 容 提 要

本书为全国测绘地理信息类职业教育“十四五”规划教材。全书共分为 10 个项目。项目 1 至项目 4,主要内容为数据库概述、设计数据库和关系表、表的创建与管理、SQL 查询设计;项目 5 至项目 8,主要内容为空间数据库概述、空间数据库设计、空间数据库的建立和维护、空间数据查询与分析;项目 9 为教学管理数据库建设实训,要求学生掌握关系型数据库的建设方法;项目 10 为自然资源数据库建设实训,要求学生掌握空间数据库的建设方法。每个项目均分为 4 个任务(实训项目除外),每个任务都以一个实际问题出发,引出解决该问题的理论知识,最后解决该问题,并完成相应的实践或练习。

本书可作为高职高专测绘地理信息类相关专业的教材使用,也可作为测绘地理信息类工程技术人员的参考书。

图书在版编目(CIP)数据

空间数据库技术及应用/代翔宇, 陈贺主编. —郑州:黄河水利出版社,2024. 7

全国测绘地理信息类职业教育“十四五”规划教材

ISBN 978-7-5509-3842-7

Ⅰ. ①空… Ⅱ. ①代… ②陈… Ⅲ. ①地理信息系统-高等职业教育-教材 Ⅳ. ①P208

中国国家版本馆 CIP 数据核字(2024)第 050251 号

策划编辑:陶金志 电话:0371-66025273 E-mail:838739632@qq.com

责任编辑 文云霞 责任校对 王单飞
封面设计 黄瑞宁 责任监制 常红昕
出版发行 黄河水利出版社
地址:河南省郑州市顺河路 49 号 邮政编码:450003
网址:www.yrcp.com E-mail:hhslcbs@126.com
发行部电话:0371-66020550
承印单位 河南承创印务有限公司
开 本 787 mm×1 092 mm 1/16
印 张 18.75
字 数 433 千字
版次印次 2024 年 7 月第 1 版 2024 年 7 月第 1 次印刷

定 价 54.00 元

前 言

党的二十大报告中强调“推进美丽中国建设,坚持山水林田湖草沙一体化保护和系统治理”“以国家重点生态功能区、生态保护红线、自然保护地等为重点,加快实施重要生态系统保护和修复重大工程”“推动黄河流域生态保护和高质量发展”等,这些具体的战略谋划和工作部署对新时代测绘地理信息工作提出了更精准的要求。自然资源部提出“强化一体化调查监测、智能化测绘与地理信息安全技术支撑”“构建‘天空地网’一体化自然资源调查监测技术体系”“加快推进实景三维中国技术体系建设”“研发新一代地理信息公共服务平台和公众版测绘成果相关技术”等新意见,指明了测绘地理信息行业的技术发展方向,而这些都离不开空间数据库技术的支持。

在测绘地理信息行业,表达地表、地下甚至空中物体的位置、形态、大小分布等,需要使用空间数据,其数据组织形式极其复杂,数据量极其庞大。空间数据库技术正是研究如何存储、管理和应用空间数据的一种技术。简而言之,空间数据库是一种专门用于存储和管理空间数据的数据库。

空间数据库涉及计算机科学、数学、测绘学等众多学科,许多空间数据库教材都力求涵盖空间数据库的众多知识点,造成教材内容驳杂,知识点众多,令职业院校的学生难以适应。本书是作者结合新方向,参阅了国内外有关数据库和空间数据库的文献,根据职业院校的学生特点,融合多年职业教育教学研究编写而成的。本书参考实际教学课时,以实际生产项目为依托,采用工作手册式思路编写,既满足一学期的理论教学安排,又让学生通过实训项目提高实践能力。图表清晰,内容丰富,每个项目包含项目概述、素质目标、思政小课堂等内容。对于贯彻党中央、国务院思政育人的指导方针,提升学生的政治素养具有重要意义。

全书共分为10个项目。项目1至项目4,主要内容为数据库概述、设计数据库和关系表、表的创建与管理、SQL查询设计,目的是让学生掌握数据库的基础知识,打好数据库基础。项目5至项目8,主要内容为空间数据库概述、空间数据库设计、空间数据库的建立和维护、空间数据查询与分析,目的是让学生掌握空间数据相关的理论知识和实践操作方法。项目9为教学管理数据库建设实训,要求学生掌握关系型数据库的建设方法。项目10为自然资源数据库建设实训,要求学生掌握空间数据库的建设方法。每个项目均分为4个任务(实训项目除外),每个任务都以一个实际问题出发,引出解决该问题的理论知识,最后解决该问题,并完成相应的实践或练习。同时,这4个任务又有前后关系,环环相扣,使学生通过4个任务的学习,解决一项实际问题,并得到相应的成果,提高学生的综合能力。

本书由河南测绘职业学院代翔宇负责大纲的制定,项目1、项目2、项目5由代翔宇编写,项目3、项目4由河南测绘职业学院任若菡编写,项目6由河南测绘职业学院高攀编写,项目7~项目9由河南测绘职业学院陈贺编写,项目10由河南省遥感院朱康编写。全书由代翔宇统稿,由河南省遥感院高级工程师李鹏审稿。

本书可作为高等职业院校测绘、地理、城市规划、市政管理、国土、资源与环境等专业的学生教材,也可供从事这些专业的相关工作人员参考。

本书在编写过程中,引用了同类教材的部分内容,在此谨向有关作者表示衷心的感谢!由于作者水平有限,书中难免有不足之处,恳请读者在使用过程中多提宝贵意见,以便今后进一步修改完善。

编　者

2024 年 1 月

目 录

项目 1　数据库概述

【项目概述】

随着计算机技术、网络通信技术和大数据技术的发展,数据库技术已经成为信息社会中对大量数据进行组织与管理的重要技术手段,是网络信息化管理系统的基础。本项目是学习《空间数据库技术及应用》的知识基础,介绍了数据库系统以及所涉及的一些基本概念和相关基础知识,包括以下内容:

任务 1　认识数据库

任务 2　数据模型

任务 3　数据库系统

任务 4　关系数据库

通过学习,使读者了解数据库系统的各个组成部分和各种数据模型的概念,理解关系数据库的各种概念,掌握关系数据库标准语言 SQL 的基本概念。

【素质目标】

通过了解我国优秀数据产业企业,引导学生关注国家数据产业发展,树立正确的职业观、人生观、价值观,客观思考我们国家民族的命运。

引导学生认识到高质量数据库的建立在当今社会经济发展中的重要作用,以及对人才的素质技能要求。

紧跟时代发展需求,提高学生的历史使命观念,提高社会责任感,创建理想信心与观念,使学生朝着正确的奋斗方向前进。

任务 1　认识数据库

【任务概述】

随着人类社会的进步、科学技术的发展,呈现在人们面前的信息越来越多,通过对大量的信息进行识别、处理、传递、存储,建立高效的信息管理系统已经成为越来越多用户的迫切需求。为此,在 20 世纪 60 年代,数据库技术作为软件学科的一个重要分支便应运而生。

【情景导入】

实际工作中,如何创建一个数据库来存储数据?使用数据库存储和管理数据,与文件管理方式相比有什么优势?

【问题探究】

1. 数据、信息与数据库

信息、数据是在学习数据库之前与数据库技术密切相关的两个基本概念。

动画 1-1　数据与信息

1）数据（Data）

在计算机科学中，数据是所有能输入并被计算机处理的对象，包括数字、文字、符号、图形、图像以及它们能转换成的其他形式。数据也是数据库中存储的基本对象。例如，用学号、姓名、年龄这几个特征来描述学生时，（2020021101，罗辑，20）这一记录就是一个学生的数据；又如用 X、Y 这一信息来表示某一点的平面位置时，（4 223 275.361，23 964 255.156）这一记录就是描述某一个点的通用坐标数据。

2）信息（Information）

数据是用以荷载信息的物理符号，其本身并没有意义，但是由数据而产生的信息就能表示出数据内涵的意义。信息是用数据来表示事件、事物、现象等的内容、数量或特征，作为生产、建设、经营、管理、分析和决策的依据。

微课 1-1　基础知识

信息与数据是不可分离的，数据是信息的载体，信息是数据的表达。只有理解了数据的含义，对数据做出解释，才能提取数据中所包含的信息。对数据进行处理就是为了得到数据中包含的信息。例如，从测量数据中可以确定对象的形状、大小和位置等信息，从遥感图片中可以提取探测对象的大小、形状和专题信息。

3）数据库（DataBase，DB）

数据库是什么呢？实质上，数据库就是存放数据的仓库。只不过这个仓库是在计算机存储设备上且数据是按一定格式存放的。

人们收集并抽取一个应用所需要的大量数据之后，应将其保存起来以供进一步加工处理，进一步抽取有用信息。在科学技术飞速发展的今天，人们的视野越来越广，数据量急剧增加。过去人们把数据存放在文件中，现在人们借助计算机和数据库技术科学地保存和管理大量的、复杂的数据，以便能方便而充分地利用这些宝贵的信息资源。

因此，数据库是指长期存储在计算机内的、有组织的、可共享的数据集合。数据库中的数据按一定的数据模型组织、描述和存储，具有较小的冗余度、较高的数据独立性和易扩展性，并可为不同用户共享。

2. 数据处理、数据管理和数据库管理系统

1）数据处理（Data Processing）

数据处理是指对数据进行收集、存储、分类、计算、加工、检索、传输和制表等处理的总称。数据处理的目的是对原始数据进行加工，从而得到所需要的有价值的数据。数据处理是系统工程和自动控制的基本环节，贯穿于社会生产和社会生活的各个领域。数据处理技术的发展及其应用的广度和深度，极大地影响着人类社会发展的进程。

数据处理离不开软件的支持，数据处理软件包括：用以书写处理程序的各种程序设计语言及其编译程序，管理数据的文件系统和数据库系统，以及各种数据处理方法的应用软件。为了保证数据安全可靠，还要有一整套数据安全保密的技术。

数据处理是对数据（包括数值的和非数值的）进行分析和加工的技术过程，包括对各种原始数据的分析、整理、计算、编辑等的加工和处理。随着计算机的日益普及，在计算机应用领域中，数值计算所占比重很小，通过计算机数据处理进行信息管理已成为主要的应用。如测绘制图管理、仓库管理、财会管理、交通运输管理、技术情报管理、办公室自动化等。在地理数据方面既有大量自然环境数据(土地、水、气候、生物等各类资源数据),也有大量社会经济数据(人口、交通、工农业等),常要求进行综合性数据处理。因此,需建立地理数据库,系统地整理和存储地理数据,以减少数据冗余。

2)数据管理(Data Management)

数据处理的中心问题是数据管理,数据管理是利用硬件和软件技术对数据进行有效的收集、存储、处理和应用的过程。其目的在于充分有效地发挥数据的作用。实现数据有效管理的关键是数据组织。

随着计算机技术的发展,数据管理经历了手工管理方式、文件管理方式、数据库管理方式系统三个发展阶段。在数据库系统中所建立的数据结构,更充分地描述了数据间的内在联系,便于数据修改、更新与扩充,同时保证了数据的独立性、可靠性、安全性与完整性,减少了数据冗余,提高了数据共享程度以及数据管理效率。

(1)手工管理方式。

20世纪50年代中期以前,计算机对数据的处理主要限于手工管理(或称人工管理、自由管理、程序管理)方式阶段,计算机主要用于科学计算,这种方式要求用户必须掌握数据在计算机内部的存储位置和方式,才能在程序中使用这些数据,如图1-1所示。将要处理的数据交给应用程序直接管理,因而数据冗余很大,无法让数据共享,数据也不可能长期保存,而且数据必须依附于程序。

手工管理方式具有如下特点:数据不存储;无专门的数据管理软件;数据无共享;数据不具有独立性等。

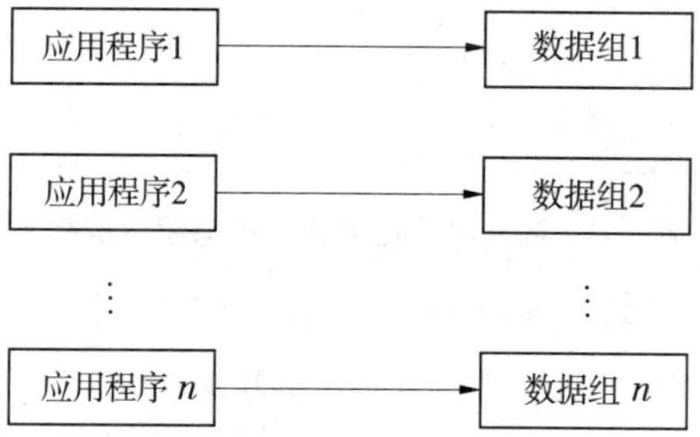

图1-1　手工管理方式数据与程序的关系

(2)文件管理方式。

20世纪50年代后期至60年代中期,计算机不仅应用于科学计算,还大量应用于经济管理,数据处理进入第二阶段——文件管理方式。这种方式是把数据集中存放在一个或多个数据文件中,用户在程序中通过一个名为"文件管理系统"的软件来使用数据文件中的数据,实现了按文件名访问、按记录存取的管理技术,如图1-2所示。文件管理仍是现在高级语言普遍采用的数据管理方式。在数据量较大的系统中,数据之间会存在着某种联系,文件系统中的数据就缺乏这种联系,造成数据访问的不便。

文件管理方式具有以下特点:数据长期存储;由文件系统管理数据;数据共享性差,冗余度大;数据独立性弱等。

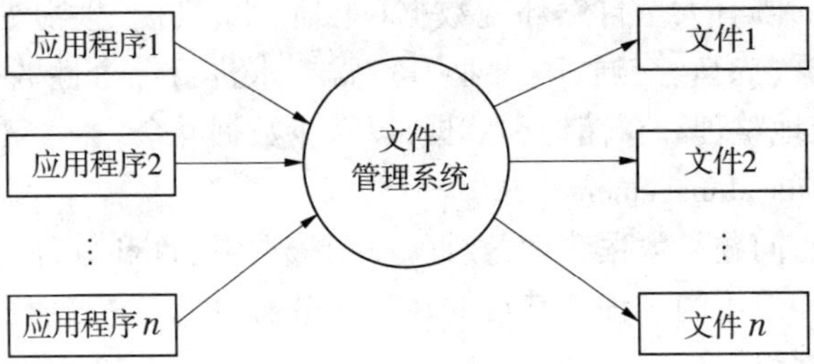

图 1-2 文件管理方式数据与程序的关系

(3)数据库管理方式。

20 世纪 60 年代后期,计算机性能得到提高,出现了大容量磁盘,磁盘容量大大增加且价格下降。在此基础上,使克服文件管理系统的不足而去满足和解决实际应用中多用户、多应用程序共享数据的要求成为可能,从而使数据为尽可能多的应用程序服务。在这样的背景下,进入数据处理发展的第三阶段——数据库管理方式,它把数据集中存放在一个数据库中,用户通过一个名为“数据库管理系统”的软件可以很方便地使用数据库中的数据,如图 1-3 所示。

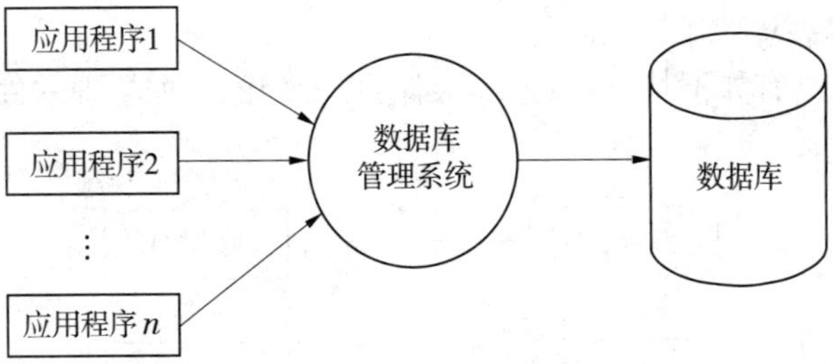

图 1-3 数据库管理方式数据与程序的关系

这一阶段的特点是采用数据模型表示复杂的数据结构、有较高的数据独立性、为用户提供了方便的接口和统一的数据控制功能(数据并发控制、数据的备份与恢复、数据安全性控制、数据完整性控制等),增强了系统的灵活性。在数据库系统阶段对数据的操作既可以记录为单位,也可以数据项为单位。

3)数据库管理系统(Data Base Management System,DBMS)

为解决数据冗余,实现独立性,实现数据共享并解决由于数据共享而带来的数据完整性、安全性及并发控制等一系列问题,数据库的运行必须有一个软件系统来控制,这个软件系统为数据库管理系统。

微课 1-2 数据库管理系统

DBMS 是一种操纵和管理数据库的大型软件,用于建立、使用和维护数据库,它对数据库进行统一的管理和控制,以保证数据库的安全性和完整性。用户通过 DBMS 访问数据库中的数据,数据管理员也通过 DBMS 进行数据库的维护工作。它提供多种功能,可使多个应用程序和用户用不同的方法在相同或不同时刻去建立、修改和询问数据库。它使用户能方便地定义和操纵数据,维护数据的安全性和完整性,以及进行多用户下的并发控制和恢复数据库。

【前沿知识】

1. 高级数据库技术阶段

随着计算机技术以及其他相关技术的不断发展,数据库技术已经和网络通信技术、面向对象技术、人工智能技术等交叉融合在一起,出现了分布式数据库系统、面向对象数据库系统、智能型知识数据库系统、多媒体数据库系统以及数据仓库等。

数据库技术成为当今计算机领域发展最快的技术之一,它的实用性很强,应用范围很广,其应用领域几乎覆盖社会生活的各个方面。建设一个以数据库管理系统为核心的信息管理系统对于提高管理效率、增强竞争力具有极其重要的意义。

1)分布式数据库系统

分布式数据库系统(Distributed Database Systems,DDBS)是分布在计算机网络不同结点上的数据集合。分布式数据库系统在物理上是分散的,在逻辑上是统一的。其主要特点是网络上各结点上的数据库都具有独立的处理能力,一般数据处理本地完成,不能处理的才交给其他计算机处理;计算机之间通过通信网络连接,每个结点上的计算机可以访问本地数据库,也可以访问其他结点上的数据库;系统中数据冗余相对增多;个别结点的失效不会引起系统的瘫痪;多结点并行工作,数据处理效率提高。

分布式数据库系统已经成为信息处理学科的重要领域,正在迅速发展之中。

2)面向对象数据库系统

面向对象数据库系统(Object Oriented Database System,OODBS)是由面向对象数据模型定义的对象集合,该集合中的对象反映了面向对象程序设计所支持的对象语义。面向对象数据库系统是一个面向对象数据库的永久共享存储器和管理程序。

面向对象数据库系统的基本设计思想是:一方面把面向对象语言向数据库方向扩展,使应用程序能够存取并处理对象;另一方面扩展数据库系统,使其具有面向对象的特征,提供一种综合的语义数据建模概念集,以便对现实世界中复杂应用的实体和联系建模。因此,面向对象数据库系统首先是一个数据库系统,具备数据库系统的基本功能,其次是一个面向对象的系统,是针对面向对象的程序设计语言的永久性对象存储管理而设计的,充分支持完整的面向对象概念和机制。

3)智能型知识数据库系统

智能型知识数据库系统是一门新的学科,该系统将人工智能的知识获取技术与机器学习的理论引入数据库系统中,通过抽取隐含在数据库实体间的逻辑蕴含关系和隐含在应用中的数据操纵之间的因果关系,形式化地描述数据库中的实体联系。在智能型知识数据库中可以把语义知识自动提供给推理机,从已有的事实知识推出新的事实知识。它主要研究知识的表示、结构、存储、获取等技术,是专家系统、知识处理系统的重要组成部分。

4)多媒体数据库系统

多媒体数据库系统(Multi-media Database System,MDBS)是数据库技术与多媒体技术相结合的产物。在许多数据库应用领域中,都涉及大量的多媒体数据。多媒体数据相较传统的数字和字符等格式化数据更为复杂,因此多媒体数据库系统处理的数据量大,数据需要实时处理和传输,数据类型复杂。

5)数据仓库

数据仓库(Data Warehouse,DW 或 DWH),是为企业级别的决策制定过程,提供所有类型数据支持的战略集合。它是单个数据存储,出于分析性报告和决策支持目的而创建。数据仓库的数据主要供企业决策分析之用,所涉及的数据操作主要是数据查询,一旦某个数据进入数据仓库以后,一般情况下将被长期保留,也就是数据仓库中一般有大量的查询操作,但修改和删除操作很少,通常只需要定期地加载、刷新。

6)非关系型数据库

非关系型数据库(NoSQL 数据库,指“Non-relational”或“Not Only SQL”),是用于存储和检索数据的非关系数据库系统。在大数据时代,像用户生成的数据、地理位置数据、物联网生成的数据等,呈指数级增长,这时 NoSQL 数据库就出现了。NoSQL 数据库中,数据之间无关系,非常容易扩展,并且具有非常高的读写能力。目前,比较常用的 NoSQL 数据有 MongoDB、HBase、Oracle NoSQL 等。

2. 常用的数据库管理系统

1)Oracle

Oracle 是一个最早商业化的关系型数据库管理系统,也是应用广泛、功能强大的数据库管理系统。Oracle 作为一个通用的数据库管理系统,不仅具有完整的数据管理功能,还是一个分布式数据库系统,支持各种分布式功能,特别是支持 Internet 应用。作为一个应用开发环境,Oracle 提供了一套界面友好、功能齐全的数据库开发工具。Oracle 使用 PL/SQL 语言执行各种操作,具有可开放性、可移植性、可伸缩性等功能。特别是在 Oracle 8i 中,支持面向对象的功能,如支持类、方法、属性等,使得 Oracle 产品成为一种对象/关系型数据库管理系统。

2)MySQL

MySQL 是一个关系型数据库管理系统,由瑞典 MySQL AB 公司开发,属于 Oracle 旗下产品。MySQL 是最流行的关系型数据库管理系统之一,在 Web 应用方面,MySQL 更是得到了广泛的应用。MySQL 所使用的 SQL 语言是用于访问数据库的最常用标准化语言。MySQL 软件采用了双授权政策,由于其体积小、速度快、总体拥有成本低,尤其是开放源码这一特点,一般中小型和大型网站的开发都选择 MySQL 作为网站数据库。

3)Microsoft SQL Server

Microsoft SQL Server 是一种典型的关系型数据库管理系统,可以在许多操作系统上运行,它使用 Transact-SQL 语言完成数据操作。由于 Microsoft SQL Server 是开放式的系统,其他系统可以与它进行完好的交互操作。它具有可靠性、可伸缩性、可用性、可管理性等特点,为用户提供完整的数据库解决方案。

4)Microsoft Access

作为 Microsoft Office 组件之一的 Microsoft Access 是在 Windows 环境下的桌面型数据库管理系统。使用 Microsoft Access 无须编写任何代码,只需通过直观的可视化操作就可以完成大部分数据管理任务。在 Microsoft Access 数据库中,包括许多组成数据库的基本要素。这些要素是存储信息的表、显示人机交互界面的窗体、有效检索数据的查询、信息输出载体的界面、提高应用效率的宏、功能强大的模块工具等。它不仅可以通过 ODBC 与其他数据库相连，实现数据交换和共享，还可以与Word、Excel等办公软件进行数据交换和共享，并且通过对象链接与嵌入技术在数据库中嵌入和链接声音、图像等多媒体数据。

5）MongoDB

MongoDB是基于分布式文件存储的数据库，是一个可伸缩和可访问的数据库，它使用C++语言编写，旨在为Web应用提供可扩展的高性能数据存储解决方案。MongoDB支持的数据结构非常松散，因此可以存储比较复杂的数据类型。它最大的特点是支持的查询语言非常强大，其语法类似于面向对象的查询语言，几乎可以实现类似关系数据库单表查询的绝大部分功能，而且支持对数据建立索引。

【应用思考】

不同数据库软件如何存储和管理数据，查阅相关资料，以此为题撰写一篇报告。

【作业】

1. 什么是信息？什么是数据？两者之间有何种关系？
2. 如何进行数据处理与管理？
3. 谈谈你对数据库管理系统的理解。
4. 在大数据时代，诞生了哪些新的数据库系统？

任务2　数据模型

【任务概述】

在数据库系统中存储和管理的数据，均是现实世界客观事物的属性描述。若要将现实世界客观事物的属性抽象为可由计算机存储和处理的数据，一般需要经过3个阶段的转化过程：现实世界→信息世界→计算机世界。所有的数据系统均是基于某种数据模型的，数据模型直接影响数据库的性能。因此，数据模型的选择是设计数据库的一项首要任务。

【情景导入】

如何将现实世界中的事物转换到信息世界中？如何将信息世界中的信息转换成数据？

【问题探究】

微课1-3　三个世界的划分

数据模型（Data Model）是现实世界数据特征的抽象，用于描述一组数据的概念和定义。数据模型是数据库中数据的存储方式，是数据库系统的基础。在数据库中，数据的物理结构又称数据的存储结构，就是数据元素在计算机存储器中的表示及其配置；数据的逻辑结构则是指数据元素之间的逻辑关系，它是数据在用户或程序员面前的表现形式，数据的存储结构不一定与逻辑结构一致。

1. 三个世界的划分

动画1-2　三个世界的划分

数据的加工是一个逐步转化的过程，经历了现实世界、信息世界和计算机世界这三个不同的世界，经历了两级抽象和转换，如图1-4所示。

图 1-4　三个世界的关系

1）现实世界

现实世界就是客观事物及由事物本身的性质决定的事物之间的联系。现实世界中的事物之间既有“共性”，又有“个性”。要解决现实问题，就要从中找出反映实际问题的对象，研究它们的性质及其内在规律，从而寻求解决的方法。现实世界是数据库系统设计者接触到的最原始的数据。

如学校的收费管理系统中涉及基本信息管理（院系信息管理、专业信息管理、学生信息管理）、学生收费管理（收费项目维护、学生收费管理）、查询统计管理（日收费统计管理、月收费统计管理）以及系统用户管理（用户权限管理、用户密码设置）等。

2）信息世界

现实世界中的事物及其相互间的联系经过人们的感知、分析、归纳、抽象形成相应的信息。对这些信息的记录、整理、分类和格式化，就构成了信息世界。因此，信息世界也称为概念世界，是现实世界在人们头脑中的反映，是用数据对客观事物及其联系的一种抽象描述。其中，经过抽象描述的现实世界中的客观事物在信息世界中称为“实体”。

如基本信息管理中的专业信息表，可以用专业编号、专业名称、专业描述以及院系编号等一组数据来描述，通过这样一组数据就可以了解相关部门的基本情况。

3）计算机世界

计算机世界是将信息世界的内容数据化后的产物，将信息世界中的概念模型，进一步转换成数据模型，形成便于计算机处理的数据表现形式。

数据项（Item）：是对象属性的数据表示。数据项有型和值之分，数据项的型是对数据特性的表示，它通过数据项的名称、数据类型、数据宽度和值域等来描述；数据项的值是其具体取值。数据项的型和值都要符合计算机数据的编码要求，即都要符合数据的编码要求。

记录（Record）：是实例的数据表示。记录有型和值之分，记录的型是结构，由数据项的型构成；记录的值表示对象中的一个实例，它的分量是数据项值。例如，“姓名，性别，年龄，所在系”是学生数据的记录型，而“张三，男，23，计算机系”是一个学生的记录值，它表示学生对象的一个实例，“张三”“男”“23”“计算机系”都是数据项值。

文件（File）：文件是对象的数据表示，是同类记录的集合，即同一个文件中的记录类型应是一样的。例如，将所有学生的登记表组成一个学生数据文件，文件中的每条记录都要按“姓名，性别，年龄，所在系”的结构组织数据项值。

数据模型（Data Model）：现实世界中的事物和相互联系反映到计算机世界中，是文件的记录结构和不同文件间的记录与记录之间的联系，它们数据化的结果就是数据模型。

2. 概念模型与逻辑模型

1) 概念模型

微课 1-4　概念模型与逻辑模型

概念模型是一种独立于计算机系统,完全不涉及信息在计算机中的表示,仅用于描述某个特定组织所关心的信息结构的数据模型,也称信息模型。概念模型是按用户的观点来对数据和信息进行建模的,是用户和数据库系统设计者之间进行交流的工具,它既独立于计算机系统,又与具体的数据库管理系统无关。这一类模型中最常用的是"实体-联系模型"。

概念模型的特征包括:具有较强的语义表达能力,能够方便、直接地表达应用中的各种语义知识;简单、清晰、易于理解;独立于计算机系统的模型,完全不涉及信息在计算机中的表示;独立于任何 DBMS,可以方便地转换为计算机上任一数据库管理系统所支持的特定数据模型。

2) 逻辑模型

逻辑模型是直接面向数据库的逻辑结构。它是按计算机系统的观点对数据建模,是对现实世界的第二次抽象。逻辑模型设计计算机系统和数据库管理系统,故又称为结构数据模型,它包括层次模型、网状模型、关系模型和面向对象模型等。

A. 逻辑模型三要素

(1) 数据结构:用于描述系统的静态特征,包括数据的类型、内容、性质及数据之间的联系等。它是数据模型的基础,也是刻画一个数据模型性质最重要的方面。在数据库系统中,人们通常按照其数据结构的类型来命名数据模型。例如,层次模型和关系模型的数据结构就分别是层次结构和关系结构。

(2) 数据操作:用于描述系统的动态特征,包括数据的插入、修改、删除和查询等。数据模型必须定义这些操作的确切含义、操作符号、操作规则及实现操作的语言。

(3) 数据约束:数据的约束条件实际上是一组完整性规则的集合。完整性规则是指给定数据模型中的数据及其联系所具有的制约和存储规则,用以限定符合数据模型的数据库及其状态的变化,以保证数据的正确性、有效性和相容性。例如,限制一个表中学号不能重复,或者年龄的取值不能为负,都属于完整性规则。

B. 逻辑模型的类型

a. 层次模型(Hierarchical Model)

层次模型是以记录数据为结点的树,结点之间的联系像一棵倒放的树,树根、树的分枝点、树叶都是结点。结点是分层的,树根是最高层。例如,家谱、企事业中各部门编制之间的联系。

b. 网状模型(Network Model)

网状模型是以记录数据为结点的连通图,结点之间的联系像一张网,网上的连接点都是结点。结点之间是平等的,不分层次。例如,同事、同学、朋友、亲戚之间的联系。

c. 关系模型(Relational Model)

模型中每个关系对应一张二维表,采用二维表来表示数据及其联系,表格与表格之间通过相同的字段属性建立联系。由于关系模型有很强的数据表示能力和坚实的数学理论,且结构单一,数据操作方便,最容易被用户接受,是目前应用最广的一种数据模型。例如,学生成绩表、人事档案表等。

20世纪80年代以来,计算机运营商世界知名数据库研发公司新推出的数据库管理系统几乎都支持关系模型,非关系系统的产品也大都加上了关系接口。数据库领域当前的研究工作也都是以关系方法为基础的。因此,本书关于空间数据库的基础理论的重点也将放在关系数据库上面。

d. 面向对象模型(Object Oriented Model)

面向对象数据库系统支持面向对象数据模型(简称OO模型)。

也就是说,一个面向对象数据库系统是一个持久的、可共享的对象库的存储和管理者,而一个对象库是由一个OO模型所定义的对象的集合体。

【前沿知识】

新一代数据库技术的研究和发展

目前,已从多方面发展了现行的数据库系统技术,从数据模型、新技术内容、应用领域三个方面概括新一代数据库系统的发展。

1. 面向对象的方法和技术对数据库发展的影响最为深远

面向对象的方法和技术的出现,对计算机各个领域,包括程序设计语言、软件工程、信息系统设计以及计算机硬件设备等都产生了深远的影响,也给面临新挑战的数据库技术带来了新的机遇和希望。数据库研究人员借鉴和吸收了面向对象的方法和技术,提出了面向对象的数据库模型(简称对象模型)。当前有许多研究是建立在数据库已有的成果和技术上的,针对不同的应用,对传统的DBMS,主要是RDBMS进行不同层次上的扩充,例如,建立对象关系(OR)模型和建立对象关系数据库(ORDB)。

2. 数据库技术与多学科技术的有机结合

数据库技术与多学科技术的有机结合是当前数据库发展的重要特征。计算机领域中其他新兴技术的发展对数据库技术产生了重大影响。传统的数据库技术和其他计算机技术的结合、互相渗透,使数据库中新的技术内容层出不穷。数据库的许多概念、技术内容、应用领域,甚至某些原理都有了重大的发展和变化。建立和实现了一系列新型的数据库,如分布式数据库、并行数据库、演绎数据库、知识库、多媒体库、移动数据库等,它们共同构成了数据库大家族。

3. 面向专门应用领域的数据库技术的研究

为了适应数据库应用多元化的要求,在传统数据库基础上,结合各个专门应用领域的特点,研究适合该应用领域的数据库技术,如工程数据库、统计数据库、科学数据库、空间数据库、地理数据库、Web数据库等,这是当前数据库技术发展的又一重要特征。同时,数据库系统结构也由主机/终端的集中式结构发展到网络环境的分布式结构,随后又发展成两层、三层或多层客户/服务器结构以及Internet环境下的浏览器/服务器和移动环境下的动态结构。多种数据库结构满足了不同应用的需求,适应了不同的应用环境。

【应用思考】

在学校可以看到各种各样的事物,如何把它们转化为计算机中的数据?

【作业】

1. 三个世界是如何划分的?

2. 什么是数据模型？数据模型有什么作用？

3. 什么是数据库概念模型？有什么特点？

任务 3　数据库系统

【任务概述】

数据库系统是由一系列与数据相关的技术组成的系统，数据库管理系统是数据库系统中非常重要的一种，通过学习数据库系统和数据库管理系统的组成、结构，了解数据库系统和数据库管理系统的具体内涵。

【情景导入】

已经收集的数据如何进行管理？

【问题探究】

1. 数据库系统

数据库系统（DataBase System，DBS）是一个由硬件、软件（操作系统、数据库管理系统和编译系统等）、数据库和用户构成的完整计算机应用系统。数据库系统是为适应数据处理的需要而发展起来的一种较为理想的数据处理系统，也是一个为实际可运行的存储、维护和应用系统提供数据的软件系统，是存储介质、处理对象和管理系统的集合体。

微课 1-5　数据库系统结构特点

1）数据库系统的结构

美国 ANSI/X3/SPARC 的数据库管理系统研究小组为了提高数据库数据的逻辑独立性和物理独立性，于 1975 年、1978 年提出标准化的建议，将数据库结构分为三级：外模式（external scheme）、概念模式（conceptual scheme）和内模式（internal scheme），如图 1-5 所示。

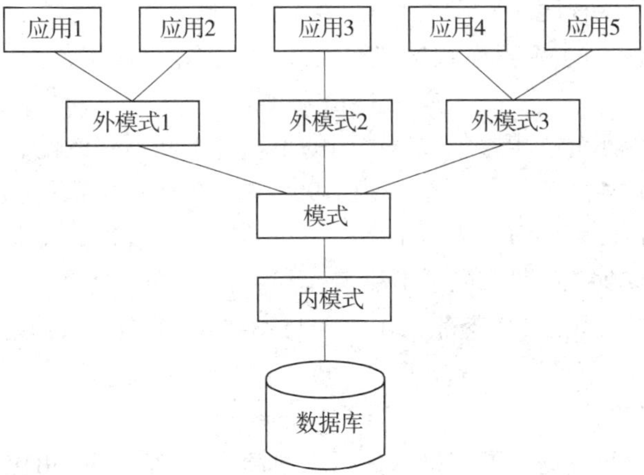

图 1-5　数据库系统的三级模式结构

外模式对应用户级数据库，是用户看到和允许使用的那部分数据逻辑结构，因此也称为用户视图(view)、子模式和局部逻辑结构。用户根据DBMS提供的子模式,用查询语言或应用程序去操纵数据库中的数据。

概念模式简称模式,对应概念级数据库,是对数据库的整体逻辑描述,因此也称为全局逻辑模式。通常也称为数据库管理员视图,因为这是数据库管理员所看到的数据库。它是所有用户视图的一个最小并集,它把用户视图有机地结合成一个逻辑整体。

内模式对应物理级数据库,又称存储模式,它包含数据库的全部存储数据,数据存储在内存、外存介质上。这些数据是用一定的文件组织方法组织起来的一个个物理文件,它是系统管理员看到的数据库,因此也称为系统管理员视图。

对一个数据库系统来说,实际上存在的只是物理级数据库,它是数据访问的基础。而概念级数据库是物理级数据库的一种抽象描述,用户级数据库是用户与数据库的接口。

用户根据子模式进行操作,通过子模式到模式的映射与概念级联系起来,又通过模式到存储模式的映射与物理级联系起来。一个数据库管理系统的中心工作就是完成三级数据库之间的转换,把用户对数据库的操作转化到物理级去执行。概念模式向物理模式映射的过程,是数据库管理系统在操作系统的支持下完成的。

2)数据库系统的特点

(1)数据结构化。

在描述数据时不仅要描述数据本身,还要描述数据之间的联系。数据结构化是数据库的主要特征之一,也是数据库系统与文件系统的本质区别。在同一数据库中,各个数据文件存在联系,且在整体上服从一定的结构形式。

(2)数据共享性高、冗余度低、易扩充。

共享性高:数据库系统从整体角度看待和描述数据,数据不再面向某个应用而是面向整个系统,这样可以减少数据冗余,节约存储空间,即数据库中的数据可以被多个用户、多个应用同时使用。

冗余度低:冗余度是指同一数据被重复存储的程度,数据库系统由于数据结构化,使得冗余度可能降到最低程度。

易扩充:由于设计时主要考虑数据结构化,即面向系统,而不是面向某个应用,所以容易扩充。

数据共享和减少冗余还能避免数据之间的不相容性和不一致性。

不相容性:例如,某人工作了两个部门,1986—1990年在甲部门,1990—1996年在乙部门,在写档案材料时,甲部门写成了1986—1990年,由于信息不共享,加之工作疏忽,乙部门写成了1989—1996年,即造成了不相容,两部门间重复了1年。

不一致性:例如,某职工为“李萍”,由于信息不共享,系别输入的姓名为“李萍”,但工资记录输入的姓名为“李平”,即造成了不一致。

(3)数据独立性高。

由于应用程序读取数据不是直接从数据库中读取,而是通过DBMS间接读取的,故保持了应用与数据库数据的物理独立性和逻辑独立性。所谓物理独立性,是指当数据的存储结构(或物理结构)改变时,通过DBMS的相应改变可以保持数据的逻辑结构不变,从而应用程序也不必改变。所谓逻辑独立性,是指当数据的总体逻辑结构改变时,通过

DBMS 的相应改变可以保持数据的局部逻辑结构不变,应用程序是依据数据的局部逻辑结构编写的,所以应用程序不必改变。

(4)数据由 DBMS 统一管理和控制。

由于数据库的共享是并发的共享,即多个用户可以同时存取数据库中的数据,甚至可以同时存取数据库中同一个数据。

综上所述,数据库是长期存储在计算机内有组织的大量的共享的数据集合,它可以供各种用户共享,具有最小冗余度和较高的数据独立性。DBMS 在数据库建立、运用和维护时对数据库进行统一控制,以保证数据的完整性、安全性,并在多用户同时使用数据库时进行并发控制,在发生故障后对系统进行恢复。

数据库系统的出现使信息系统从以加工数据的程序为中心转向围绕共享的数据库为中心的新阶段。这样既便于数据的集中管理,又有利于应用程序的研制和维护,提高了数据的利用率和相容性,提高了决策的可靠性。

目前,数据库已经成为现代信息系统不可分离的重要组成部分。具有数百万甚至数十亿字节信息的数据库已经普遍存在于科学技术、工业、农业、商业、服务业和政府部门的信息系统。

3)数据库系统的组成

(1)硬件。

由于数据库系统建立在计算机硬件基础之上,它在必需的硬件资源支持下才能工作。因而,系统的计算机设备配置情况是影响数据库运行的重要因素。支持数据库系统的计算机硬件资源包括中央处理器、内存、外存及其他外部设备,外部设备要包括某个具体的数据库系统所需的数据通信设备和数据输入输出设备。数据通信设备要满足用户间的数据传递和数据共享要求,例如计算机网络和多用户数据传输设备。数据输入输出设备要满足某些特殊的数据 I/O 要求,比如图形扫描仪、大屏幕的显示器及激光打印机等。

(2)软件。

数据库系统的软件除数据库管理系统外,还包括操作系统、各种高级语言处理程序(编译或解释程序)、应用开发工具软件和特定应用软件等。例如,报表生成系统、表格软件、图形编辑系统等,它们为数据库系统的应用开发人员和最终用户提供了有力的支持。

(3)数据库。

长期存储在计算机内的,有组织、可共享的数据的集合。数据库中的数据按一定的数学模型组织、描述和存储,具有较小的冗余、较高的数据独立性和易扩展性,并可为各种用户共享。

(4)用户。

主要有四类。第一类为系统分析员和数据库设计人员:系统分析员负责应用系统的需求分析和规范说明,他们和用户及数据库管理员一起确定系统的硬件配置,并参与数据库系统的概要设计。数据库设计人员负责数据库中数据的确定、数据库各级模式的设计。第二类为应用程序员,负责编写使用数据库的应用程序。这些应用程序可对数据进行检索、建立、删除或修改。第三类为最终用户,他们利用系统的接口或查询语言访问数据库。第四类用户是数据库管理员(Data Base Administrator, DBA),负责数据库的总体信息控制。DBA 的具体职责包括:具体数据库中的信息内容和结构,决定数据库的存储结构和存取策略,定义数据库的安全性要求和完整性约束条件,监控数据库的使用和运行,负责数据库的性能改进、数据库的重组和重构,以提高系统的性能。

2. 数据库管理系统

为解决数据冗余,实现独立性,实现数据共享并解决由于数据共享而带来的数据完整性、安全性及并发控制等一系列问题,数据库的运行必须有一个软件系统来控制,这个软件系统称为数据库管理系统(Data Base Management System,DBMS)。

数据库管理系统是一种操纵和管理数据库的大型软件,用于建立、使用和维护数据库,它对数据库进行统一的管理和控制,以保证数据库的安全性和完整性。用户通过 DBMS 访问数据库中的数据,数据管理员也通过 DBMS 进行数据库的维护工作。它提供多种功能,可使多个应用程序和用户用不同的方法在同时或不同时刻去建立、修改和询问数据库。它使用户能方便地定义和操纵数据,维护数据的安全性和完整性,以及进行多用户下的并发控制和恢复数据库。

1)主要功能

(1)数据定义:DBMS 提供数据定义语言 DDL(Data Definition Language),供用户定义数据库的三级模式结构、两级映像以及完整性约束和保密限制等约束。DDL 主要用于建立、修改数据库的库结构。DDL 所描述的库结构仅给出了数据库的框架,数据库的框架信息被存放在数据字典(Data Dictionary)中。

微课 1-6 数据库系统的主要功能

(2)数据操作:DBMS 提供数据操作语言 DML(Data Manipulation Language),供用户实现对数据的追加、删除、更新、查询等操作。

(3)数据库的运行管理:数据库的运行管理功能是 DBMS 的运行控制、管理功能,包括多用户环境下的并发控制、安全性检查和存取限制控制、完整性检查和执行、运行日志的组织管理、事务的管理和自动恢复,即保证事务的原子性。这些功能保证了数据库系统的正常运行。

(4)数据组织、存储与管理:DBMS 要分类组织、存储和管理各种数据,包括数据字典、用户数据、存取路径等,需确定以何种文件结构和存取方式在存储级上组织这些数据,如何实现数据之间的联系。数据组织和存储的基本目标是提高存储空间利用率,选择合适的存取方法提高存取效率。

(5)数据库的保护:数据库中的数据是信息社会的战略资源,所以数据的保护至关重要。DBMS 对数据库的保护通过四个方面来实现:数据库的恢复、数据库的并发控制、数据库的完整性控制、数据库安全性控制。DBMS 的其他保护功能还有系统缓冲区的管理以及数据存储的某些自适应调节机制等。

(6)数据库的维护:这一部分包括数据库的数据载入、转换、转储、数据库的重组和重构以及性能监控等功能,这些功能分别由各个使用程序来完成。

(7)通信:DBMS 具有与操作系统的联机处理、分时系统及远程作业输入的相关接口,负责处理数据的传送。对网络环境下的数据库系统,还应该包括 DBMS 与网络中其他软件系统的通信功能以及数据库之间的互操作功能。

2)模块组成

(1)数据定义程序模块。包括DDL翻译处理程序(包括外模式、模式、存储模式处理程序)、保密定义处理程序(如授权定义处理程序)、完整性约束定义处理程序等。这些程序接收相应的定义,进行语法、语义检查,把它们翻译为内部格式存储在数据字典中。DDL翻译程序还根据模式定义负责建立数据库的框架(形成一个空库),等待装入数据。

(2)数据操纵程序模块。包括DML处理程序、终端查询语言解释程序、数据存取程序、数据更新程序等。DML处理程序或终端查询语言解释程序对用户数据操纵请求进行语法、语义检查,由数据存取或更新程序完成对数据库的存取操作。

(3)数据库运行管理程序模块。包括系统初启程序,负责初始化DBMS,建立DBMS的系统缓冲区、系统工作区、打开数据字典等。还有安全性控制、完整性检查、并发控制、事务管理、运行日志管理等程序模块,在数据库运行过程中监视着对数据库的所有操作,控制管理数据库资源,处理多用户的并发操作等。它们一方面保证用户事务的正常运行及其原子性,另一方面保证数据库的安全性和完整性。

(4)数据库组织、存储和管理程序模块。包含文件读写与维护程序、存取路径(如索引)管理程序、缓冲区管理程序(包括缓冲区读、写、淘汰模块),这些程序负责维护数据库的数据和存取路径,提供有效的存取方法。

(5)数据库建立、维护和其他程序模块。包含数据库初始装入程序、转储程序、恢复程序、数据库重构造程序、数据转换程序、通信程序等。

DBMS的这些组成模块互相联系、互相依赖,共同完成DBMS复杂的功能。这些模块之间的联系也不是平面的、散乱无章的,具有一定的层次联系。

3)工作流程

为了进一步加深了解DBMS的功能,下面通过应用程序A读取数据库中的一个记录为例讨论DBMS的工作流程,DBMS工作流程示意图如图1-6所示。在应用程序A运行时,DBMS开辟一个数据库的系统缓冲区,用于输入、输出数据。外模式、模式、内模式的定义存放在数据字典中。

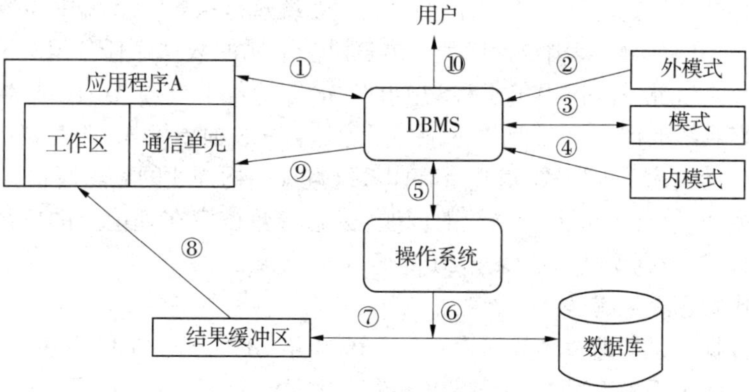

图1-6　DBMS工作流程示意图

(1)用户在应用程序A通过读记录的DML语句。该语句给出被涉及的外模式中记录类型名及欲读记录的关键码值。当计算机执行该DML语句时,立即启动DBMS,并向

DBMS 发出读记录的命令。

(2) DBMS 接到命令后，首先访问该用户对应的外模式，检查该操作是否在合法授权范围内。若不合法，则拒绝执行并向应用程序状态返回区发出不成功的状态信息，若合法则执行下一步。

(3) DBMS 读取相应的模式描述，并把外模式的外部记录格式映象到概念模式的概念记录格式，决定概念模式应读入哪些记录。

(4) DBMS 调用相应的内模式描述，并把概念模式映象到内模式，即把概念模式的概念记录格式映象到内模式的内部记录格式，确定应读入哪些物理记录以及具体的地址信息。

(5) DBMS 向操作系统发出从指定地址读物理记录的命令。

(6) DBMS 操作系统执行读命令，按指定地址从数据库中把记录读入数据库的系统缓冲区，并在操作结束后向 DBMS 做出回答。

(7) DBMS 收到 OS 读操作结束的回答后，参照模式，将读入系统缓冲区中的内容变换成概念记录，再参照外模式，变换成用户要求读取的外部记录。

(8) DBMS 所导出的外部记录从系统缓冲区送到应用程序 A 的“程序工作区”中。

(9) DBMS 向运行日志数据库发出读一条记录的信息，以备以后查询使用数据库的情况。

(10) DBMS 将操作执行成功与否的状态信息返回给用户。

【知识拓展】

数据库系统的阶段

1. 第一代数据库系统

第一代数据库系统是 20 世纪 70 年代研制的层次和网状数据库系统。1963 年，Bachman 设计开发的 IDS 系统开始投入运行，它可以为多个 COBOL 程序提供共享数据库。1968 年，TOTAL 等网状数据库系统开始出现。1969 年，IBM 公司 McGee 等开发的层次式数据库系统的 IMS 系统发表，它可以让多个程序共享数据库。1969 年 10 月，CODASYL 数据库研制者提出了网络模型数据库系统规范报告，使数据库系统开始走向规范化和标准化。1971 年，美国数据库系统语言协会下属的数据库任务组对网络数据库方法进行了系统的研究、探讨，提出了称为 DBTG 报告的若干报告，DBTG 报告确定并建立了网络数据库系统的许多概念、方法和技术，提出了三级抽象模式，即对应用程序所需的那部分数据结构描述的外模式，对整个客体系统数据结构描述的概念模式，对数据存储结构描述的内模式，解决了数据独立性的问题，标志着数据库在理论上的成熟。正因为如此，许多专家认为数据库技术起源于 20 世纪 60 年代末。

2. 第二代数据库系统

第二代数据库系统即关系数据库系统。1970 年 IBM 公司 Codd 发表了题为“大型共享数据库数据的关系模型”的论文，提出了关系数据模型，开创了关系数据库方法和关系数据库理论。关系数据库方法由于其理论上的完美和结构上的简单，对数据库技术的发展起了至关重要的作用，成功地为关系数据库技术奠定了理论基础。20 世纪 70 年代是关系数据库理论研究和原型系统开发的时代。关系数据库系统的研究取得了一系列的成果,它奠定了关系模型的理论基础,给出了被人们普遍接受的关系模型的规范说明。提出了关系数据语言,如关系代数、关系演算、SQL 语言、QBE 等。这些描述性语言一改以往程序设计语言和网状、层次数据库语言的面向过程的风格,以其易学易懂的优点得到了最终用户的欢迎,为 20 世纪 80 年代数据库语言标准化打下了基础。研制了大量的关系数据库系统原型,攻克了系统实现中查询优化、并发控制、故障恢复等一系列关键技术。不仅大大丰富了数据库管理系统实现技术和数据库理论,更重要的是促进了关系数据库系统产品的蓬勃发展和广泛应用。

3. 第三代数据库系统

20 世纪 80 年代以来,数据库理论和应用进入成熟发展时期。随着计算技术和计算机网络的发展,计算机应用领域迅速扩展,数据库应用领域也在不断地扩大,数据库技术在商业领域的巨大成就刺激了其他领域对数据库需求的迅速增长。一方面,新的数据库应用领域,如计算机辅助设计(CAD)、计算机辅助管理(CAM)、过程控制、办公自动化系统、地理信息系统(GIS)、计算机制造系统(CIMS)等,为数据库的应用开辟了新的天地。另一方面,在实际应用中管理方面的新需求也直接推动了数据库技术的研究与发展。

以关系数据库为代表的传统数据库已经很难胜任新领域的需求,因为新的应用要求数据库能处理复杂性较高的数据,如处理与时间有关的属性,甚至还要求数据库有动态性和主动性。这样就必须有新的数据库技术才能够满足现实需要,为了满足现代应用的需求,必须将数据库技术与其他现代数据处理技术(如面向对象技术、时序和实时处理技术、人工智能技术、多媒体技术)完善地集成,以形成“新一代数据库技术”,也可称为“现代数据库技术”,如时态数据库技术、实时数据库技术和多媒体数据库技术等。第三代数据库系统中最主要的数据库类型是面向对象数据库系统,它是数据库技术与面向对象程序设计方法相结合的产物,它既是一个 DBMS,又是一个面向对象系统。因而既具有 DBMS 特性,如持久性、辅助管理、数据共享(并发性)、数据可靠性(事务管理和恢复)、查询处理和模式修改等,又具有面向对象的特征,如类型/类、封装性/数据抽象、继承性、对象标识、复合对象和可扩充等特性。

【应用思考】

论述数据库管理系统在自己熟悉行业的应用。

【作业】

1. 什么是数据库系统？什么是数据库管理系统？两者有何区别？
2. 数据库系统有哪些特点？
3. 数据库管理系统的主要功能有哪些？

任务 4　关系数据库

【任务概述】

关系数据库是基于关系模型的一种数据库,在当今各行各业有着广泛的用途。通过学习,了解关系数据库的概念、特点、表示方法等。

【情景导入】

一个学校中的学生管理系统如何用关系数据库实现?

【问题探究】

关系数据库(Relational Database)是一个被组织成一组正式描述的表格的数据项的集合,这些表格中的数据能以许多不同的方式被存取或重新召集而不需要重新组织数据库表格。1970 年,美国 IBM 公司 San Jose 研究室的 E. F. Codd 首次提出了数据库系统的关系模型,开创了数据库关系方法和关系数据理论的研究,为数据库技术奠定了理论基础。

标准用户和应用程序到一个关系数据库的接口是结构化查询语言(SQL)。SQL 可在一个关系数据库中做交互式查询,或为报告聚集数据。

除相对容易创建和存取外,关系数据库具有容易扩充的重要优势。在最初的数据库创造之后,一个新的数据列就被添加,而不需要修改所有的现有应用软件。

关系型数据库是基于关系模型的一种数据库,关系模型由数据结构、关系操作和完整性约束三部分组成。

1. 关系的定义

关系是建立在数学集合代数概念基础上的。通常把一个没有重复行和重复列的二维表格看成一个关系,例如,学生基本情况表就是一个关系。每个表有一个名字,即表名。表格中的每一行在关系中称为一个元组(对应数据库中的记录),即表格中栏目名下的行。

微课 1-7　定义与数据模型

表格中的每一列在关系中称为一个属性,每个属性都要有一个属性名(对应数据库中的字段名),它对应表格中的栏目名。如"学号""姓名"等都是属性。属性的取值范围称为域。

记录中的一个字段的取值,称为字段值或分量。记录值随着每一行记录的不同而变化。

2. 数据结构

关系模型中基本数据的逻辑结构是二维表,关系模型的这种简单数据结构具有丰富的语义,能够描述出现实世界的实体以及实体间的各种联系。

动画 1-3　关系数据库

为了在关系中区分不同的元组,若表中的某单个或属性组的值能唯一地确定一个元组,则称该属性组为候选关键字。而且一个候选关键字必须包含使得它能够在整个关系中是唯一的所必需的最小属性数。若一个关系有多个候选关键字,则选定其中一个作为主关键字。如果一个关键字只能用一个单一的属性,则称为单一关键字。如果是用两个或多个属性,则称为组合关键字。例如,在学生基本情况表中,由于"学号"是唯一的,可以把它作为单一关键字,而"姓名""出生日期"由于存在重名情况,不可作为单关键字,则可把"姓名"和"出生日期"合起来作为组合关键字。包含在主关键字中的各属性称为主属性,不包含在主关键字中的各属性称为非主属性。

对于关系中的每个元组来说,主关键字必须具有一个唯一的值,这意味着主关键字不能为空值。

现实世界中由于存在同名现象，如姓名、单位名称等，为此人们普遍采用在原来关系中增加一个编号属性，如身份证号、学号，以此来确保唯一性。

关系与关系之间也存在着联系，这种联系采用关键字来联系。例如，课程表、学生成绩表就与学生基本情况表存在联系。

在多个关系中，若某属性或属性组不是当前关系的关键字，但它是另一个关系的关键字，则称这个属性或者属性组是另一个关系的外部关键字。关系数据库中的各个关系模式，就是通过主关键字与外部关键字相互联系的。

表与表之间的关系实际就是按照某一关键字（主关键字和外部关键字），一个表中记录与另一个表中记录之间的关系。根据一个表中记录与另一个表中记录之间的对应数量关系，分为一对一关系、一对多（或多对一）关系、多对多关系。较常用的是一对多关系，一对一关系可以看成是一对多关系的特例，而多对多关系必须转换为一对多关系。

3. 关系操作

对关系实施的各种操作，包括选择、投影、连接、并、交、差、增、删、改等，这些关系操作可以用代数运算的方式表示，其特点是集合操作。

关系模型中常用的关系操作有两类：一类是查询操作，是数据库应用的主要内容，是各种操作的基础，它包括选择（Select）、投影（Project）、连接（Join）、除（Divide）、并（Union）、交（Intersection）、差（Difference）和笛卡儿积（Cartesian product）等；另一类是更新操作，是对数据库中的数据做增添新记录、删除和作废错误记录、修改变化了的记录等数据维护操作，简称为增、删、改操作。

表达（或描述）关系操作的关系数据语言可以分为 3 类。

1）关系代数语言（简称关系代数）

关系代数是用对关系的运算来表达查询要求的方式，如 ISBL（Information System Base Language）。

2）关系演算语言（简称关系演算）

关系演算使用谓语动词来表达查询要求的方式。关系演算又可以按照谓词变元的基本对象是元组变量还是域变量分为元组关系演算和域关系演算。元组演算语言的典型代表是 QUEL，域关系演算语言的典型代表是 QBE（Query By Example）语言。关系代数、元组关系演算和域关系演算 3 种语言在表达能力上是完全等价的。

关系代数、元组关系演算和域关系演算均是抽象的查询语言，这些抽象的语言与具体的 DBMS 中实现的实际语言并不完全一样。但它们能用作评估实际系统中查询语言能力的标准或基础。

3）具有关系代数和关系演算双重特点的语言[如 SQL（Standard Query Language）]

目前的计算机运营商提供给用户的关系数据库系统的关系数据语言是更加高级、更加方便的实际语言，除提供上述语言的功能外，还提供了许多附加功能，如 SQL 不仅具有丰富的查询功能，而且具有数据定义和数据控制功能，是集查询、数据定义（DDL）、数据操纵（DML）和数据控制（DCL）于一体的关系数据语言。SQL 是关系数据库的标准语言。

4. 关系的完整性约束

关系模型的完整性是指实体完整性、参照完整性和用户定义的完整性。

实体完整性和参照完整性是关系模型必须满足的完整性约束条件，被称作是关系的 2 个不变性，应该由关系系统自动支持。

微课 1-8 关系操作与完整性约束

1）实体完整性

如果某个属性是由一个基本关系的主关键字组成（主属性），则该属性不能取空值。

关系数据库中有各种关系，如基本关系（常称基本表）、查询表、视图表等。基本表是实际存在的表，它是实际存储数据的逻辑表示。查询表是查询的结果所对应的表。视图表是由基本表或视图导出的表，是虚表，不对应实际存储的数据。实体完整性是针对基本关系的。

空值是“不知道”或者“无意义”的值。

对于实体完整性说明如下：

（1）一个基本关系通常对应现实世界的一个实体集，例如学生关系对应学生的集合。

（2）现实世界中实体是可区分的，即它们具有唯一性标识。

（3）关系模式中由主码作为唯一性标识。

（4）主码不能取空值。因为主码去控制说明存在某个不可标识的实体，而这和第（2）条矛盾，即不存在这样的实体。

2）参照完整性

参照完整性是定义建立关系之间联系的主关键字与外部关键字引用的约束条件。

关系数据库中通常都包含多个存在相互联系的关系，关系与关系之间的联系是通过公共属性来实现的。所谓公共属性，它是一个关系 R（称为被参照关系或目标关系）的主关键字，同时是另一个关系 K（称为参照关系）的外部关键字。如果参照关系 K 中外部关键字的取值，要么与被参照关系 R 中某元组主关键字的值相同，要么取空值，那么在这两个关系间建立关联的主关键字和外部关键字引用，符合参照完整性规则要求。如果参照关系 K 的外部关键字也是其主关键字，根据实体完整性要求，主关键字不得取空值，因此，参照关系 K 外部关键字的取值实际上只能取相应被参照关系 R 中已经存在的主关键字值。

在学生管理数据库中，如果将选课表作为参照关系，学生表作为被参照关系，以“学号”作为两个关系进行关联的属性，则“学号”是学生关系的主关键字，是选课关系的外部关键字。选课关系通过外部关键字“学号”参照学生关系。

3）用户定义的完整性

实体完整性和参照完整性用于任何关系数据库系统。用户定义的完整性则是针对某一具体数据库的约束条件，由应用环境决定，它反映某一具体应用所涉及的数据必须满足的语义要求。关系模型系统应提供定义和检验这类完整性的机制，以便用统一的、系统的方法处理它们而不需要由应用程序承担这一功能。例如，某个属性必须取唯一值、某些属性值之间应满足一定的函数关系、某个属性的取值范围在 0~100 等。

5. 关系数据库的特点

（1）存储方式：传统的关系型数据库采用表格的储存方式，数据以行和列的方式进行存储，读取和查询都十分方便。

（2）存储结构：关系型数据库按照结构化的方法存储数据，每个数据表都必须对各个字段定义好(也就是先定义好表的结构),再根据表的结构存入数据,这样做的好处就是由于数据的形式和内容在存入数据之前就已经定义好了,所以整个数据表的可靠性和稳定性都比较高,但带来的问题就是一旦存入数据后,如果需要修改数据表的结构就会十分困难。

(3)存储规范:关系型数据库为了避免重复、规范化数据以及充分利用好存储空间,把数据按照最小关系表的形式进行存储,这样数据管理就可以变得很清晰、一目了然,当然这主要是一张数据表的情况。如果是多张数据表则情况就不一样了,由于数据涉及多张数据表,数据表之间存在着复杂的关系,随着数据表数量的增加,数据管理会越来越复杂。

(4)扩展方式:由于关系型数据库将数据存储在数据表中,数据操作的瓶颈出现在多张数据表的操作中,而且数据表越多这个问题越严重。要缓解这个问题,只能提高处理能力,也就是选择速度更快、性能更高的计算机,这样的方法虽然可以一定地拓展空间,但这样的拓展空间是非常有限的,也就是关系型数据库只具备纵向扩展能力。

(5)查询方式:关系型数据库采用结构化查询语言(SQL)来对数据库进行查询,SQL早已获得了各个数据库厂商的支持,成为数据库行业的标准,它能够支持数据库的CRUD(增加、查询、更新、删除)操作,具有非常强大的功能,SQL 可以采用类似索引的方法来加快查询操作。

(6)规范化:在数据库的设计开发过程中,开发人员通常会面对同时需要对一个或者多个数据实体(包括数组、列表和嵌套数据)进行操作。这样在关系型数据库中,一个数据实体一般首先要分割成多个部分,然后对分割的部分进行规范化,规范化以后再分别存入多张关系型数据表中,这是一个复杂的过程。随着软件技术的发展,相当多的软件开发平台都提供一些简单的解决方法。例如,可以利用 ORM 层(也就是对象关系映射)来将数据库中对象模型映射到基于 SQL 的关系型数据库中去,以及进行不同类型系统的数据之间的转换。

(7)事务性:关系型数据库强调 ACID 规则[原子性(atomicity)、一致性(consistency)、隔离性(isolation)、持久性(durability)],可以满足对事务性要求较高或者需要进行复杂数据查询的数据操作,而且可以充分满足数据库操作的高性能和操作稳定性的要求。而且关系型数据库十分强调数据的强一致性,对于事务的操作有很好的支持。关系型数据库可以控制事务原子性细粒度,并且一旦操作有误或者有需要,可以马上回滚事务。

(8)读写性能:关系型数据库十分强调数据的一致性,并为此降低读写性能付出了巨大的代价,虽然关系型数据库存储数据和处理数据的可靠性很不错,但一旦面对海量数据的处理,效率就会变得很差,特别是遇到高并发读写时,性能就会下降得非常厉害。

【应用思考】

走访调研自己学校的老师,探讨本校学生管理数据库的构建方法。

【作业】

1. 什么是关系数据库？有哪些关系定义？
2. 关系操作有哪些？
3. 什么是关系的完整性约束？

【思政小课堂】

目前,Oracle、SQL Server、DB2 等数据库管理系统基本都是美国软件企业的产品,占据了绝大部分数据库的市场。截至 2020 年 1 月,Oracle 仍然是市场占有率最高的关系型数据库。在2019年全球351个产品清单中,我国只有3个产品入围,分别是TiDB(117名)、Gbase(168名)、K-DB(344名)。

为应对世界格局的重构,我国提出"大众创业、万众创新""中国制造2025""互联网+"等一系列重大举措,但在数据库管理系统这一信创产业的底层技术上还比较薄弱。近年来,在某些应用领域已经取得进展,例如阿里巴巴自研的Ocean Base数据库,在不断升级完善下,2019年以6 088万tpmC登顶TPC-C榜首,打破了国外对硬核技术的垄断。

随着数据库产业的蓬勃发展,国内数据库领域呈现出了百花齐放、百家争鸣的新格局,为行业带来了新的发展机遇和挑战。以下是2023年中国十大数据中心公司。

(1)阿里巴巴:拥有交易数据和信用数据,更多是在搭建数据的流通、收集和分享的底层架构。

(2)华为:整合了高性能的计算和存储能力,为大数据的挖掘和分析提供专业稳定的IT基础设施平台,近来华为大数据存储实现了统一管理40 PB文件系统。

(3)百度:百度的优势体现在海量的数据、沉淀十多年的用户行为数据、自然语言处理能力和深度学习领域的前沿研究。

(4)浪潮:浪潮互联网大数据采集中心已经采集超过2 PB数据,并已建立五大类数据分类处理算法。曾成功发布海量存储系统的最新代表产品AS130000。

(5)腾讯:拥有用户关系数据和基于此产生的社交数据,腾讯的思路主要是用数据改进产品,注重QZONE、微信、电商等产品的后端数据打通。

(6)探码科技:探码科技自主研发的DYSON智能分析系统,可以完整地实现大数据的采集、分析、处理。一直做的国外项目为美国最大的律师平台、医生平台和酒店、机票预订平台的数据采集、分析、处理。而且在国内推出一系列面向政务、企业的创新型大数据研究项目与合作,为各大企业提供高端信息技术咨询服务。

(7)中兴通讯:推出的"聚焦ICT服务的高效数据中心整体服务解决方案",可帮助运营商有效解决大数据时代建设IDC面临的大部分问题,提升运营商ICT融合服务能力。

(8)神州融:整合了国内权威的第三方征信机构和电商平台等信贷应用场景的征信大数据,通过覆盖信贷全生命周期管理的顶尖风控技术,为微金融机构提供大数据驱动的信贷风控决策服务。

(9)中科曙光:中科曙光XData大数据一体机可实现任务自动分解,并在多数据模块上并行执行,全面提高了复杂查询条件下的效率。

(10)华胜天成:华胜天成自主研发的大数据产品"i维数据"颇具创新,近期又与IBM达成战略合作关系,涵盖Linux on Power市场、智慧城市、存储业务、管理服务、咨询与应用管理服务。

对比过去我国数据库的技术落后和现在的技术飞跃,不难发现科技是第一生产力,中国人民有信心在数据库领域突破发达国家的技术封锁,实现数据库软件、硬件的自主生产。2022年3月,习近平总书记在湖北武汉考察时发表重要讲话:要加强技术研发攻关,掌握更多具有自主知识产权的核心技术,不断延伸创新链、完善产业链,为推动我国光电子信息产业加快发展做出更大贡献。随着我国发展壮大,突破"卡脖子"关键核心技术刻不容缓,必须坚持问题导向,发挥新型举国体制优势,踔厉奋发、奋起直追,加快实现科技自立自强。

项目2 设计数据库和关系表

【项目概述】

在信息管理系统中,数据库是数据的存储单位,它如同一个容器,里面放置着数据表、视图、索引、存储过程等数据库对象。数据库的创建是数据系统逻辑结构的物理实现过程,是数据库系统管理员的核心操作。本项目主要学习数据库的创建过程、E-R图的设计方法、E-R图向关系表的转换等,包括以下内容:

任务1 设计数据库

任务2 设计概念模型

任务3 设计关系表

任务4 创建与管理数据库

【素质目标】

在创建数据库的过程中,自觉树立空间数据的安全意识,从国家安全高度来看待空间数据安全。

树立保护国家数据安全的意识,捍卫国家安全。

引导学生牢固树立风险管理意识,学会利用数据库在线学习平台,不断提升技术水平。

任务1 设计数据库

【任务概述】

在当今的社会生活中,各类数据库应用系统已广泛应用于各行各业,可以说,数据库已经成为现代信息系统的基础与核心。通过学习,了解数据库的设计过程,了解需求分析、概念设计、逻辑设计、物理设计等设计过程。

【情景导入】

一个学校的学生管理数据是如何设计的?

【问题探究】

数据库系统的开发设计过程可分为以下七个阶段:规划阶段、需求分析阶段、概念设计阶段、逻辑设计阶段、物理设计阶段、数据库实施阶段、运行与维护阶段。

(1)规划阶段:确定开发的总目标,确定待开发软件系统的功能、性能、可靠性以及接口等方面的设想。

(2)需求分析阶段:认真细致地了解用户对数据的处理要求,确定系统的功能与边界。提供可作为设计基础的系统规格说明书(包括对软件、硬件环境的需求和一整套完整的数据流图)。

(3)概念设计阶段:把用户的需求抽象化,形成一个独立于DBMS的概念模型

(如 E-R 模型)。

(4)逻辑设计阶段:将概念模型转换为 DBMS 支持的数据模型(如把 E-R 模型转换为关系模式)。

(5)物理设计阶段:为关系模型选择最适合应用程序环境的物理结构,包括存储结构和存取方法。

(6)数据库实施阶段:对已编制的程序进行单元调试(分调)、整体调试(联调)和系统测试(验收)。

(7)运行与维护阶段:该阶段的重点是将软件系统付诸实际应用,解决开发过程的遗留问题,改正错误并进行功能扩充和性能改善。

1. 规划阶段

对于数据库系统,特别是大型数据库系统或大型信息系统中的数据库群,进行系统规划是十分必要的。规划的好坏将直接影响到整个系统的成功与否,对企业组织的信息化进程将产生深远的影响。

随着数据库技术的发展与普及,各行业在计算机应用中都会提出建立数据库的要求。但是,数据库技术对技术人员和管理人员的水平、数据采集和管理活动规范化以及最终用户使用计算机能力都有较高的要求。同样的,数据库技术对计算机系统的软件、硬件提出了较高的要求。在确定要采用的数据库技术之前,对上述因素必须做全面的分析和权衡。

2. 需求分析阶段

微课 2-1　需求分析与概念设计

1)需求分析的任务

需求分析阶段的主要任务可以概括为:

(1)分析用户活动,绘制业务流程图。

(2)确定系统范围,绘制系统图。

(3)分析用户活动涉及的数据,绘制数据流图。数据流图(Data Flow Diagram,DFD)是从"数据"和"对数据的加工"两方面表达数据处理系统工作过程的一种图形表示法,具有直观、易于被用户和软件人员双方都能理解的一种表达系统功能的描述方式。

(4)分析系统数据,确定数据字典。数据字典(Data Dictionary,DD)是对数据描述的集中管理,它的功能是存储和检索各种数据描述(称为元数据 Metadata)。对数据库设计来说,数据字典是进行详细的数据收集和数据分析所获得的主要成果。数据字典中通常包括数据项、数据结构、数据流、数据存储和处理过程五个部分。

2)需求分析的重点

需求分析的重点是调查、收集与分析用户在数据管理中的信息要求、处理要求、安全性与完整性要求。

(1)信息要求是指用户需要从数据库中获得信息的内容与性质。由用户的信息要求可以导出数据要求,即在数据库中需要存储哪些数据。

(2)处理要求是指用户要求完成什么处理功能,对处理的响应时间有什么要求,处理方式是批处理还是联机处理。新系统的功能必须能够满足用户的信息要求、处理要求、安全性与完整性要求。

3)需求分析的方法

(1)调查组织机构情况,包括了解该组织的部门组成情况、各部门的职能等,为分析信息流程做准备。

(2)调查各部门的业务活动情况,包括了解各个部门输入和使用什么数据、如何加工处理数据、输出什么信息、输出到什么部门、输出结果的格式等。

(3)协助用户明确对新系统的各种要求,包括信息要求、处理要求、完全性与完整性要求。

(4)确定新系统的边界。确定哪些功能由计算机完成或将来准备由计算机完成,哪些活动由人工完成。由计算机完成的功能即为新系统应该实现的功能。

3. 概念设计阶段

概念设计即设计数据库的概念结构,是通过对用户需求进行综合、归纳与抽象,形成一个独立于具体DBMS的概念模型的过程。概念结构是对实际的人、物、事和概念进行人为处理,抽取人们关心的共同特性,忽略非本质的细节,并把这些特性用各种概念精确地加以描述。概念结构设计是整个数据库设计的关键。

概念结构独立于数据库逻辑结构,也独立于支持数据库的DBMS。它是现实世界与机器世界的中介,它一方面能够充分反映现实世界,包括实体和实体之间的联系,另一方面又易于向关系、网状、层次等各种数据模型转换。它是现实世界的一个真实模型,易于理解,便于和不熟悉计算机的用户交换意见,使用户易于参与;当现实世界需求改变时,概念结构又可以很容易地进行相应调整。因此,概念结构设计是整个数据库设计的关键所在。

1)概念设计的重要性

在早期的数据库设计中,概念设计并不是一个独立的设计阶段。当时的设计方式是在需求分析之后,直接把用户信息需求中的数据存储格式转换成DBMS能处理的数据库模式。这样,注意力往往被牵扯到更多的细节限制方面,而不能集中在最重要的信息组织结构和处理模式上。因此,在设计依赖于具体DBMS的模式后,当外界环境发生变化时,设计结果就难以适应这个变化。

为了改善这种状况,在需求分析和逻辑设计之间增加了概念设计阶段。此时,设计人员仅从用户角度看待数据及处理需求和约束,而后产生一个反映用户观点的概念模式(也称为组织模式)。将概念设计从设计过程中独立开来,可以使数据库设计各阶段的任务相对单一化,得以有效地控制复杂程序,便于组织管理。概念模式能充分反映现实世界中实体间的联系,又是各种基本数据模型的共同基础,同时容易向现在普遍使用的关系模型转换。

2)概念设计的策略

(1)自顶向下。首先定义全局概念结构的框架,然后逐步细化。

(2)自底向上。首先定义各局部应用的概念结构,然后将它们集成起来,得到全局概念结构。

(3)逐步扩张。首先定义最重要的核心概念结构,然后向外扩充,以滚雪球的方式逐步生成其他概念结构,直至总体概念结构。

(4)混合策略。将自顶向下和自底向上相结合,用自顶向下策略设计一个全局概念结构的框架,再以它为骨架集成自底向上的各局部概念结构。

其中,概念设计最常采用的策略就是自底向上,即需求分析自顶向下地进行,然后自底向上地设计概念结构。

3)概念设计的步骤

(1)进行数据抽象,设计局部概念模式。局部用户的信息需求是全局概念模式的基础。因此,概念设计要先从用户个体的需求出发,建立相应的局部概念结构。设计概念结构时常用的数据抽象方法是“聚集”和“概括”。聚集是将若干对象和它们之间的联系组合成一个新对象。概括是将一组具有某些共同特性的对象合并成更高一层意义上的对象。

(2)将局部概念模式综合成全局概念模式。综合各局部概念结构得到反映所有用户需求的全局概念结构。在综合过程中,主要处理各局部模式对各种对象定义的不一致问题,包括同名异义、异名同义和同一事物在不同模式中被抽象为不同类型的对象(如有的作为实体,有的又作为属性)等问题。把各个局部结构合并,还会产生冗余问题,或导致对信息需求的再调整与分析,以确定确切的含义。

(3)评审。评审分为用户评审与应用开发人员评审两部分。用户评审的重点放在确认全局概念模式是否准确、完整地反映了用户的信息需求和现实世界事物的属性间固有联系;应用开发人员评审则侧重于确认全局结构是否完整,各种成分划分是否合理,是否存在不一致性,以及各种文档是否齐全等。文档应包括局部概念结构描述、全局概念结构描述、修改后的数据清单和业务活动清单等。

概念设计中最常用的方法就是实体联系方法(E-R 方法),建立 E-R 模型,用 E-R 图表示概念结构,得到数据库的概念模式。

4. 逻辑设计阶段

概念设计的结果是得到一个与 DBMS 无关的概念模式,而逻辑设计的目的是把概念设计阶段设计好的全局概念模式转换成与计算机上的 DBMS 所支持的数据模型相符合的逻辑结构(包括数据库模式和外模式)。这些模式在功能上、完整性和一致性约束及数据库的可扩充性等方面均应满足用户的各种要求。

微课 2-2 逻辑设计与物理设计

设计逻辑结构应该选择最适于描述与表达相应概念结构的数据模型,然后选择最合适的 DBMS。逻辑结构的设计主要可分为五个步骤。

1)初始模式的形成

形成初始的 DBMS 模式。根据概念模式以及 DBMS 的记录类型特点,将 E-R 模式的实体类型或联系类型转换成记录类型,在比较复杂的情况下,实体可能分解或合并成新的记录类型。

2)子模式设计

子模式是模式的逻辑子集,是应用程序和数据库系统的接口,它能允许应用程序有效地访问数据库中的数据,而不破坏数据库的安全性。

3)应用程序设计

在设计完整的应用程序之前,先设计出应用程序的草图,对每个应用程序应设计出数据存取功能,提供程序上的逻辑接口。

4)模式评价

评价数据库结构的方法通常有定量分析和性能测量等方法。

定量分析包括处理频率和数据容量。处理频率是在数据库运行期间应用程序的使用次数;数据容量是数据库中记录的个数。数据库增长过程的具体表现就是这两个参数值的增加。

性能测量是指逻辑记录的访问数目、一个应用程序传输的总字节数、数据库的总字节数,这些参数应该尽可能预先知道,它能预测物理数据库的性能。

5)修正模式

修正模式是为了使模式适应信息的不同表示。此时,可利用 DBMS 的性能,以及索引或散列功能来修改模式,但数据库的需求内容不能修改。如果需求内容不修改,模式就不能进一步求精,那么就要停止模式设计,返回到概念设计或需求分析阶段,重新设计。

逻辑设计最常用的方法就是将 E-R 图转换为关系表结构,得到关系数据库中的表及表之间的关系。

5. 物理设计阶段

物理设计是为逻辑数据模型选取一个最适合应用环境的物理结构(包括存储结构和存取方法)。

数据库的物理结构主要是指数据库的存储记录格式、存储记录安排和存取方法。物理结构依赖于给定的 DBMS 和硬件系统。因此,设计人员必须充分了解所用 DBMS 的内部特征,特别是存储结构和存取方法,充分了解应用环境,特别是应用的处理频率和响应时间要求;充分了解外存设备的特性。

在关系模型系统中,物理设计比较简单一些,因为文件形式是单记录类型文件,仅包含索引机制、空间大小、块的大小等内容。

6. 数据库实施阶段

在数据库实施阶段,设计人员运用 DBMS 提供的数据语言及其宿主语言,根据逻辑设计和物理设计的结果建立数据库,编制与调试应用程序,组织数据入库,并进行试运行。数据库实施阶段的主要任务如下:

(1)定义数据库结构。确定数据库的逻辑结构与物理结构后,可以用所选用的 DBMS 提供的数据定义语言(DDL)来严格描述数据库结构。

(2)数据装载。数据库结构建立后,即可向数据库中装载数据。组织数据入库是数据库实施阶段最主要的工作。对于数据量较少的小型数据库系统,可以用人工方法完成数据的装载。

(3)编制与调试应用程序。数据库应用程序的设计应该与数据设计并行进行。在数据库实施阶段,当数据库结构建立好后,就可以开始编制与调试数据库的应用程序。也就是说,编制与调试应用程序是与组织数据入库同步进行的。调试应用程序时由于数据入库尚未完成,可先使用模拟数据。

(4)数据库试运行。应用程序调试完成,并且已有一小部分数据入库后,就可以开始数据库的试运行。

在物理设计阶段的评估是较为粗糙的。数据库试运行则是要实际测量系统的各种性能指标(不仅是时间、空间指标),如果结果不符合设计目标,则需要返回物理设计阶段,调整物理结构,修改参数;有时甚至需要返回逻辑设计阶段,调整逻辑结构。

重新设计物理结构甚至逻辑结构,会导致数据重新入库。由于数据入库工作量实在太大,所以可以采用分期输入数据的方法,即先输入小批量数据供先期联合调试使用,待试运行基本合格后再输入大批量数据,逐步增加数据量,完成运行评价。

在数据库试运行阶段,由于系统还不稳定,硬件、软件故障随时都有可能发生,而且系统的操作人员对新系统还不熟悉,误操作情况也不可避免,因此必须做好数据库的转储和恢复工作,尽量减少对数据库的破坏。

7. 运行与维护阶段

数据库试运行结果符合设计目标后,数据库就可以真正投入运行了。数据库投入运行标志着开发任务的基本完成和维护工作的开始,并不意味着设计过程的终结。由于应用环境在不断变化,数据库运行过程中物理存储也会不断变化,对数据库设计进行评价、调整、修改等维护工作是一项长期的任务,也是设计工作的继续和提高。

在数据库运行阶段,对数据库经常性的维护工作主要包括:

(1)数据库的转储和恢复。定期对数据库和日志文件进行备份,一旦发生故障,能利用数据库备份及日志文件备份,尽快将数据库恢复到某种一致性状态,并尽可能减少对数据库的破坏。

(2)数据库的安全性、完整性控制。数据库设计人员必须对数据库的安全性和完整性控制负起责任。根据用户的实际需要授予不同的操作权限。另外,由于应用环境的变化,数据库的完整性约束条件也会变化,也需要数据库设计人员不断修正,以满足用户要求。

(3)数据库性能的监督、分析和改进。目前,许多 DBMS 产品都提供了监测系统性能参数的工具,数据库设计人员可以利用这些工具方便地得到系统运行过程中一系列性能参数的值。数据库设计人员应该仔细分析这些数据,通过调整某些参数来进一步改进数据库性能。

(4)数据库的重组和重构。

①数据库的重组。数据库运行一段时间后,由于记录的不断增、删、改,会使数据库的物理存储造成损坏,从而降低数据库存储空间的利用率和数据的存取效率,使数据库的性能下降。此时,要对数据库进行重组,或部分重组(只对频繁增、删、改的表进行重组)。数据库的重组不改变原设计的逻辑结构和物理结构,只是按原设计要求重新安排存储位置、清理垃圾、减少指针链,以提高系统性能。

②数据库的重构。当数据库应用环境发生变化时,实体及实体间的联系也发生相应的变化,使原有的数据库系统不能满足需求,就需要调整数据库的模式和内模式,即进行数据库的重构。

一般情况下,DBMS 都提供了修改数据库结构的功能。DBMS 提供的重构数据库的功能是有限的。若实际应用环境变化很大,DBMS 的重构功能已无能为力,或重构数据库的代价太大,则表明现有数据库应用系统的生命周期已经结束,应该重新设计新的数据库系统,开始新数据库应用系统的生命周期。

【知识拓展】

数据库设计的方法

目前常用的各种数据库系统设计的方法都属于规范设计法,即运用软件工程的思想与方法,根据数据库系统的特点,确定相应的设计准则与设计规程。在实践当中,结合原型法,常用的设计方法有以下几种:

(1)新奥尔良方法。将数据库设计分为需求分析、概念设计、逻辑设计和物理设计四个阶段。

1978 年 10 月,来自 30 多个欧美国家的主要数据库专家在美国新奥尔良市专门讨论了数据库设计问题,提出了数据库设计规范,把数据库设计分为需求分析、概念结构设计、逻辑结构设计和物理结构设计四个阶段。目前,常用的规范设计方法大多起源于新奥尔良方法,如基于 3NF 的设计方法、LRA 方法、面向对象的数据库设计方法及基于视图概念的数据库设计方法等。

(2)S. B. Yao 方法。将数据库设计分为需求分析、模式构成、模式汇总、模式重构、模式分析和物理数据库设计六个步骤。

(3)I. R. Palmer 方法。主张把数据库设计当成一步接一步的过程,并采用一些辅助手段实现每一个过程。

此外,还有一些为数据库设计不同阶段提供的具体实现技术与实现方法,如基于 E-R 模型的数据库设计方法、基于 3NF 的设计方法、基于抽象语法规范的设计方法等。

【应用思考】

走访调研自己学校的老师,撰写一份完整的学生管理数据库需求分析报告。

【作业】

1. 数据库系统的开发有哪些阶段?
2. 什么是需求分析?需求分析阶段有哪些任务?
3. 概念设计和逻辑设计阶段分别有哪些主要任务?

任务 2　设计概念模型

【任务概述】

根据关系数据库的原理,为了使系统数据清晰明确地表达出来,需要建立概念模型,概念模型最常用的方法是设计 E-R 图。通过学习了解什么是概念设计,学习如何设计 E-R 图。

【情景导入】

根据任务 1 的需求分析,如何设计学生管理数据库的 E-R 图。

【问题探究】

关系数据库(Relational Database)是一个被组织成一组正式描述的表格的数据项的集

合,这些表格中的数据能以许多不同的方式被存取或重新召集而不需要重新组织数据库表格。1970 年,美国 IBM 公司 San Jose 研究室的 E. F. Codd 首次提出了数据库系统的关系模型,开创了数据库关系方法和关系数据理论的研究,为数据库技术奠定了理论基础。

实体联系模型(Entity Relation Model,E-R 模型)是关系数据库中常用的一种概念模型,由 Peter Chen 于 1976 年在题为“实体联系模型:将来的数据视图”的论文中提出的。它是根据用户的观点,从现实世界中直接抽象出实体类型及实体间联系,然后用实体联系图(E-R 图)表示的数据模型。

由于 E-R 模型独立于具体的 DBMS 所支持的数据模型,是各种数据模型的共同基础,因此比数据模型更简单、更抽象、更接近于现实世界。

1. E-R 图的基本组成部分

1)E-R 图的基本组成

(1)实体(Entity)。

实体是现实世界中客观存在并且可以互相区别的事物和活动的抽象。具有相同特征和性质的同一类实体的集合称为实体集,可以用实体名及其属性名集合来抽象刻画。在 E-R 图中,实体集用矩形框表示,矩形框内写明实体名。如“学生”就是一个实体集。

微课 2-3　E-R 图基本组成

(2)属性(Attribute)。

属性即实体所具有的某一特性,一个实体可由若干个属性来刻画。E-R 图中用椭圆形或带圆角的长方形表示属性。如学生的姓名、学号等都是属性。在实体的若干属性中,通常选择一个不会重复的属性(如学生的学号、教师的身份证号)作为主属性,并在属性名下面画直线表示其是主属性。一般都会在实体的属性中选择一个主属性作为实体的标识。

动画 2-1　E-R 关系图

(3)联系(Relationship)。

联系即实体集之间的相互关系,在 E-R 图中用菱形表示,菱形框内写明联系名。联系用无向边(没有方向的线)分别与有关实体连接起来,同时在无向边旁标上联系的类型(1∶1、1∶n 或 m∶n)。如老师给学生上课,存在授课关系。

实体集、属性和联系的表示方法见图 2-1。

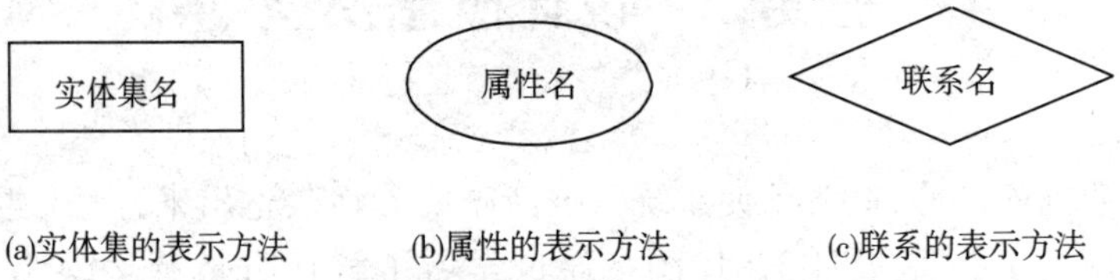

图 2-1　实体集、属性和联系的表示方法

2)实体间的三种联系

(1)一对一的联系。

一对一(1∶1)的联系中,实体集 A 中的一个实体最多与实体集 B 中的一个实体相联系，实体集 B 中的一个实体最多与实体集 A 中的一个实体相联系。如一个班级只有一个班长，每个班长对应一个班级，班长和班级之间是一对一的联系。

(2)一对多的联系。

一对多(1:n)的联系中，实体集 A 中的一个实体可以与实体集 B 中的多个实体相联系，而实体集 B 中的一个实体最多与实体集 A 中的一个实体相联系。如一个班级中有多个学生，而每个学生只能属于一个班级，班级和学生之间是一对多的联系。

(3)多对多的联系。

多对多(m:n)的联系中，实体集 A 中的每一个实体可以与实体集 B 中的多个实体相联系，实体集 B 中的每一个实体也与实体集 A 中的多个实体相联系。如每个教师为多位学生授课，而每个学生又有多位授课教师，教师与学生之间的关系是多对多的联系。

实体间的三种联系见图 2-2。

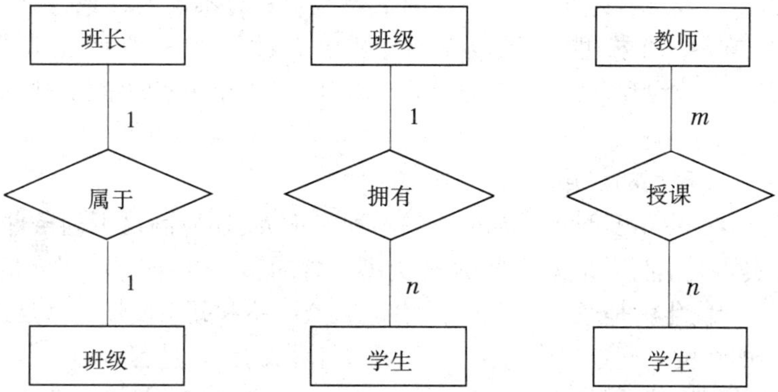

(a)一对一的联系　　(b)一对多的联系　　(c)多对多的联系

图 2-2　实体间的三种联系

2. E-R 图的设计过程

1)设计方法

设计概念结构的 E-R 模型可采用以下四种方法：

(1)自顶向下。先定义全局概念结构 E-R 模型的框架，再逐步细化。

微课 2-4　E-R 图的设计方法与步骤

(2)自底向上。先定义各局部应用的概念结构 E-R 模型，然后将它们集成，得到全局概念结构 E-R 模型。

(3)逐步扩张。先定义最重要的核心概念 E-R 模型，然后向外扩充，以滚雪球的方式逐步生成其他概念结构 E-R 模型。

(4)混合策略。该方法采用自顶向下和自底向上相结合的方法，先自顶向下定义全局框架，再以它为骨架集成自底向上方法中设计的各个局部概念结构。

最常用的方法是瀑布法，即自顶向下地进行需求分析，再自底向上地设计概念结构。

2)设计步骤

(1)设计局部的 E-R 模型。

首先要根据需求分析得到的结果(数据流图、数据字典等)对现实世界进行抽象，设计各个局部 E-R 模型。设计局部 E-R 模型的关键就是正确划分实体和属性。定义局部范围内的实体、联系和属性,形成局部的 E-R 模型。首先确定实体,然后确定联系,最后确定实体与联系的属性。

(2)设计全局的 E-R 模型。

这一步骤是将所有局部的 E-R 模型合并成一个全局的 E-R 模型。其基本过程是两两合并,直到所有的局部 E-R 模型被合并到一个完整的全局 E-R 模型。在合并过程中,两个模型之间可能存在冲突,需要识别、消除冲突。三类基本的冲突为命名冲突、属性冲突和结构冲突。命名冲突,包括实体类型名、联系类型名之间异名同义,或异义同名等。属性冲突,包括数据类型、数据长度、取值范围、度量单位等方面的不一致。结构冲突包括三种情况:①不同局部 E-R 模型中同一实体类型的属性个数不同或排列顺序不同;②同一联系在不同的局部模型中采用了不同的类型,例如,在一个模型中是一对多,在另一个模型则表示为多对多类型;③同一客体在两个模型中具有不同的抽象,例如,在一个模型中表示为实体,在另一个模型中表示为属性。在合并过程中,需要对 E-R 模型进行各种操作,例如,实体的分裂和合并,联系的分裂和合并,实体和联系的增加、删除,实体和属性的转位等。

(3)全局 E-R 模型的优化。

一个好的全局 E-R 模型除了能正确刻画现实世界,还应满足下列条件:实体类型个数尽可能少,实体类型间联系无冗余,实体类型包含的属性尽可能少,以满足这三个要求。全局 E-R 模型的优化就是通过消除冗余实体、冗余联系和冗余属性来满足这三个要求。

以某工厂的物资管理数据库为例,来学习 E-R 图的设计过程。

物资管理数据库涉及的实体及其属性包括:仓库实体,属性有仓库号、面积、电话号码;零件实体,属性有零件号、名称、规格、单价、描述;供应商实体,属性有供应商号、姓名、地址、电话号码、账号;项目实体,属性有项目号、预算、开工日期;职工实体,属性有职工号、姓名、年龄、职称。

这些实体之间的联系如下:

(1)一个仓库可以存放多种零件,一种零件可以存放在多个仓库中,因此仓库和零件具有多对多的联系。用库存量来表示某零件在某个仓库中的数量。

(2)一个仓库有多个职工工作,一个职工只能在一个仓库工作,因此仓库和职工之间是一对多的联系。

(3)供应商、项目和零件三者之间具有多对多的联系,即一个供应商可以供给若干项目,也可以供应多种零件,每个项目可以由不同供应商供给,每种零件可由不同供应商供应。

具体的设计过程如下:

(1)使用矩形框设计实体,根据实体之间的联系,绘出两两之间的关系图(见图 2-3),并标明一对一、一对多和多对多的关系。

(2)将相同的实体合并,即绘制后的分关系图合并为一个总关系图,见图 2-4。

(3)使用椭圆形设计实体的属性,标出主属性,并使用无向线与实体相连,见图 2-5。

(4)对 E-R 图进行检查,确定其正确性。

E-R 模型是数据库概念设计中最广泛使用的建模工具。它基于实体、联系、属性等

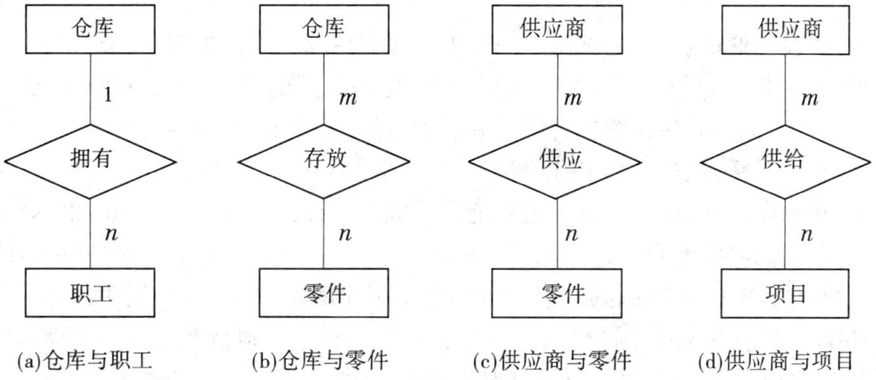

图 2-3 设计实体间的 E-R 图

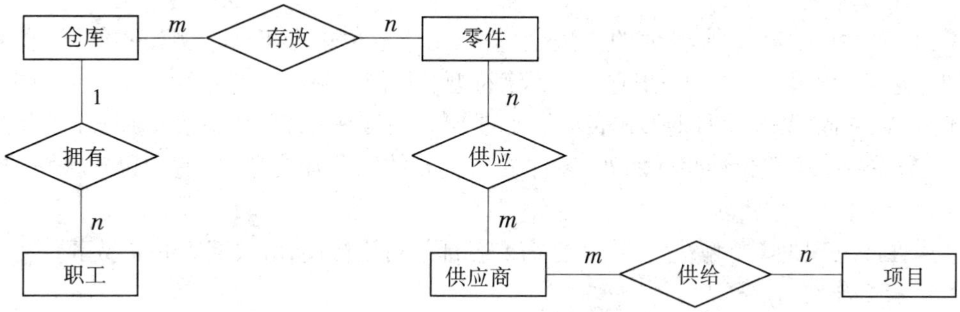

图 2-4 设计总 E-R 图

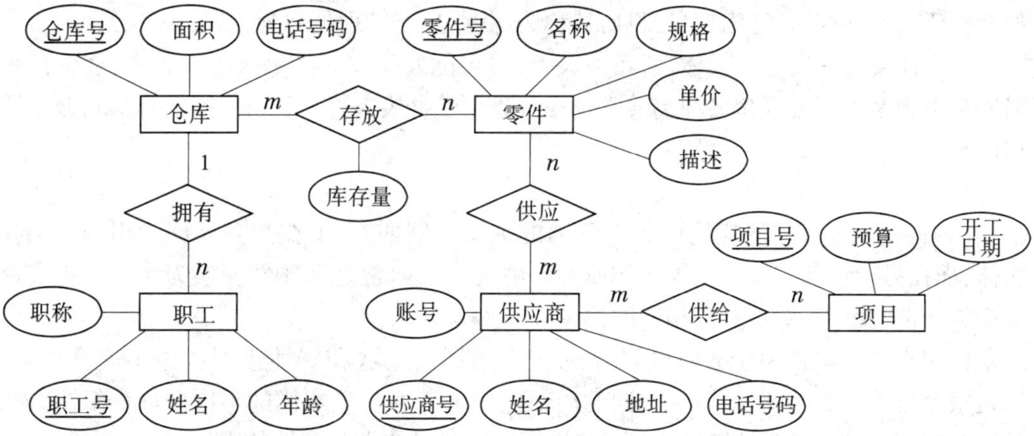

图 2-5 物资管理数据库 E-R 图

简单有力的概念,便于非专家理解。同时,E-R 模型也容易转换成逻辑模,能够方便地映射到关系模式。不过 E-R 模型也有不足之处,主要是缺少足够强力的建模构造。正因为如此,在 E-R 模型基础上又发展了"实体-联系"扩展模型,提供了更丰富的建模构造,弥补 E-R 模型结构类型方面的缺陷。但是,建模能力扩展使其部分地丧失了 E-R 模型自然、简单的优点。

【知识拓展】

在 E-R 图设计的过程中,通常都是由分 E-R 图合并成总 E-R 图,集成过程中,一般都需要分两步:一是合并分 E-R 图,解决各分 E-R 图之间的冲突,生成初步 E-R 图;二是消除不必要的冗余,对 E-R 图进行修改和重构,设计基本 E-R 图。

1. 合并分 E-R 图,生成初步 E-R 图

各分 E-R 图所面向的问题不同,或可能由不同的设计人员设计分 E-R 图,这就导致各个分 E-R 图之间必定会存在许多不一致的地方,称为冲突。因此,合并分 E-R 图时并不能简单地将各个分 E-R 图画到一起,而是必须着力消除各个分 E-R 图中的不一致,以形成一个能为全系统中所有用户共同理解和接受的统一的概念模型。合理消除各分 E-R 图的冲突是合并分 E-R 图的主要工作与关键所在。

各分 E-R 图之间的冲突主要有三类:属性冲突、命名冲突和结构冲突。

1)属性冲突

(1)属性域冲突,即属性值的类型、取值范用或取值集合不同。例如零件号,有的部门把它定义为整数,有的部门把它定义为字符型。不同的部门对零件号的编码也不同。又如年龄,某些部门以出生日期形式表示职工的年龄,而另一些部门用整数表示职工的年龄。

(2)属性取值单位冲突。例如,零件的重量有的以公斤为单位,有的以斤为单位,有的以克为单位。

属性冲突理论上好解决,但实际上需要各部门讨论协商,解决起来并非易事。

2)命名冲突

(1)同名异义,即不同意义的对象在不同的局部应用中具有相同的名字。

(2)异名同义(一义多名),即同一意义的对象在不同的局部应用中具有不同的名字。如对科研项目,财务科称为项目,科研处称为课题,生产管理处称为工程。

命名冲突可能发生在实体、联系一级上,也可能发生在属性一级上。其中,属性的命名冲突更为常见。处理命名冲突通常也像处理属性冲突一样,通过讨论、协商等行政手段加以解决。

3)结构冲突

(1)同一对象在不同应用中具有不同的抽象。例如,职工在某一局部应用中被当作实体,而在另一局部应用中则被当作属性。解决方法通常是把属性变换为实体或把实体变换为属性,使同一对象具有相同的抽象。

(2)同一实体在不同分 E-R 图中所包含的属性个数和属性排列次序不完全相同。这是很常见的一类冲突,原因是不同的局部应用关心的是该实体的不同侧面。解决方法是使该实体的属性取各分 E-R 图中属性的并集,再适当调整属性的次序。

2. 消除不必要的冗余,设计基本 E-R 图

在初步 E-R 图中,可能存在一些冗余的数据和实体间冗余的联系。所谓冗余的数据,是指可由基本数据导出的数据,冗余的联系是指可由其他联系导出的联系。冗余数据和冗余联系容易破坏数据库的完整性,给数据库维护增加困难,应当予以消除。消除了冗余后的初步 E-R 图称为基本 E-R 图。

消除冗余主要采用分析方法,即以数据字典和数据流图为依据,根据数据字典中关于数据项之间逻辑关系的说明来消除冗余。

但并不是所有的冗余数据与冗余联系都必须加以消除,有时为了提高效率,不得不以冗余信息作为代价。因此,设计数据库概念结构时,哪些冗余信息必须消除,哪些冗余信息允许存在,需要根据用户的整体需求来确定。如果人为地保留了一些冗余数据,则应把数据字典中数据关联的说明作为完整性约束条件。

【应用思考】

根据任务 1 的需求分析,设计学生管理数据库的 E-R 图。

【作业】

1. 什么是 E-R 图? E-R 图有哪些组成部分?

2. 设计 E-R 图的步骤是什么?

3. 根据以下需求分析概述,设计 E-R 图。

一个图书馆借阅管理数据库有书籍、借书人、出版社三个实体,要求提供下述服务:

(1)可随时查询书库中现有书籍的品种、数量与存放位置。所有各类书籍均可由书号唯一标识。

(2)可随时查询书籍借还情况,包括借书人单位、姓名、借书证号、借书日期和还书日期。

(3)任何人可借多种书,任何一种书可为多个人所借,借书证号具有唯一性。

当需要时,可通过数据库中保存的出版社的电报编号、电话、邮编及地址等信息向相应出版社增购有关书籍。一个出版社可出版多种书籍,同一本书仅为一个出版社出版,出版社名具有唯一性。

任务 3　设计关系表

【任务概述】

根据数据库原理,结合 E-R 图,可以将 E-R 图转换为各个关系,而这些关系以表格的方式存储在数据库中。通过学习,了解 E-R 图转换为关系表的方法。

【情景导入】

根据任务 2 设计的学生管理数据库 E-R 图,如何转换为存储在数据库中的关系表?

【问题探究】

1. 逻辑结构设计

概念结构是独立于任何一种数据模型的信息结构。逻辑结构设计的任务就是把概念结构设计阶段设计好的基本 E-R 图转换为与选用 DBMS 产品所支持的数据模型相符合的逻辑结构。

从理论上讲,设计逻辑结构应该选择最适于相应概念结构的数据模型,然后对支持这种数据模型的各种 DBMS 进行比较,从中选出最合适的 DBMS。但实际情况往往是已给定了某种 DBMS(如 MySQL 产品的数据库管理系统),设计人员没有选择的余地。目前,DBMS 产品一般支持关系、网状、层次三种模型中的某一种。对某一种数据模型,各个计

算机系统又有许多不同的限制,提供不同的环境与工具。所以,设计逻辑结构时一般要分三步进行(如图 2-6 所示):

(1)将概念结构转换为一般的关系、网状、层次模型。

(2)将转换来的关系、网状、层次模型向特定 DBMS 支持下的数据模型转换。

(3)对数据模型进行优化。

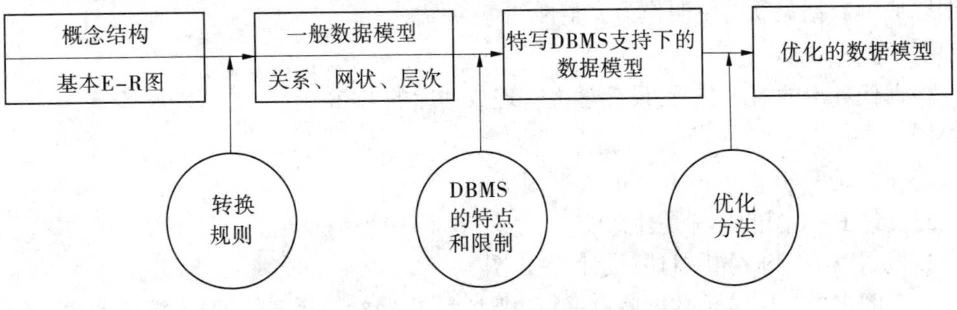

图 2-6 逻辑结构设计的三个步骤

目前,新设计的数据库应用系统大都采用支持关系数据模型的 RDBMS(Relational Database Management System),所以这里只介绍 E-R 图向关系数据模型的转换原则与方法。

2. E-R 图向关系模型转换

E-R 图向关系模型的转换要解决的问题是如何将实体集和实体间的联系转换为关系模式,如何确定这些关系模式的属性和码。

关系模型的逻辑结构是一组关系模式的集合。E-R 图则是由实体集、实体的属性和实体集之间的联系三个要素组成的。所以,将 E-R 图转换为关系模型实际上就是要将实体集、实体的属性和实体集之间的联系转换为关系模式,这种转换一般遵循如下原则:

微课 2-5 逻辑模型与转换

一个实体集转换为一个关系模式。实体的属性就是关系的属性,实体的主属性就是关系的主属性。

对于实体集间的联系则有以下不同的情况:

(1)一对一(1:1)的联系,将各实体集转换为一个独立的关系模式,与该联系相连的各实体的主属性以及联系本身的属性转换为关系的属性,其主属性可以是任一实体集的主属性,也可以与某一端实体对应的关系模式合并,则需要在该关系模式的属性中加入另一个关系模式的属性和联系本身的属性。

图 2-7 中,分别将“班长”实体集和“班级”实体集转换为独立的关系模式:

班长(学号,姓名)

班级(班级编号,院系,专业名)

再将联系转换为一个关系模式:

班长_班级(学号,班级编号)或班级_班长(班级编号,学号)

或者,与某一端实体集合并,如将班级的主属性加入班长的关系模式中,图 2-7 也可以转换为如下的关系模式:

班级(班级编号,院系,专业名)

班长(学号,姓名,班级编号)

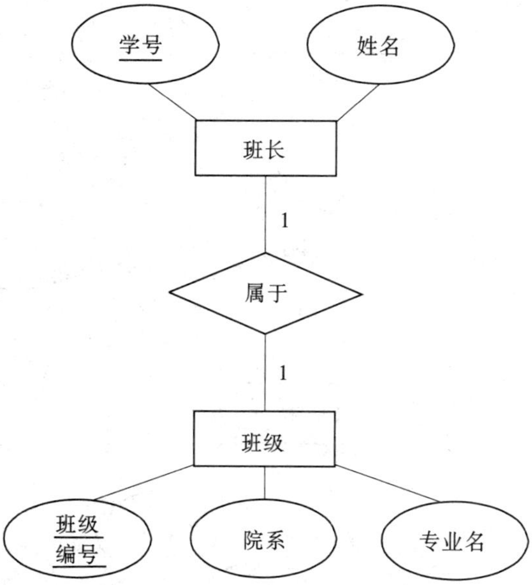

图 2-7　一对一的联系 E-R 图

(2)一对多(1:n)的联系,将实体集、关系分别转换为独立的关系模式,也可以与 n 端对应的关系模式合并。如果转换为一个独立的关系模式,则与该联系相连的各实体的主属性以及联系本身的属性均转换为关系的属性,而关系的主属性为 n 端实体的主属性。

方法一,实体与联系均转换为关系模式:

图 2-8 中,将班级、学生实体转换为关系模式。

班级(班级编号,院系,专业名)

学生(学号,姓名)

再将班级与学生的联系转化为关系模式,该关系模式的属性为各实体的主属性和联系的属性,主属性为 n 端实体的主属性。

班级_学生(学号,班级编号,人数)

方法二,把联系合并到 n 端实体的关系模式中。

图 2-8 中,先将 1 段实体班级转换为关系模式。

班级(班级编号,院系,专业名)

再把 n 端实体转换为关系模式,并把联系的属性合并到该关系模式中,该实例中,联系的属性为人数。

学生(学号,姓名,人数)

(3)多对多(m:n)的联系,将实体集和联系分别转换为独立的关系模式。与该联系相连的各实体的主属性及联系本身的属性转换为联系的关系模式的属性,任一实体的主属性均可作为联系的关系模式的主属性。

图 2-9 中,将教师、学生实体转换为关系模式。

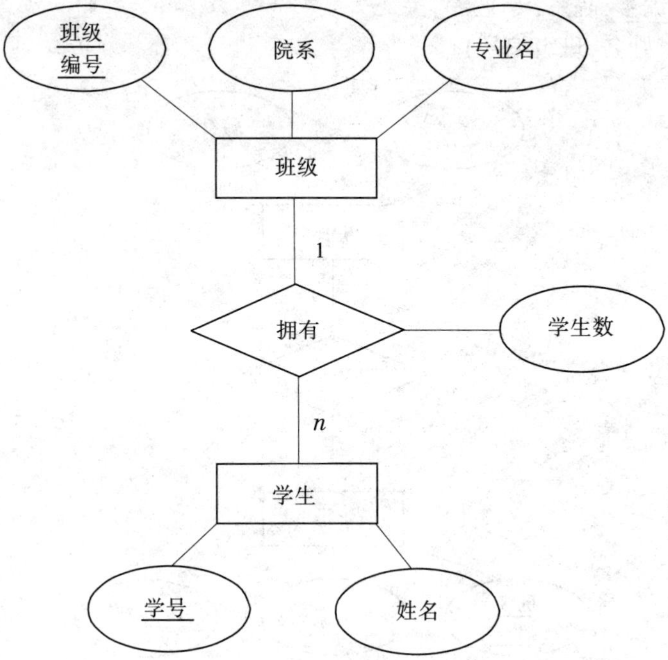

图 2-8　一对多联系 E-R 图

教师(教师号,院系,班级)

学生(学号,姓名)

再将教师与学生的联系转换为关系模式,将教师或学生的主属性作为联系的主属性。

教师_学生(教师号,学号,课时量)

(4)具有相同码的关系模式可以合并。

图 2-5 中,物资管理数据库 E-R 图转换为关系模式如下:

仓库(仓库号,面积,电话号码)

职工(职工号,姓名,年龄,职称,仓库名)

零件(零件号,名称,规格,单价,描述)

仓库_零件(仓库名,零件号,库存量)

供应商(供应商号,姓名,地址,电话号码,账号)

供应商_零件(供应商号,零件号)

项目(项目号,预算,开工日期)

项目_供应商(项目号,供应商号)

确定好关系模式后,就可以设计数据表结构了。如仓库(仓库号,面积,电话号码)可以设计为如表 2-1 所示的表。

表 2-1　仓库表

仓库号	面积	电话号码
1001	120	6935××××

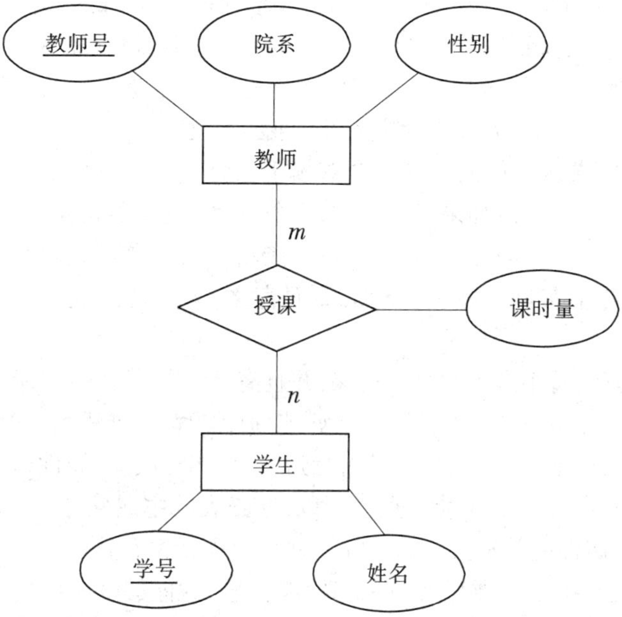

图 2-9　多对多联系 E-R 图

3. 关系数据库范式理论

微课 2-6　范式理论

构造数据库必须遵循一定的规则，在关系数据库中，这种规则就是范式。范式是符合某一种级别的关系模式的集合。关系数据库中的关系必须满足一定的要求，即满足不同的范式。关系数据库有六种范式：第一范式（1NF）、第二范式（2NF）、第三范式（3NF），第四范式（4NF）、第五范式（5NF）和第六范式（6NF）。满足最低要求的范式是第一范式（1NF），在第一范式的基础上进一步满足更多要求的称为第二范式（2NF），其余范式以此类推。一般来说，数据库只需满足第三范式（3NF）就行了。

1）第一范式

在任何一个关系数据库中，第一范式（1NF）是对关系模式的基本要求，不满足第一范式（1NF）的数据库就不是关系数据库。

所谓第一范式（1NF），是指数据库表的每一列都是不可分割的基本数据项，同一列中不能有多个值，即实体中的某个属性不能有多个值或者不能有重复的属性。如果出现重复的属性，就可能需要定义一个新的实体，新的实体由重复的属性构成，新实体与原实体之间为一对多的关系。在第一范式（1NF）中，表的每一行只包含一个实例的信息。简而言之，第一范式就是无重复的列。

一张学生表 Student（学号，姓名，年龄，年龄，性别）是不符合第一范式的，因为有重复列"年龄"属性。去除重复列"年龄"以后的 Student（学号，姓名，年龄，性别）是符合第一范式的。

2）第二范式

第二范式（2NF）是在第一范式（1NF）的基础上建立起来的，即满足第二范式（2NF）

必须先满足第一范式(1NF)。第二范式(2NF)要求数据库表中的每行(每一条记录)必须可以被唯一地区分。为实现区分通常需要为表加上一个列,以存储各个实例的唯一标识。例如,学生信息表中加上了“学号”列,因为每个学生的学号是唯一的,因此每个学生可以被唯一区分。这个唯一属性列被称为主关键字或主属性。

第二范式(2NF)要求实体的属性完全依赖于主属性。所谓完全依赖,是指不能存在仅依赖主属性一部分的属性,如果存在,那么这个属性和主属性的这一部分应该分离出来形成一个新的实体,新实体与原实体之间是一对多的关系。为实现区分,通常需要为表加上一个列,以存储各个实例的唯一标识。简而言之,第二范式就是属性完全依赖于主属性。

以学生选课为例,每个学生都可以选课,并且有这一门课程的成绩,那么如果将这些信息都放在一张表StuGrade(学号,姓名,年龄,性别,课程号,课程名,学分,成绩),不仔细看,会以为这张表的主键是“学号”,但是当看到最后一个“成绩”属性以后,就会发现如果没有课程信息,就不会有学生成绩信息。所以,这张表的主属性是一个联合主键(学号,课程号),这个联合属性能够唯一确定“成绩”属性。那么再看其他信息,比如“姓名”只需要“学号”就能够唯一确定,“课程名”只需要“课程号”就能够唯一确定,因此这样就存在了部分依赖,不符合第二范式。如果要让学生课程成绩信息满足第二范式,那么就需要将这张表拆分成多张表,一张学生表Student(学号,姓名,年龄,性别),一张课程表Course(课程号,课程名,学分),还有最后一张学生课程成绩表StuGrade(学号,课程号,成绩)。

3)第三范式

满足第三范式(3NF)必须先满足第二范式(2NF),而且要求一个数据库表中不包含已在其他表中已包含的非主属性信息。简而言之,第三范式(3NF)要求一个关系表中的非主属性不能出现在其他关系表中。

如学生表Student(学号,姓名,年龄,性别,学院名,学院地址)和学院表College(学院名,学院地址,电话),是不符合第三范式的,即非主属性“学院地址”出现在两个关系表中,存在数据冗余、更新异常、插入异常和删除异常等问题。

把学生表中重复的非主属性删除,重新设计学生表和学院表,就满足了第三范式,即学生表Student(学号,姓名,年龄,性别,学院名)和学院表College(学院名,学院地址,电话)。

实际上,第三范式就是要求不要在数据库中存储可以通过简单计算得出的数据。这样不但可以节省存储空间,而且在拥有主属性依赖的一方发生变动时,避免了修改成倍数据的麻烦,也避免了在这种修改过程中可能造成的人为错误。

【知识拓展】

数据库的物理设计

数据库在物理设备上的存储结构与存取方法称为数据库的物理结构,它依赖于选定的数据库管理系统。为一个给定的逻辑数据模型选取一个最适合应用要求的物理结构的过程,就是数据库的物理设计。

数据库的物理设计通常分为两步:

(1)确定数据库的物理结构,在关系数据中主要指存取方法和存储结构。

(2)对物理结构进行评价,评价的重点是时间和空间效率。

如果评价结果满足原设计要求,则可进入物理实施阶段,否则就需要重新设计或修改物理结构,有时甚至要返回逻辑设计阶段修改数据模型。

1. 数据库物理设计的内容和方法

不同的数据库产品所提供的物理环境存取方法和存储结构有很大差别,能供设计人员使用的设计变量,参数范围也很不相同,因此没有通用的物理设计方法可遵循,只能给出一般的设计内容和原则。希望设计优化的物理数据库结构,使得在数据库上运行的各种事务响应时间短、存储空间利用率高、事务吞吐量大。为此,首先对要运行的事务进行详细分析,获得选择物理数据库设计所需要的参数。其次,要充分了解所用 RDBMS 的内部特征,特别是系统提供的存取方法和存储结构。

对于数据库查询事务,需要得到如下信息:

(1)查询的关系。

(2)查询条件所涉及的属性。

(3)连接条件所涉及的属性。

(4)查询的投影属性。

对于数据更新事务,需要得到如下信息:

(1)被更新的关系。

(2)每个关系上的更新操作条件所涉及的属性。

(3)修改操作要改变的属性值。

此外,还需要知道每个事务在各关系上运行的频率和性能要求。

上述这些信息是确定关系的存取方法的依据。

应注意的是,数据库上运行的事务会不断变化、增加或减少,以后需要根据上述设计信息的变化调整数据库的物理结构。

通常关系数据库物理设计的内容主要包括:

(1)为关系模式选择存取方法。

(2)设计关系、索引等数据库文件的物理存储结构。

2. 确定数据库的存储结构

确定数据库物理结构主要指确定数据的存放位置和存储结构,包括确定关系、索引、聚簇、日志、备份等的存储安排和存储结构,确定系统配置等。

确定数据的存放位置和存储结构要综合考虑存取时间、存储空间利用率和维护代价三个方面的因素。这三个方面常常是相互矛盾的,因此需要进行权衡,选择一个折中方案。

(1)确定数据的存放位置。

为了提高系统性能,应该根据应用情况将数据的易变部分与稳定部分、经常存取部分和存取频率较低部分分开存放。

例如,目前许多计算机有多个磁盘或磁盘阵列,因此可以将表和索引放在不同的磁盘上,在查询时,磁盘驱动器并行工作,可以提高物理 I/O 读写的效率;也可以将比较大的表分放在 2 个磁盘上,以加快存取速度,这在多用户环境下特别有效;还可以将日志文件与数据库对象(表、索引等)放在不同的磁盘上,以改进系统的性能。

由于各个系统所能提供的对数据进行物理安排的手段、方法差异很大,因此设计人员应仔细了解给定的 RDBMS 提供的方法和参数,针对应用环境的要求,对数据进行适当的物理安排。

(2)确定系统配置。

DBMS 产品一般都提供了一些系统配置变量、存储分配参数,供设计人员对数据库进行物理优化。初始情况下,系统都为这些变量赋予了合理的默认值。但是这些值不一定适合每一种应用环境,在进行物理设计时,需要重新对这些变量赋值,以改善系统的性能。

系统配置变量很多,例如:同时使用数据库的用户数、同时打开的数据库对象数、内存分配参数、缓冲区分配参数(使用的缓冲区长度、个数)、存储分配参数、物理块的大小、物理块装填因子、时间片大小、数据库的大小、锁的数目等。这些参数值影响存取时间和存储空间的分配,在物理设计时就要根据应用环境确定这些参数值,以使系统性能最佳。

在物理设计时对系统配置变量的调整只是初步的,在系统运行时还要根据系统实际运行情况做进一步的调整,以期切实改进系统性能。

【应用思考】

根据任务 3 中的学生管理数据库 E-R 图,将其转换为关系表。

【作业】

1. 什么是逻辑设计? E-R 图有哪些组成部分?

2. 逻辑结构设计中,不同的联系转换为表时有什么原则?

3. 将任务 2 的作业 3,图书馆借阅管理数据库 E-R 图转换为关系表。

任务 4　创建与管理数据库

【任务概述】

对已经设计好的数据库和关系表,如何使用数据库语言进行创建和管理?本任务将了解数据库创建与管理的 SQL 语句。

【情景导入】

如何使用 SQL 语句创建和管理数据库?

【问题探究】

1. SQL 语言概述

微课 2-7　SQL 语言概述

动画 2-2　SQL 动画

SQL(Structured Query Language),即结构化查询语言,是关系数据库的标准语言,SQL 是一个通用的、功能极强的关系数据库语言。当前,几乎所有的关系数据库管理系统软件都支持 SQL,许多软件厂商对 SQL 基本命令集还进行了不同程度的扩充和修改。

1)SQL 的产生与发展

SQL 是在 1974 年由 Boyce 和 Chamberlin 提出的,并在 IBM 公司研制的关系数据库管系统原型 System R 上实现。SQL 简单易学、功能丰富,深受用户及计算机工业界欢迎,因此被数据库厂商所采用。经各公司的不断修改、扩充和完善，SQL 得到业界的认可。1986 年 10 月，美国国家标准局（American National Siandard Institute，ANSI）的数据库委员会 X3H2 批准了 SQL 作为关系数据库语言的美国标准，同年，公布了 SQL 标准文本（SQL-86）。1987 年，国际标准化组织（International Organization for Standardization，ISO）也通过了这一标准。

自 SQL 产生以来，经不断的发展，于 1989 年发布了 SQL/89 标准，于 1992 年发布了 SQL/92 标准，于 1999 年发布了 SQL99 标准，于 2003 年发布了 SQL2003 标准，于 2008 年发布了 SQL2008 标准。

在 2011 年，SQL-2011 标准发布。SQL-2011 标准增加了一些新的功能，包括支持 JSON 数据类型、增强的窗口函数、增强的日期和时间函数等。这些新的功能使得 SQL 更加强大和灵活，可以用于更加复杂的数据库管理任务。

2）SQL 的功能

SQL 之所以能够为用户和业界所接受，并成为国际标准，是因为它是一个综合的、功能极强又简洁易学的语言。SQL 集数据查询、数据操纵、数据定义和数据控制功能于一体，主要功能包括：

（1）数据定义功能。

SQL 的数据定义功能通过 DDL（Data Definition Language，数据定义语言）实现，它用来定义关系数据库的模式、外模式和内模式，以实现对基本表、视图以及案引文件的定义、修改和删除等操作。

（2）数据操纵功能。

SQL 的数据操纵功能通过 DML（Data Manipulation Language，数据操纵语言）实现。DML 包括数据查询和数据更新两种数据操作语句。其中，数据查询指对数据库中的数据查询、统计、分组、排序、检索等操作，数据更新指数据的插入、删除、修改等数据维护操作。

（3）数据控制功能。

数据库的控制指数据的安全性和完整性控制。SQL 的数据控制通过 DCL（Data Control Language，数据控制语言）实现。SQL 通过对数据库用户的授权和收权命令来实现有关数据的存取控制，以保证数据库的安全性。SQL 还提供了数据完整性约束条件的定义和检查机制，以保障数据库的完整性。

3）SQL 的特点

SQL 语言作为数据库系统普遍使用的语言，具有以下特点：

（1）非过程化语言。SQL 是一个非过程化的语言，因为它一次处理一个记录，对数据提供自动导航。SQL 允许用户在高层的数据结构上工作，而不对单个记录进行操作，可操作记录集。所有 SQL 语句接受集合作为输入，返回集合作为输出。SQL 的集合特性允许一条 SQL 语句的结果作为另一条 SQL 语句的输入。SQL 不要求用户指定对数据的存放方法。这种特性使用户更易集中精力于要得到的结果。所有 SQL 语句使用查询优化器，它是 RDBMS 的一部分，由它决定对指定数据存取的最快速度的手段。查询优化器知道存在什么索引，在什么地方使用合适，而用户从不需要知道表是否有索引，表有什么类型的索引。

（2）统一的语言。SQL 可用于所有用户，包括系统管理员、数据库管理员、应用程序员、决策支持系统人员及许多其他类型的终端用户。SQL 提供的任务命令包括:查询数据;在表中插入、修改和删除记录;建立、修改和删除数据对象;控制对数据和数据对象的存取;保证数据库的一致性和完整性。以前的数据库管理系统为上述各类操作提供单独的语言,而 SQL 将全部任务统一在一种语言中。

(3)所有关系数据库的公共语言。由于所有主要的关系数据库管理系统都支持 SQL 语言,用户可将使用 SQL 的技能从一个 RDBMS 转到另一个 RDBMS。所有用 SQL 编写的程序都是可以移植的。虽然很多数据库都对 SQL 语句进行了再开发和扩展,但包括 SELECT、INSERT、UPDATE、DELETE、CREATE、DROP、ALTER 等标准的 SQL 命令,仍然是关系数据库的操纵、管理语言。

(4)以同一种语法结构提供多种使用方式。SQL 既是独立语言,又是嵌入式语言。作为独立语言,它能够独立地用于联机交互的使用方式,用户可以在终端键盘上直接键入 SQL 命令对数据进行操作;作为嵌入式语言,SQL 语句能够嵌入高级语言(例如 C、C++、Java)程序中,供程序员设计程序时使用。而在两种不同的使用方式下,SQL 的语法结构基本上是一致的。这种以统一的语法结构提供多种不同使用方式的做法,提供了极大的灵活性与方便性。

(5)语言简洁易学。SQL 功能极强,但由于设计巧妙,语言十分简洁,完成核心功能只用了 9 个动词(见表 2-2),主体仅由 40 条语句组成。SQL 接近英语口语,因此容易学习、容易使用。

表 2-2　SQL 动词

SQL 功能	动词
数据查询	SELECT
数据定义	CREATE、DROP、ALTER
数据操纵	INSERT、UPDATE、DELETE
数据控制	GRANT、REVOKE

2. 创建数据库

使用 CREATE DATABASE 和 CREATE SCHEMA 命令可以创建数据库,语法格式如下:

CREATE {DATABASE | SCHEMA} [IF NOT EXISTS] *数据库名*
[[DEFAULT]　CHARACTER SET *字符集名*
|[DEFAULT]　COLLATE *校对规则名*]

微课 2-8　创建数据库 SQL 语言

语法说明如下:

(1)语句中"[ ]"内为可选项,"{　|　}"表示二选一。

(2)语句中的大写单词为命令动词,输入命令时,不能更改命令动词含义,SQL 语言对大小写不敏感,所以输入的命令动词只要词义不变,与大小写无关,即"CREATE""create"在 SQL 命令中是同一含义。

(3)语句中带下画线的斜体汉字为变量,输入命令前,一定要用具体的实意词替代,如“*数据库名*”要用将新建的用户数据库名(如“SchoolDB”“LibraryDB”等)来取代。同样,因为 SQL 对大小写不敏感,无论用户输入的是大写还是小写,SQL 都视为小写,所以无论是输入“SchoolDB”还是“schooldb”,SQL 建立的都是同一个数据库。

下面就 CREATE DATABASE 语句的使用进行说明。语法说明如下:

(1)*数据库名*:在文件系统中,SQL 的数据存储区将以目录形式表示 SQL 数据库。因此,命令中的数据库名字必须符合操作系统文件夹命名规则。需要注意的是,数据库名在 SQL 中不区分大小写。

(2)IF NOT EXISTS:在创建数据库前进行判断,只有该数据库目前尚不存在时才执行 CREATE DATABASE 操作。用此选项可以避免出现数据库已经存在而再新建的错误。

(3)DEFAULT:指定默认值。

(4)CHARACTER SET:指定数据库字符集(charset),其后的*字符集名*要用 SQL 支持的具体的字符集名称代替,如 gb2312。

(5)COLLATE:指定字符集的校对规则,其后的*校对规则名*要用 SQL 支持的具体的校对规则名称代替,如 gb2312_chinese_ci。

根据 CREATE DATABASE 的语法格式,如果不使用语句中“[ ]”内的可选项,“{ | }”中的二选一选项选定为“DATABASE”,创建数据库的最简化格式如下:

CREATE DATABASE *数据库名*

【例 4-1】 创建一个名为“SchoolDB”的数据库。

```
CREATE DATABASE SchoolDB;
```

【例 4-2】 创建一个名为“SchoolDB”的数据库,采用字符集“gb2312”和校对规则“gb2312_chinese_ci”。

```
CREATE DATABASE SchoolDB
    DEFAULT CHARACTER SET gb2312
    COLLATE gb2312_chinese_ci;
```

SQL 允许定义任意级别的字符集和校对规则,支持服务器、数据库、表、列等级别的字符集和校对规则。每个字符集都有一个默认校对规则,而两个不同的字符集不能有相同的校对规则。例如,latinl 的默认校对规则是 latinl_swedish_ci,而 gb2312 的默认校对规则是 gb2312_chinese_ci。

SQL 校对规则的命名约定:它们以其相关的字符集名开始,通常包括一个语言名,并且以_ci(对大小写不敏感)、_cs(对大小写敏感)或 bin(二元)结束。

3. 管理数据库

1)打开数据库

创建了数据库之后,使用 USE 命令可指定当前数据库。语法格式如下:

USE *数据库名*

这个语句也可以用来从一个数据库“跳转”到另一个数据库,在用 CREATE DATABASE 语句创建了数据库之后,该数据库不会自动成为当前数据库,需要用这条 USE 语句来指定。

【例 4-3】 指定“SchoolDB”数据库为当前数据库。

USE SchoolDB;

2)修改数据库

数据库创建后,如果需要修改数据库的参数,可以使用 ALTER DATABASE 命令。

语法格式如下:

ALTER{DATABASE | SCHEMA}[*数据库名*]

[[DEFAULT] CHARACTER SET *字符集名*

|[DEFAULT] COLLATE *校对规则名*]

ALTER DATABASE 语法说明可参照 CREATE DATABASE 语法说明。

ALTER DATABASE 用于更改数据库的全局特性,用户必须有对数据库进行修改的权限,才可以使用 ALTER DATABASE 命令。修改数据库的选项与创建数据库相同,功能不再重复说明。如果语句中忽略数据库名称,则修改当前(默认)数据库。

【例 4-4】 指定“SchoolDB”数据库为当前数据库,并修改该数据库的默认字符集为“utf8mb4”,校对规则为“utf8mb4_0900_ai_ci”。

```
USE SchoolDB;
ALTER DATABASE SchoolDB
    DEFAULT CHARACTER SET utf8mb4
    DEFAULT COLLATE utf8mb4_0900_ai_ci;
```

3)删除数据库

如果需要删除已经创建的数据库,可使用 DROP DATABASE 命令。语法格式如下:

DROP DATABASE [IF EXISTS] *数据库名*

使用 IF EXISTS 子句可以避免删除不存在的数据库时显示 SQL 错误信息。

注意这个命令必须小心使用,因为它将永久删除指定的整个数据库信息,包括数据库中的所有表和表中的所有数据。

【例 4-5】 删除“SchoolDB”的数据库。

DROP DATABASE SchoolDB;

或:DROP DATABASE IF EXISTS SchoolDB;

4)显示数据库

如果需要显示服务器中已建立的数据库,可以使用 SHOW DATABASES 命令。注意,该命令仅是显示计算机中数据库的名字,不能显示数据库中的表名或表结构。

语法格式如下:

SHOW DATABASES

【实践操作】

使用 Access 或 MySQL 数据库软件,学习创建和管理数据库的方法。

【作业】

1. 什么是 SQL? 常用的 SQL 动词有哪些?
2. 如何使用 SQL 语句创建数据库?
3. 如何使用 SQL 语句修改数据库?

【思政小课堂】

为规范数据处理活动，保障数据安全，促进数据开发利用，保护个人、组织的合法权益，维护国家主权、安全和发展利益等，2021 年 6 月 10 日第十三届全国人民代表大会常务委员会第二十九次会议通过《中华人民共和国数据安全法》。

光谷是武汉市发展软件和网络安全产业链的核心区，截至 2022 年底，已经集软件企业超 1 000 家，根据工信部《软件和信息技术服务业统计调查制度》统计口径，2022 年软件业务收入超 1 700 亿元。长江鲲鹏欧拉生态创新中心是在武汉市委、市政府指导下，由武汉云建设、运营的鲲鹏生态发展平台，是鲲鹏计算产业在武汉发展的重要支点。基于鲲鹏技术搭建的数据库在线学习实训平台，当前该产品处于技术验证阶段，将为数据库人解决学习及实训困难等问题。

摩天轮（modb. pro）是云和恩墨旗下产品，是一个专注数据库的技术社区，围绕数据人的学习成长提供一站式服务，持续促进数据领域的知识传播和技术创新，有丰富的技术知识库、专业的数据库问答平台、技术专家的课程分享、数据人的朋友圈、围绕数据库运维的免费在线工具。

项目 3　表的创建与管理

【项目概述】

在使用数据库的过程中,接触最多的数据库对象就是数据表。数据库创建后,就需要创建数据表,用于存储数据。数据表是数据库中最重要的部分,管理好数据表也就管理好了数据库。本项目主要介绍数据库中的数据类型、数据表的创建与管理、数据完整性的概念等,包括以下内容:

任务 1　设计数据类型

任务 2　创建与管理数据表

任务 3　完整性约束

任务 4　数据操作

【素质目标】

1. 提高数据标准化认识。

2. 培养照章办事的工作作风。

3. 充分理解"规矩意识"。

任务 1　设计数据类型

【任务概述】

数据类型是指数据所达标信息的类型,如常见的整数、小数、字母、汉字、符号等。通过学习,了解数据库支持的数据类型,以及如何定义和使用这些数据类型。

【情景导入】

在已经设计的学生管理数据库中,学生的个人信息可以用哪些类型的数据表示?

【问题探究】

在定义好关系模式后,数据表是由多列、多行组成的表格,包括表结构和表记录两部分,是相关数据的集合。表 3-1 所示的学生信息表中,一列称为一个字段,每一列都有一个与其他列不重复的名称,称为字段名,字段名即实体的属性。数据表要求一个字段名不允许重复,称为索引字段,一般由实体的主属性作为索引字段。

表 3-1　学生信息表

学号	姓名	年龄	性别	专业	出生日期
202××10301	李鑫	18	男	地理信息	2002-09-16
202××20527	王雷	19	男	工程测量	2001-10-19
202××30215	罗浩天	18	女	摄影测量	2002-11-03
202××10236	吴鹏飞	18	男	地理信息	2002-02-06

学生信息表的表头(第一行)决定了该表的结构,每一列的值类型、取值范围等都由作为表头字段的定义来决定。表 3-2 所示的是学生信息表的结构分析。

表 3-2　学生信息表的结构分析

字段名	字段值的表示方法	数据类型
学号	用 10 个固定字符表示	char(10)
姓名	用 10 个字符表示	varchar(10)
年龄	用 3 位整数表示	int(3)
性别	用 2 个固定字符表示	char(2)
专业	用 20 个字符表示	varchar(20)
出生日期	用"年月日"的形式表示	date

如学生信息表 Student(学号,姓名,年龄,性别,专业,出生日期)可表示如下:

字段的数据类型和字段长度一旦定义,就很难更改,在录入数据前,需要对每一个字段的数据类型和字段长度进行设计,保证该字段既能完整存储数据、节省存储空间,又能进行相应的运算。例如,对于年龄属性,可以采用 CHAR(3)作为数据类型,但考虑到要在年龄上做算术运算(如求平均年龄),所以要采用整数作为数据类型,因为 CHAR(n)数据类型不能进行算术运算。整数又有长整数和短整数两种,因为一个人的年龄在百岁左右,所以选用短整数作为年龄的数据类型,就满足了年龄字段的数据类型设计。

SQL 中常见的数据类型包括数值型、字符串型和日期时间型,如图 3-1 所示。

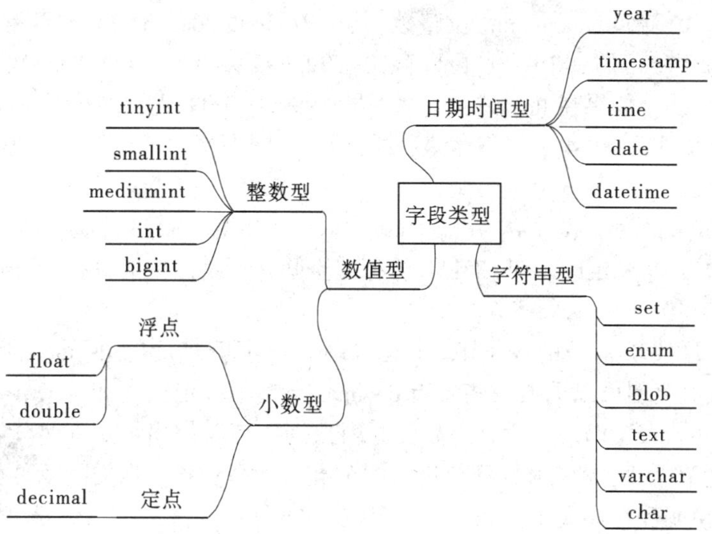

图 3-1　SQL 中的数据类型

1. 数值类型

数值类型又分为整数类型和小数类型。

微课 3-1　数值类型　　　　动画 3-1　数值类型

1）整数类型

整数类型的数据是最常用的数据之一，如学生的年龄、获得的学分等，各数据类型的取值范围、说明和存储大小见表 3-3。

表 3-3　整数类型的取值范围、说明和存储大小

数据类型	取值范围	说明	存储大小
tinyint	带符号时取值：-127～127；无符号时取值：0～255	微型整数	1 字节
smallint	带符号时取值：-32 768～32 767；无符号时取值：0～6 553	小型整数	2 字节
mediumint	带符号时取值：-8 388 608～8 388 607；无符号时取值：0～16 777 215	中型整数	3 字节
int	带符号时取值：-2 147 683 648～2 147 683 647；无符号时取值：0～4 294 967 295	标准整数	4 字节
bigint	带符号时取值：-9 223 372 036 854 775 808～9 223 372 036 854 775 807；无符号时取值：0～18 446 744 073 709 551 615	大型整数	8 字节

2）小数类型

小数类型用于存储带有小数点的数据，如商品的单价、测量的坐标等。对于小数类型，SQL 采用 float（M, D）、double（M, D）或 decimal（M, D）的方式进行定义，（M, D）表示该数值一共显示 M（精度，maximum）位整数，其中 D（标度，decimal）位位于小数点后面。例如，定义了 float（7,4）的一个字段，可以存储-999.999 9～999.999 9 的小数。SQL 保存值时会进行四舍五入，如果在 float（7,4）列内插入 999.000 09，近似结果是 999.000 1。

float 表示单精度，占用 4 个字节存储数据，精度范围大概为 7 位；double 表示双精度，占用 8 个字节存储数据，精度范围大概为 15 位。

decimal 表示高精度小数，（M, D）表示最大取值范围与 double 类型一样，但是有效的数据范围是由 M 和 D 决定的。DECIMAL 的存储空间并不是固定的，由精度值 M 决定，总共占用的存储空间为 $M + 2$ 个字节。

在一些对精度要求不高的场景下，比起占用同样字节长度的 decimal 类型，float 或 double 表达的数值范围可以更大一些。当 decimal 类型不指定精度和标度时，默认为 decimal（10,0），没有小数位。当数据的精度超出了定点数类型的精度范围时，则 SQL 同样会进行四舍五入处理。各数据类型的取值范围、说明和存储大小见表 3-4。

微课 3-2　字符串类型

2. 字符串类型

字符串类型的数据主要是由字母、汉字、数字符号、特殊符号构成的数据对象。按照字符个数多少的不同，字符串类型可分为以下几类。

表3-4　小数类型的取值范围、说明和存储大小

数据类型	取值范围	说明	存储大小
float	+(-)3.402 823 466E+38	单精度浮点数	4字节
double	+(-)1.7 976 931 348 623 157E+308	双精度浮点数	8字节
decimal	可变	高精度浮点数	自定义

1)char和varchar类型

char和varchar类似,但它们保存和检索的方式不同,它们在最大长度和尾部空格是否保留等方面也不同,在存储或检索过程中,二者均不进行大小写转换。char和varchar类型声明的长度表示用户想要保存的最大字符数。例如,char(30)可以占用30个字符。

char列的长度固定,为创建表时声明的长度。长度可以为0~255的任何值。当保存char值时,在它们的右边填充空格以达到指定的长度。当检索到char值时,尾部的空格被删除掉。在存储或检索过程中不进行大小写转换。

varchar列中的值为可变长字符串。长度可以指定为0~65 535的值(varchar的最大有效长度由最大行大小和使用的字符集确定,整体最大长度是65 532字节)。与char相比,varchar值只保存需要的字符数,另加一个字节来记录长度(如果列声明的长度超过255,则使用2个字节)。varchar值保存时不进行填充。当值保存和检索时,尾部的空格仍保留,符合标准SQL。

如果分配给char或varchar列的值超过列的最大长度,将对值进行裁剪以使其适合;如果被裁掉的字符不是空格,则会产生一条警告。

表3-5显示了将各种字符串值保存到char(4)和varchar(4)列后的结果,说明了char和varchar存储之间的差别。可以发现,char(4)类型只能存储最多4个字符,少于4个字符则在后面补充若干空格,而大于长度的字符将删除掉,存储大小为固定的4字节;varchar(4)类型存储时,不管几个字符,都在后面补充1个空格,存储大小为字符加空格的数量,如表3-5中第一行,'ab'的存储大小为2个字符加1个空格,即3字节。同样,大于长度的字符将删除掉。

表3-5　char和varchar存储之间的区别值

值	char(4)	存储大小	varchar(4)	存储大小
'ab'	'ab'	4字节	'ab'	3字节
'abcd'	'abcd'	4字节	'abcd'	5字节
'abcdef'	'abcd'	4字节	'abcd'	5字节

一般情况下,如果字符串是固定长度的,如性别(只有"男""女")、身份证号(固定18位),应该使用char类型;而字符串的长度是不固定的,如教材名称、家庭住址等,应该使用varchar类型。

2)enum和set类型

enum类型也叫作枚举类型,enum类型的取值范围需要在定义字段时进行指定。设置字段值时,enum类型只允许从成员中选取单个值,不能一次选取多个值。如某一列定

义了枚举类型 enum('春''夏''秋''冬'),该列在录入数据的时候只能从“春、夏、秋、冬”中选择一个,如选择“春”。

set 类型也叫作集合字符串,表示一系列字符串对象的集合,可以包含 0 个或多个成员,但成员个数的上限为 64。设置字段值时,允许从成员中选取 0 个或多个值,这一点与 enum 类型不同。插入重复的 set 类型成员时,SQL 会自动删除重复的成员。如某一列定义了集合类型 set('春''夏''秋''冬'),该列在录入数据的时候可以从“春、夏、秋、冬”中选择 0 个或多个,如选择“春”“秋”。

3) blob 和 text 类型

blob 类型被视为二进制字符串(字节字符串)。blob 类型没有字符集,并且排序和比较基于该列所含的字节的数值。这种类型的数据用于存储声音、视频、图像等数据。例如,图书数据处理中的图书封面、会员照片可以设定为 blob 类型。

text 列被视为非二进制字符串。text 列有一个字符集,并且根据字符集的校对规则对值进行排序和比较。在实际应用中,字符较多且不适合使用 varchar 类型时,如个人履历、奖惩情况、职业说明、内容简介等可以设定为 text 类型。例如,图书数据处理中的内容简介可以设定为 text 类型。

在 blob 和 text 类型的存储或检索过程中,不存在大小写转换。blob 和 text 列不能有默认值,它们的最大值由其类型确定,但在客户端和服务器之间实际可以传递的最大值由可用内存数量和通信缓存区大小确定。

在使用 blob 和 text 字段类型时要注意以下几点,以便更好地发挥数据库的性能:

(1) blob 和 text 的值会引起一些问题,特别是执行了大量的删除或更新操作时。删除这种值会在数据表中留下很大的“空洞”,以后填入这些“空洞”的记录可能长度不同。为了提高性能,建议定期使用相应的功能对这类表进行碎片整理。

(2) 如果需要对大文本字段进行模糊查询,SQL 提供了前缀索引。但是仍然要在不必要时避免检索大型的 blob 和 text 值。例如,SELECT* 查询就不适合检索,除非能够确定作为约束条件的 WHERE 子句只会找到所需要的数据行。否则,可能毫无目的地在网络上传输大量的值。

(3) 把 blob 和 text 列分离到单独的表中。在某些环境中,如果把这些数据列移动到第二张数据表中,可以把原数据表中的数据列转换为固定长度的数据行格式,这是有意义的。这会减少主表中的碎片,体现出固定长度数据行的性能优势。而且在主数据表上运行 SELECT * 查询时不会通过网络传输大量的 blob 和 text 值。

3. 日期时间类型

日期时间类型的数据是具有特定格式的数据,专用于表示日期、时间,包括以下几种类型:

(1) year 类型通常用来表示年。

(2) date 类型,即日期类型,通常用来表示年、月、日,输入的格式为 yyyy-mm-dd,支持的范围从“1000-01-01”到“9999-12-31”。

(3) time 类型,即时间类型,通常用来表示时、分、秒,输入数据的格式是 hh : mm : ss,time 值的范围是从“-838:59:59”到“838:59:59”。小时部分会如此大的原因是 time

类型不仅可以用于表示一天的时间(必须小于24 h),还可以用于表示某个事件过去的时间或两个事件之间的时间间隔(可以大于24 h,甚至为负)。

(4)datetime类型,表示日期时间,格式是yyyy-mm-dd hh:mm:ss,支持的范围为“1000-01-01 00:00:00”到“9999-12-31 23:59:59”。

(5)timestamp类型通常用来表示带时区的年、月、日、时、分、秒,timestamp存储数据时需要对当前时间所在的时区进行转换,查询数据时再将时间转换回当前的时区。因此,使用timestamp存储的同一个时间值,在不同的时区查询时会显示不同的时间。timestamp存储的时间范围比datetime要小很多,只能存储“1970-01-01 00:00:01 UTC”到“2038-01-19 03:14:07 UTC”之间的时间。其中,UTC表示世界统一时间,也叫作世界标准时间。

【应用思考】

根据项目2中设计的学生管理数据库,设计每一个字段的数据类型。

【作业】

1. 什么是数据类型?有哪些分类?

2. 整数类型有哪些?小数类型有哪些?

3. 根据表3-6的内容,设计该表的数据类型。

表3-6　学生信息表

学号	姓名	性别	证件号码	专业名称	出生年月	民族	政治面貌	宿舍号
18××010221	白宇昕	女	41142119991204××××	测绘地理信息技术	1999年12月4日	回族		4-508
18××010201	毕少喆	男	41102420000211××××	测绘地理信息技术	2000年2月11日	汉族	群众	2-305
18××010236	曹宇	女	41282219990516××××	测绘地理信息技术	1999年5月16日	汉族	共青团员	4-505
18××010235	陈景慧	女	52011119991005××××	测绘地理信息技术	1999年10月5日	布依族		4-509
18××010228	程燕	女	41072420000405××××	测绘地理信息技术	2000年4月5日	汉族	共青团员	4-508
18××010224	甘文吉	男	45260119990430××××	测绘地理信息技术	1999年4月30日	壮族		2-305
18××010239	郭世伟	男	41108219930529××××	测绘地理信息技术	1993年5月29日	汉族	共青团员	2-307
18××010210	郭祥翠	女	41070419990819××××	测绘地理信息技术	1999年8月19日	汉族		4-506
18××010233	郭晓旭	男	37050219980213××××	测绘地理信息技术	1998年2月13日	汉族	群众	2-307
18××010220	郝雨霏	女	13042720001102××××	测绘地理信息技术	2000年11月2日	汉族	共青团员	4-508
18××010243	贺爽	女	41072420000830××××	测绘地理信息技术	2000年8月30日	汉族	共青团员	4-509

任务 2　创建与管理数据表

【任务概述】

设计好关系表和数据结构后,就可以使用 SQL 语句创建与管理数据表。通过本任务的学习,了解创建与管理数据库的 SQL 语句。

【情景导入】

在已经设计好的学生管理数据库中,如何使用 SQL 语句创建和管理数据库中包含的各个数据表?

【问题探究】

1. 创建数据表

创建数据表的 SQL 语句。

微课 3-3　创建数据表

使用 CREATE TABLE 命令可以创建表,语法格式如下:

CREATE TABLE [IF NOT EXISTS] *表名*
(*列名 1* *数据类型*[NOT NULL | NULL] [DEFAULT *列默认值*],
列名 2 *数据类型*[NOT NULL | NULL] [DEFAULT *列默认值*],
……
列名 n *数据类型*[NOT NULL | NULL] [DEFAULT *列默认值*]);

其中,CREATE TABLE 是关键字,表示将要定义一个新的数据表;列名 1、列名 2 等是数据表的每一列字段名,每个字段名后面的数据类型就代表该字段对应的数据类型。系统执行了这条建表语句之后,就会在数据库中新建一个表,这个表里面还没有任何元组,直到系统执行了向表中插入元组的插入语句。

具体的语法说明如下:

(1)IF NOT EXISTS:在建表前判断,只有该表目前尚不存在时才执行 CREATE TABLE 操作。用此选项可以避免出现表已经存在而无法再新建的错误。

(2)*表名*:要创建的表的名称。该表名必须符合标识符规则,如果有 SQL 保留字,必须用单引号括起来。

(3)*列名*:表中每一列的名字。列名必须符合标识符规则,长度不能超过 64 个字符,而且在表中要唯一。如果有 SQL 保留字,必须用单引号括起来。

(4)*数据类型*:列的数据类型,有的数据类型需要指明长度 n,并用括号括起来。

(5)NOT NULL | NULL:指定该列是否允许为空。如果不指定,则默认为 NULL(空)。

(6)DEFAULT *列默认值*:为列指定默认值,默认值必须为一个常数。其中,blob 和 text 列不能被赋予默认值。如果没有为列指定默认值,则 SQL 会自动分配一个。如果列可以取 NULL 值,则默认值就是 NULL。如果列被声明为 NOT NULL,则默认值取决于列类型。

存储引擎是处理不同表类型操作的组件,SQL 支持多个存储引擎作为对不同表的类型的处理器,使用时要引用具体的存储引擎名,如 ENGINE = InnoDB。

针对表 3-1 学生信息表及表 3-2 学生信息表结构分析,可以使用如下的 SQL 命令,创建学生信息表基本结构。

```
CREATE TABLE Student (
    学号 char(10) NOT NULL PRIMARY KEY,
    姓名 varchar(10),
    年龄 int DEFAULT 18,
    性别 char(2),
    专业 varchar(20),
    出生日期 date);
```

在该语句中,对学生的学号进行约束,使用“PRIMARY KEY”定义其为主键,同时使用“NOT NULL”定义其内容不能为空。对学生的年龄设置一个默认值,使用“DEFAULT 18”表示该列的值默认为18。

2. 管理数据表

1)修改表结构

ALTER TABLE 命令可以用于更改原有的表结构。例如,可以增加或删减列、创建或取消索引、更改原有列的类型、重新命名列或表,还可以更改表的评注和表的类型。

具体语法格式如下:

```
ALTER [IGNORE] TABLE 表名
ADD [COLUMN] 列名[FIRST | AFTER 列名]                  /*添加列*/
| ALTER [COLUMN] 列名
    {SET DEFAULT 默认值 | DROP DEFAULT}                 /*修改默认值*/
| CHANGE [COLUMN] 旧列名 列定义                         /*对列重命名*/
    [FIRST | AFTER 列名]
| MODIFY [COLUMN] 列定义[FIRST | AFTER 列名]            /*修改列类型*/
| DROP [COLUMN] 列名                                    /*删除列*/
| RENAME [TO] 新表名                                    /*重命名该表*/
```

语法说明如下:

(1)IGNORE:若修改后的新表中存在重复关键字,如果没有指定IGNORE,当发生关键字重复错误时操作会失败。如果指定了IGNORE,那么出现重复关键字时,只使用第一行,其他有冲突的行则被删除。

(2)列定义:定义列的数据类型和属性,具体内容在CREATE TABLE的语法中已做说明。

(3)ADD [COLUMN] 子句:向表中增加新列。例如,在表t1中增加新的一列a的语句为“ALTER TABLE t1 ADD COLUMN a TINYINT NULL;”。

(4)FIRST | AFTER 列名:表示在表头前或后添加,不指定则添加到最后。

(5)ALTER [COLUMN] 子句:修改表中指定列的默认值。

(6)CHANGE [COLUMN] 子句:修改列的名称。重命名时,需给定旧的和新的列名称和列当前的类型。例如,将表t1中一个列的名称从a变更到b的语句为“ALTER TABLE t1 CHANGE a b INT;”。

(7)MODIFY [COLUMN] 子句:修改指定列的类型。例如,将表 t1 中列 b 的数据类型改为 BIGINT 的语句为"ALTER TABLE t1 MODIFY b BIGINT NOT NULL ;"。

注意,若表中该列所存数据的数据类型与将要修改的列的类型冲突,则将发生错误。例如,原来 CHAR 类型的列要修改成 INT 类型,而原来列值中有字符型数据"a",则无法修改。

(8)DROP 子句:从表中删除列或约束。

(9)RENAME 子句:修改该表的表名。例如,将表 t1 改名为 t2 的语句为"ALTER TABLE t1 RENAME TO t2;"。

【例 2-1】 假设已经在数据库 SchoolDB 中创建了表 Student,表中存在"出生日期"列。在表 Student 中增加"入学日期"列,并将表中的"出生日期"列删除。

```
USE SchoolDB;
ALTER TABLE Student
ADD 入学日期 date ,
DROP COLUMN 出生日期;
```

2)复制表

当需要建立的数据库表与已有的数据库表结构相同时,可以通过复制表的结构和数据的方法新建数据库表。

语法格式如下:

```
CREATE TABLE [IF NOT EXISTS] 新表名
    [ LIKE 参照表名]
    |[AS (select 语句)]
```

语法说明如下:

(1)LIKE:使用 LIKE 关键字创建一个与<u>参照表名</u>结构相同的新表,列名、数据类型、空指定和索引也将复制,但是表的内容不会复制,因此创建的<u>新表名</u>是一个空表。

(2)AS:使用 AS 关键字可以复制表的内容,但索引和完整性约束是不会复制的。<u>*SELECT* 语句</u>表示一个表达式,可以是一条或多条 <u>*SELECT* 语句</u>。

【例 2-2】 假设数据库 SchoolDB 中有一个表 Student,创建表 Student 的一个名为 Student_copy1 的副本。

```
CREATE TABLE Student_copy1 LIKE Student ;
```

如果需要复制结构的同时复制其数据,可以使用 AS 关键字,并使用 SELECT 语句对需要复制的数据进行选择。

【例 2-3】 创建表 Student 的一个名为 Student_copy2 的副本,并且复制其全部内容。

```
CREATE TABLE Student_copy2

    AS (SELECT * FROM Student);
```

3)删除表

需要删除一个表时,可以使用 DROP TABLE 语句。

语法格式如下:

```
DROP TABLE [IF EXISTS] 表名1[ ,表名2]...
```

语法说明如下：

(1)表名：要被删除的表名。

(2)IF EXISTS：避免要删除的表不存在时出现错误信息。

这个命令将表的描述、表的完整性约束、索引及和表相关的权限等全部删除。

【例 2-4】　删除表 test。

DROP TABLE IF EXISTS test ;

4)显示数据表信息

(1)显示数据表文件名。

SHOW TABLES 命令用于显示已经建立的数据表文件。

语法格式如下：

SHOW TABLES

【例 2-5】　显示 SchoolDB 数据库中建立的数据表文件。

USE SchoolDB;

SHOW TABLES;

(2)显示数据表结构。

DESCRIBE 语句用于显示表中各列的信息。

语法格式如下：

{DESCRIBE | DESC} <u>*表名*</u>[<u>*列名*</u> | <u>*通配符*</u>]

语法说明如下：

(1)DESCRIBE | DESC：DESC 是 DESCRIBE 的简写，二者用法相同。

(2)<u>*列名*</u> | <u>*通配符*</u>：可以是一个列名，或一个包含"%""_"通配符的字符串，用于获得对带有与字符串相匹配的名称的各列的输出。

【例 2-6】　查看 Student 表中各列的信息。

DESC Student;

【例 2-7】　查看 Student 表中"姓名"列的信息。

DESC Student 姓名 ;

【应用思考】

根据项目 2 中设计的学生管理数据库，使用 SQL 语句创建数据库中的各个数据表。

【作业】

1. 创建数据表的基本语法结构是什么？
2. 修改数据表的语法中，有哪些不同的功能？
3. 将任务 1 的作业 3 学生信息表，使用 SQL 语句进行创建。

任务 3　完整性约束

【任务概述】

数据库中的数据在输入时，经常会发生输入无效或错误信息，在数据库管理系统中，保证数据库中的数据完整性是非常重要的。通过学习了解数据库中有哪些完整性约束。

【情景导入】

在已经设计好的学生管理数据库中,思考需要设置哪些完整性约束?改进上一任务重创建数据表的 SQL 语句。

【问题探究】

数据完整性是指数据库中数据的一致性和正确性,完整性约束是指数据库的内容必须随时遵守的规则。数据的完整性是为了防止数据库中存在不符合语义规定的数据、防止因错误信息的输入输出造成无效操作或错误信息而提出的。强制数据完整性可以确保数据库中的数据质量。

例如,为保证数据的完整性,需要对输入的数据进行以下检查:

(1)输入的类型是否正确?——年龄必须是数字。

(2)输入的格式是否正确?——E-mail 必须包含@ 符号。

(3)是否在允许的范围内?——性别只能是“男”或者“女”。

(4)是否存在重复输入?——同一员工信息只能输入一次。

(5)是否符合其他特定要求?——信誉值大于 5 的客户才能够加入客户表。

1. 数据完整性的类型

(1)实体完整性(Entity Integrity):规定表中的每一行在表中是唯一的实体,即将表中的每一行都看作一个实体。实体完整性要求表的标识符列或主键的完整性。实体完整性可以通过建立 UNIQUE、PRIMARY KEY 约束、UNIQUE 约束以及列的 IDENTITY 属性来实现。如 Student 数据表中的“学号”列的取值必须是唯一的。

动画 3-2　数据约束

(2)域完整性(Domain Integrity):是指数据表中的列必须满足某种特定的数据类型或约束。其中,约束包括取值范围、精度等规定(如:学生的考试成绩必须在 0~100,性别只能是“男”或“女”)。强制域有效性的方法有:限制类型、格式(通过 CHECK 约束和规则)或可能值的范围。域完整性可以通过 FOREIGN KEY 约束、CHECK 约束、DEFAULT 定义、NOT NULL 定义和规则来实现。

(3)参照完整性(Referential Integrity):是指两个数据表的主键和外键的数据应保持一致。参照完整性可以防止数据丢失或无意义的数据在数据库中扩散。参照完整性是建立在外键和主键之间,或外键和唯一性键之间的关系上的。一致性要求不能引用不存在的值,如果键值更改了,则在整个数据库中,对该键值的所有引用都要进行一致性的更改。

在关系数据库中禁止用户进行下列操作:当主表中没有关联的记录时,将记录添加到相关表中;更改主表中的值并导致相关表中的记录孤立;从主表中删除记录,但仍存在与该记录匹配的相关记录。

(4)用户定义的完整性(User-defined Integrity):是针对某个特定关系数据库的约束条件,它反映了某一具体应用所涉及的数据必须满足语义要求。所有的完整性类型都支持用户定义完整性。

2. 约束的类型

数据完整性在任何时候都可以实施,但对已有数据的表实施数据完整性时,系统要先检查表中的数据是否满足所实施的完整性,只有表中数据满足了所实施的完整性,数据完整性才能实施成功。

约束(CONSTRAINTS)是强制数据完整性的首选方法。

约束可分为列级约束和表级约束。如果约束只对一列起作用,称为列级约束;如果约束对多列起作用,则称为表级约束。

约束也可分为非空约束、缺省(默认)约束、检查约束、主关键字约束、唯一约束和外关键字约束(参照约束)六类。

(1)非空约束(NOT NULL):限定数据表中的某些列必须存在有效值,不允许有空值出现。这是最简单的数据完整性约束,在创建数据表时将该列声明为 NOT NULL。

(2)缺省约束(DEFALUT CONSTRAINTS):当向数据表添加数据时,如果用户没有具体给定某列的数据,系统自动为该列指定数据。

(3)检查约束(CHECK CONSTRAINTS):限定在列中添加数据的范围,如要求用户设置的密码只能包含字母和数字。

(4)主关键字约束(PRIMARY KEY CONSTRINTS):限定主关键字的列上不能有两行具有相同的数据,也没有空值。

(5)唯一约束(UNIQUE CONSTRAINTS):限定数据表中所有行在指定的列上没有完全相同的数据。

(6)外键约束(FROEIGN KEY CONSTRAINTS):限定正被添加或更新的列(外键)的新数据,必须在被参照表(主表)的相应列(主关键字)中已经存在。

3. 主键约束

1)定义主键

主键就是表中的一列或多个列的一组,其值能唯一地标识表中的每行。SQL 为主键列创建了唯一性索引,实现了数据的唯一性,在查询中使用主键时,该索引可用来对数据进行快速访问。SQL 通过定义 PRIMARY KEY 约束来创建主键,而且 PRIMARY KEY 约束中的列不能取空值。如果 PRIMARY KEY 约束是由多列组合定义的,则某一列的值可以重复,但 PRIMARY KEY 约束定义中所有列的组合值必须唯一。

用户可以用两种方式定义主键,作为列或表的完整性约束。作为列的完整性约束时,只需在列定义的时候加上关键字 PRIMARY KEY;作为表的完整性约束时,需要在语句最后加上一条 PRIMARY KEY(*列名*,…)语句。

【例 3-1】　创建 Student 表,并将“学号”定义为主键。

```
CREATE TABLE Student (
    学号 char(10) NOT NULL PRIMARY KEY,
    姓名 varchar(10));
```

主键可以定义于 NOT NULL 之后,也可以定义在 NOT NULL 之前。如果作为主键的一部分的一个列没有定义为 NOT NULL, MySQL 就自动把这个列定义为 NOT NULL。

当表中的主键为复合主键时,只能将其定义为表的完整性约束。

【例 3-2】　创建 course 表来记录每门课程的学生的“学号”“姓名”“课程号”“学分”“毕业日期”。其中,“学号”“课程号”“毕业日期”构成复合主键。

```
CREATE TABLE course (
```

```
学号 char(10) NOT NULL,
姓名 varchar(10) NOT NULL,
毕业日期 date NOT NULL,
课程号 varchar(3),
学分 tinyint,
PRIMARY KEY (学号, 课程号, 毕业日期) );
```

2)定义主键原则

原则上,任何列或者列的组合都可以充当一个主键,但是主键列必须遵守一些规则,这些规则源于关系模型理论和SQL所制定的规则。

A.每个表必须定义一个主键

关系模型理论要求必须为每个表定义一个主键。然而,SQL并不要求这样,它可以创建一个没有主键的表。从安全角度考虑,应该为每个基础表指定一个主键。若没有主键,可能在一个表中存储两个相同的行,当两个行不能彼此区分时,查询过程中将会满足同样的条件,更新的时候也总是一起更新,这样容易造成数据库崩溃。

B.唯一性规则

表中两个不同的行在主键上不能具有相同的值。

C.最小化规则

如果从一个复合主键中删除一列,而剩下的列构成的主键仍然满足唯一性原则,那么这个复合主键是不正确的。这条规则称为最小化规则,也就是说,复合主键不应该包含一个不必要的列。一个列名在一个主键的列表中只能出现一次。

SQL自动地为主键创建一个索引,通常这个索引名为PRIMARY,用户可以重新给这个索引起名。

4.替代键约束

替代键像主键一样,是表的一列或一组列,它们的值在任何时候都是唯一的。因为一个表只能有一个主键,所以当一个表有多个列需要建立唯一性约束时,替代键是没有被选作主键的候选键。定义替代键的关键字是UNIQUE。

【例3-3】　在表Student中,将“学号”作为主键,将“身份证号”列定义为一个替代键。

```
CREATE TABLE Student (
    学号 char(10) NOT NULL,
    姓名 varchar(10) NOT NULL,
    年龄 intDEFAULT 18,
    身份证号 char(18),
    PRIMARY KEY (学号),
    UNIQUE (身份证号) );
```

在SQL中,替代键和主键的区别主要有以下几点。

1)数量不同

一个数据表只能创建一个主键,但可以有若干个UNIQUE键,并且它们甚至可以重合。例如,在C1列和C2列定义了一个替代键,并且在C2列和C3列定义了另一个替代键,这两个替代键在 C2 列上允许重合。

2)NULL 设置不同

主键字段的值不允许为 NULL,而 UNIQUE 字段的值可取 NULL,但是必须使用 NULL 或 NOT NULL 声明。

3)索引不同

创建 PRIMARY KEY 约束时,系统自动产生 PRIMARY KEY 索引。创建 UNIQUE 约束时,系统自动产生 UNIQUE 索引。

5. 参照完整性约束

1)参照完整性约束的概念

在数据库中,有很多规则是和表之间的关系相关。例如,学生只有注册后才可以参与考试,才可以录入成绩。因此,成绩表中的所有学生(由学号来标识)必须是学生信息表中的学生。也就是说,存储在成绩表中的所有学号必须是学生信息表学号列中的学号,否则无法存储在成绩表中。这种类型的关系就是参照完整性约束(Rreferential Integrity Constraint),如图 3-2 所示。

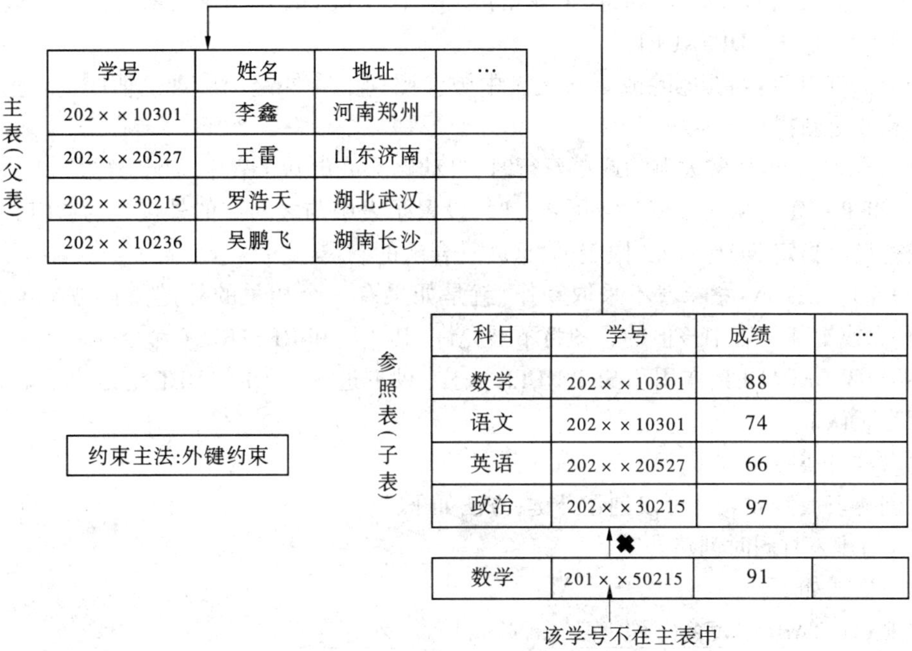

图 3-2　参照完整性约束示意图

2)参照完整性约束的语法定义

参照完整性约束可以在创建表或修改表时定义一个外键声明。

定义外键的语法格式如下:

FOREIGN KEY(*外键*)

REFERENCES *父表表名*[(父表列名[(长度)][ASC | DESC],…)]

[ON DELETE {RESTRICT | CASCADE | SET NULL | NO ACTION}]

[ON UPDATE {RESTRICT | CASCADE | SET NULL | NO ACTION}]

外键被定义为表的完整性约束,语法中包含了外键所参照的表和列,还可以声明参照动作。语法说明如下:

(1)*外键*:参照表的列名。外键中的所有列值在引用的列中必须全部存在。外键可以只引用主键和替代键,不能引用被参照表中随机的一组列,它必须是被参照表的列的一个组合,且其中的值是唯一的。

(2)*父表表名*:外键所参照的表名,这个表叫作被参照表或父表,外键所在的表叫作参照表或子表。在图 3-2 中,成绩表是参照表或子表,学生信息表是被参照表或父表。

(3)*父表列名*:被参照的列名。外键可以引用一个或多个列。

(4)ON DELETE | ON UPDATE:可以为每个外键定义参照动作。参照动作包含两部分,第一部分指定这个参照动作应用哪一条语句,有 UPDATE 和 DELETE 语句;第二部分指定采取哪个动作,可能采取的动作有 RESTRICT、CASCADE、SET NULL、NO ACTION 和 SET DEFAULT。

(5)RESTRICT:当要删除或更新父表中被参照列上在外键中出现的值时,拒绝对父表的删除或更新操作。

(6)CASCADE:从父表删除或更新行时,自动删除或更新子表中匹配的行。

(7)SET NULL:从父表删除或更新行时,设置子表中与之对应的外键列为 NULL。如果外键列没有指定 NOT NULL 限定词,这就是合法的。

(8)NO ACTION:意味着不采取动作,就是如果有一个相关的外键值在被参考的表里,则删除或更新父表中该值的企图将不被允许,其作用和 RESTRICT 命令一样。

(9)SET DEFAULT:作用和 SET NULL 一样,只不过 SET DEFAULT 是指定子表中的外键列为默认值。

3)创建外键

在创建表或修改表时可以创建外键,方法如下。

(1)创建表时同时创建外键。

语法格式如下:

CREATE TABLE *表名*(*列定义*, ...) | [*外键定义*]

(2)对已有表创建外键。

语法格式如下:

ALTER TABLE *表名*

　　ADD [*外键定义*]

当指定一个外键的时候,要受到下列条件的制约:

①父表必须是已经创建的表或者是正在创建的表。在后一种情况下,父表和子表是同一个表,表中的某列参照另一列。

②必须在父表的表名后面指定列名(或列名的组合)。这个列(或列组合)必须是这

个表的主键或替代键。

③外键中列的数目必须和父表中的主键(或替代键)中列的数目相同。

④外键中列的数据类型必须和父表中主键中列的数据类型相同。

⑤父表和子表必须使用相同的存储引擎,并且不能将它们定义为临时表。

6. CHECK 完整性约束

主键、替代键、外键都是常见的完整性约束实例。但是,每个数据库还有一些专用的完整性约束,例如,学生成绩表中的学生成绩要在 0~100 内,学生信息表中的出生日期必须大于 2000 年 1 月 1 日。这样的规则可以使用 CHECK 完整性约束来指定。

CHECK 完整性约束在创建表的时候定义,可以定义为列完整性约束,也可以定义为表完整性约束。

语法格式如下:

CHECK (*表达式*)

语法说明如下:

表达式:指定需要检查的条件,在更新表数据的时候,SQL 会检查更新后的数据行是否满足 CHECK 的条件。

【例 3-4】 Student 表的“性别”只允许取值“男”或“女”。

```
CREATE TABLE Student
(
    学号 char(10) NOT NULL,
    性别 char(2) NOT NULL CHECK ( 性别 IN (男,女) )
);
```

这里,CHECK 完整性约束指定了性别只允许输入“男”或“女”,由于 CHECK 包含在了自身的定义中,因此 CHECK 完整性约束定义为列完整性约束。

【例 3-5】 创建表 Student,只考虑“学号”“出生日期”“学分”列,出生日期必须大于 2000 年 1 月 1 日。

```
CREATE TABLE Student
(
    学号 char(10) NOT NULL,
    出生日期 date NOT NULL,
    CHECK ( 出生日期 >‘2000-01-01’ )
);
```

如果指定的完整性约束中要相互比较一个表的两个或多个列,那么该列完整性约束必须定义表完整性约束。CHECK 完整性约束可以同时定义多个,中间用逗号隔开。

【例 3-6】 创建表 Student,有“学号”“最好成绩”“平均成绩”3 列,要求最好成绩必须大于平均成绩,且最好成绩不得超过 100 分。

```
CREATE TABLE Student
(
    学号 char(10) NOT NULL,
```

```
最好成绩 int NOT NULL,
平均成绩 int NOT NULL,
    CHECK ( 最好成绩 <= 100 ),
    CHECK ( 最好成绩 > 平均成绩 )
);
```

【应用思考】

根据项目2中设计的学生管理数据库,思考需要设置的完整性约束,修改完善创建数据表的SQL语句。

【作业】

1. 什么是完整性约束?有哪些约束类型?

2. 主键约束的SQL语句是什么?

3. 对任务2的作业3学生信息表,思考需要设置哪些完整性约束,修改完善SQL语句。

任务4　数据操作

【任务概述】

建立了数据库和数据表结构,接下来需要将数据保存到数据表中,也就是常说的录入数据。通过学习,了解SQL语句中插入、修改、删除数据的基本语法结构。

【情景导入】

在已经设计好的学生管理数据库中,以本班学生信息为例,如何录入学生数据?

【问题探究】

1. 数据插入

一旦创建了数据库和表,下一步就是向表里插入数据。通过INSERT或REPLACE语句可以向表中插入一行或多行数据。

语法格式如下:

INSERT [IGNORE] [INTO] <u>表名</u>[(<u>列名</u>, ...)]

VALUES ({表达式 | DEEAULT}, ...), (...), ...

| SET <u>列名</u>= {<u>表达式</u>| DEFAULT}, ...

语法说明如下:

(1) <u>列名</u>:需要插入数据的列名。如果要给全部列插入数据,列名可以省略。如果只给表的部分列插入数据,需要指定这些列。对于没有指出的列,它们的值根据列默认值或有关属性来确定,SQL处理的原则如下:

①具有默认值的列,其值为默认值。

②没有默认值的列,若允许为空值,则其值为空值;若不允许为空值,则出错。

③类型为timestamp的列,系统自动赋值。

(2) VALUES子句:包含各列需要插入的数据清单,数据的顺序要与列的顺序相对应。若<u>表名</u>后不给出<u>列名</u>,则在VALUES子句中给出每一列的值;如果列值为空,则值必须置为NULL,否则会出错。

①表达式:可以是一个常量、变量或一个表达式,也可以是空值NULL,其值的数据类型要与列的数据类型一致。例如,列的数据类型为int,插入的数据是“aaa”时就会出错。当数据为字符型和日期型时要用单引号括起来。

②DEFAULT:指定为该列的默认值,前提是该列原先已经指定了默认值。如果列清单和VALUES清单都为空,则INSERT会创建一行,每个列都设置成默认值。

③IGNORE:当插入一条违背唯一约束的记录时,SQL不会尝试去执行该语句。

【例3-7】　向学生信息表Student(学号,姓名,年龄,性别,专业,出生日期)中插入如下一行数据“2020010301,李鑫,18,男,地理信息,2002-09-16”。

```
INSERT INTO Student VALUES (
    '2020010301', '李鑫', 18, '男', '地理信息', '2002-09-16');
```

如果不写列名,插入的数据要严格按照所定义的顺序填写。非数值类型(字符串、日期等类型)的数据要用单引号括起来。

如果想插入个别的几列数据,要在表名后列出列名,插入数据时要按照给出的列名顺序进行填写。也可以使用REPLACE语句,用VALUES子句的值替换已经存在的记录。

【例3-8】　仅向学生信息表Student(学号,姓名,年龄,性别,专业,出生日期)中插入“学号、姓名、专业”数据“2020010301,李鑫,地理信息”。

```
INSERT INTO Student (学号, 姓名, 专业)
    VALUES ('2020010301', '李鑫', '地理信息');
```

一个单独的INSERT语句中可使用多个VALUES子句一次插入多条记录,每条记录的数据要用括号括起来,记录与记录之间用逗号分开。

【例3-9】　向学生信息表Student(学号,姓名,年龄,性别,专业,出生日期)中插入2行记录。“2020010301,李鑫,18,男,地理信息,2002-09-16”和“2020020527,王雷,19,男,工程测量,2001-10-19”。

```
INSERT INTO Student VALUES
    ('2020010301', '李鑫', 18, '男', '地理信息', '2002-09-16'),
    ('2020020527', '王雷', 19, '男', '工程测量', '2001-10-19');
```

2. 数据修改

要修改表中的数据,可以使用UPDATE语句。UPDATE可以用来修改单个表,也可以用来修改多个表。

1)单表数据修改

语法格式如下:

```
UPDATE [IGNORE] 表名
SET 列名1 = 表达式1 [ , 列名2 = 表达式2 ... ]
[WHERE 条件]
```

语法说明如下:

(1)SET子句:根据WHERE子句中指定的条件对符合条件的数据行进行修改。若语句中不设定WHERE子句,则更新所有行。

(2) *列名 1*、*列名 2*：如果要修改列值的列名，可以同时修改所在数据行的多个列值，中间用逗号隔开。

(3) *表达式 1*、*表达式 2*：可以是常量、变量或表达式。

【例 3-10】　将学生信息表 Student 中学号为 2020010301 的学生年龄改为 19。

```
UPDATE Student
    SET 年龄 = 19
    WHERE 学号 ='2020010301';
```

WHERE 子句可以根据它所指定的条件对符合条件的数据行进行修改。

2) 多表数据修改

多表数据修改与单表数据修改的语法格式基本一致，但需要使用“表名.字段名”的方式定位某表的某列，如学生表的学号字段，语句为“Student.学号”。

语法格式如下：

```
UPDATE [IGNORE] 表名列表
SET 列名 1 = 表达式 1 [ , 列名 2 = 表达式 2 ... ]
[WHERE 条件]
```

语法说明如下：

(1) 表名列表：包含了多个表的联合，各表之间用逗号隔开。

(2) 多表连接条件须在 WHERE 子句中指定。

3. 数据删除

1) 从单个表中删除行

语法格式如下：

```
DELETE [IGNORE] FROM 表名
[WHERE 条件]
```

语法说明如下：

(1) FROM 子句：用于说明从何处删除数据，*表名*为要删除数据的表名。

(2) WHERE 子句：*条件*中的内容为指定的删除条件。如果省略 WHERE 子句，则删除该表的所有行。

【例 3-11】　将学生信息表 Student 中学号为 2020010301 的记录删除。

```
DELETE FROM Student
    WHERE 学号 ='2020010301';
```

【例 3-12】　将学生信息表 Student 中年龄大于 25 岁的记录删除。

```
DELETE FROM Student
    WHERE 年龄 > 25;
```

2) 从多个表中删除行

语法格式如下：

```
DELETE [IGNORE] 表名 1[.*] [ , 表名 2[.*] ... ]
FROM 表名列表
[WHERE 条件]
```

或

```
DELETE [IGNORE]
FROM 表名1[.*] [ , 表名2[.*] ... ]
USING 表名列表
[WHERE 条件]
```

表名列表包含了多个表的联合,各表之间用逗号隔开。多表删除语法的其他部分与单表删除语法相同。

以上两种语法只是写法不同,作用都是同时删除多个表中的行,并且在删除时可以使用其他表来搜索要删除的记录。第一种语法只删除列于 FROM 子句之前的表中对应的行,第二种语法只删除列于 FROM 子句之中(在 USING 子句之前)的表中对应的行。

【应用思考】

在已经设计好的学生管理数据库中,以本班学生信息为例,使用 SQL 语句录入本班学生数据。

【作业】

1. 插入数据的基本语法结构是什么?
2. 如何修改已经录入的数据?
3. 以任务 1 作业 3 中的表格为例,录入学生数据。

【思政小课堂】

在本项目学习时,在任务 1 设计数据类型中,需要考虑不同数据类型的定义,遵照定义采用合适的数据类型,作为数据要求,不符合定义的将无法被记录;在任务 3 完整性约束中,我们再次看到对数据规范的要求。“规范”“规矩”无论是在学术、工作中,还是生活中,都占有重要地位。

“规矩”一词,古已有之。规矩意识始终深植于中华传统文化之中,守规矩和不失规矩,自古以来都是中国人对自己品行的要求。古代先贤们经常以“平生不失规矩”严格要求自我。“没有规矩,不成方圆”语出《孟子·离娄章句上》。孟子说:“离娄之明,公输子之巧,不以规矩,不能成方圆。”这句话中,离娄是古代传说中一个视力非常好的人,公输子就是鲁班,规和矩是古代校正圆形和方形的两种工具。整句话的意思是即使有像离娄那样好的视力,像鲁班那样精湛的技艺,如果没有规与矩这两种工具,也不能准确地画出方与圆。后世就将规矩引申为做人办事必须遵守的原则。2012 年 11 月 16 日,习近平总书记在十八届中共中央政治局召开的会议上强调:没有规矩,不成方圆。此后,他在多个场合经常提及“规矩”,反复强调“规矩意识”。在 2015 年 1 月 13 日召开的十八届中央纪委五次全会上,习近平总书记进一步提出了“政治规矩”这个词,指出要严明政治纪律和政治规矩,把守纪律讲规矩摆在更加重要的位置。规矩、规矩意识、政治规矩成为理解新时代全面从严治党的关键词。

项目 4　SQL 查询设计

【项目概述】

将数据存储在数据库中的主要目的是在需要数据的时候能方便有效地对数据进行检索、统计或组织输出，这种操作称为数据查询。数据查询是数据库最重要的功能。本项目将从最简单的单表查询入手，再到多表查询及子查询，来介绍如何从表中快速方便地检索数据。根据需要，还可以对检索出的数据进行分类、汇总和排序，包括以下内容：

任务 1　创建查询方法

任务 2　SQL 单表查询

任务 3　SQL 多表查询

任务 4　SQL 汇总与排序

【素质目标】

1. 增强分析能力。学会从事物表象出发，思考内在动因与需求，通过分析寻求实现路径。

2. 认识事物之间的关联性。事物之间存在普遍联系，充分联想与求证，提炼其联系，做到充分全面地认识事物。

3. 培养创新意识。对已有知识进行整合与重构，组合出新的方法，解决实际问题。

任务 1　创建查询方法

【任务概述】

数据查询是数据库最重要的功能。SQL 查询的语句结构非常复杂，我们将由易到难，进行语法学习。首先了解使用 SQL 创建基本查询的方法。

微课 4-1　创建查询方法

【情景导入】

在已经设计、创建并录入数据的学生管理数据库中，如何查询本班学生的学号和姓名信息？

【问题探究】

建立数据库的目的就是对数据库进行操作，以便从中提取有用的信息。在前面的内容中已经对数据库及其表结构进行了定义，并向数据表中插入了数据，如何查询数据表中的某列或某行数据，通过 SQL 中 SELECT 语句就可以实现。

动画 4-1　SQL 查询基本语法

1. SELECT 语句定义

SELECT 语句可以实现对表的选择、投影及连接操作，即 SELECT 语句可以根据用户的需要从一个或多个表中选出匹配的行和列，结果通常是生产一个临时表。语法格式如下：

```
SELECT [ALL | DISTINCT] 目标列表达式1 [ , 目标列表达式2] ...
    FROM 表名1 [,  表名2 ... ]
    [WHERE 条件表达式]
    [GROUP BY 列名
        [HAVING 条件表达式] ]
    [ORDER BY 列名2
        [ASC | DESC ] ]
    [LIMIT [偏移量,] 行数]
```

该语句的基本语义为:根据WHERE子句中的条件表达式,从FROM子句指定的基本表中找出满足条件的记录,并按SELECT子句中指出的目标属性列,选出记录中符合条件的结果形成新的结果表。

实际上,语句中的SELECT子句的功能类似于关系代数中的投影运算,而WHERE子句的功能类似于关系代数中的选择运算。进行数据库查询时,并非上述语句中的每个子句都会用到,最简单的情况下,查询只需要一个SELECT子句和一个FROM子句。

具体说明如下:

(1)SELECT子句:用于指明查询结果集的目标列。目标列可以是直接从数据源中投影得到的字段、与字段相关的表达式或者数据统计的函数表达式,还可以是常量。如果目标列中使用了两个基本表(或视图)中相同的列名,要在列名前加上表名限定,即使用"表名.列名"表示。

(2)FROM子句:用于指明查询的数据来源,一般就是数据表的名字,如果是多表,表与表之间用","分割。如果查询使用的基本表或视图不在当前数据库中,还需要在表或视图前加上数据库名加以说明,即使用"数据库名.表名"的形式表示。如在查询中需要一表多用,则每种使用都需要一个表的别名标识,并在各自使用中用不同的表别名表示。

(3)WHERE子句:通过条件表达式描述关系中记录的选择条件。DBMS处理语句时,按记录为单位,逐个考察每条记录是否满足条件,将不满足条件的记录筛选掉。

(4)GROUP BY子句:作用是按分组列的值对结果集分组。分组可以使同组的记录集中在一起,也使数据能够分组统计。当SELECT子句后的目标列中有统计函数,如果查询语句中有分组子句,则统计为分组统计,否则为对整个结果集统计。GROUP BY子句后可以带上HAVING子句表达组选择条件,组选择条件为带有函数的条件表达式,它决定着整个组记录的取舍条件。HAVING子句必须在GROUP BY语句之后,并位于ORDER BY语句之前。

(5)ORDER BY子句:作用是对结果集进行排序。查询结果集按多个排序列进行排序,每个排序列后都可以跟一个排序要求:当排序要求为ASC时,记录按排序列值的升序排序;当排序要求为DESC时,结果集的记录按排序列值的降序排列。

(6)LIMIT子句:指定输出记录的范围,如查询第2行到第10行的记录。

以表4-1学生信息表(Student)为例,逐一介绍SELECT语句的作用。

表 4-1　学生信息表(Student)

学号	姓名	年龄	性别	专业	出生日期	总学分
202××10301	李鑫	18	男	地理信息	2002-09-16	50
202××20527	王雷	19	男	工程测量	2001-10-19	50
202××30215	罗浩天	18	男	摄影测量	2002-11-03	50
202××10236	吴鹏飞	18	男	地理信息	2002-02-06	50
202××11106	李方方	18	男	地理信息	2002-11-20	50
202××21107	李明	19	男	工程测量	2001-05-16	54
202××11108	林一帆	18	男	地理信息	2002-08-05	52
202××11109	张强民	18	男	地理信息	2002-08-11	50
202××11110	张蔚	18	女	地理信息	2002-07-22	50
202××21111	赵琳	18	女	工程测量	2002-03-18	50
202××11113	严红	19	女	地理信息	2001-08-11	48
202××11201	王敏	18	男	地理信息	2002-06-10	42
202××11202	王林	19	男	地理信息	2001-01-29	40
202××11203	王玉民	18	男	地理信息	2002-03-26	42
202××21204	马琳琳	18	女	工程测量	2002-02-10	42
202××21206	李计	18	男	工程测量	2002-09-20	42
202××31210	李红庆	19	男	摄影测量	2001-05-01	44
202××31216	孙祥欣	18	男	摄影测量	2002-03-09	42
202××31218	孙研	18	男	摄影测量	2002-10-09	42
202××21220	吴薇华	18	女	工程测量	2002-03-18	42
202××21221	刘燕敏	18	女	工程测量	2002-11-12	42
202××21241	罗林琳	18	女	工程测量	2002-01-30	50
⋮	⋮	⋮	⋮	⋮	⋮	⋮

2. 选择列

1)选择指定列

从 SELECT 语句的基本语法可以看出,最简单的 SELECT 语句如下。

SELECT *列名*

FROM *表名*

【例 1-1】　查询 Student 表中所有学生的姓名。

```
SELECT 姓名
FROM Student;
```

结果为学生姓名这一列数据。

【例 1-2】　查询 Student 表中所有学生的学号、姓名、年龄。

```
SELECT 学号, 姓名, 年龄
FROM Student;
```

如果需要显示表中的所有数据,可以在 SELECT 语句后使用“ * ”,表示选择表中的所有列,不必将每一列的名字都列出。

【例 1-3】　查询 Student 表中所有学生的数据。

```
SELECT*
FROM Student;
```

显示结果如表 4-1 所示。

2)定义列别名

当希望查询结果中的列名使用新的名称时,可以在列名之后使用 AS 子句更改查询结果中显示的列名,但是数据库中的列名并不会被修改,语法格式如下:

SELECT *<u>列名</u>*AS *<u>新列名</u>*

【例 1-4】　查询 Student 表中所有学生的姓名、年龄,结果中这两列的名称分别为 name 和 age。

```
SELECT 姓名 AS name, 年龄 AS age
FROM Student;
```

如果自定义的列标题中含有空格,必须使用引号将新列名括起来。

【例 1-5】　查询 Student 表中所有学生的姓名、年龄,结果中这两列的名称分别为 name of student 和 age of student。

```
SELECT 姓名 AS'name of student', 年龄 AS 'age of student'
FROM Student;
```

需要注意的是,在 WHERE 子句中,不能使用自定义列名进行条件的筛选。

3)替换查询结果中的数据

在对表进行查询时,对所查询的某些列希望得到的一种概念而不是具体数据时,可以使用描述性语句替换具体数据。要替换查询结果中的数据,则要使用查询语句中的 CASE 表达式,其格式如下:

CASE
　　WHEN *<u>条件 1</u>* THEN *<u>表达式 1</u>*
　　WHEN *<u>条件 2</u>* THEN *<u>表达式 2</u>*
　　……
　　ELSE *<u>表达式 n</u>*
END

CASE 表达式以 CASE 开始,以 END 结束,SQL 从条件 1 开始判断,条件 1 成立输出表达式 1,结束;若条件 1 不成立,判断条件 2,若条件 2 成立,输出表达式 2 后结束,以此类推,如果条件都不成立,输出表达式 n。

【例 1-6】 查询 Student 表中学生的学号、姓名，对其学分按如下规则进行转换：若学分小于 45，替换为“学分未达到毕业要求”，若学分大于或等于 45，替换为“学分达到毕业要求”，列名改为“毕业审核”。

```
SELECT 学号, 姓名
  CASE
    WHEN 学分 < 45 THEN‘学分未达到毕业要求’
    WHEN 学分 >= 45 THEN‘学分达到毕业要求’
  END AS 毕业审核
FROM Student;
```

4) 计算列值

使用 SELECT 进行查询时，不仅可以直接以列的原始值作为结果，而且可以将对列值进行计算后所得的值作为查询结果，即在 SELECT 子句中可以使用表达式作为属性列。

微课 4-2　定义列名与计算列值

【例 1-7】 查询 Student 表中学生的姓名和毕业时的年龄，即可以表达为年龄+4。

```
SELECT 姓名, (年龄 + 4) AS 毕业年龄
FROM Student;
```

通过运算得到的属性列系统都会自动地给它赋一个列名(Expr)，可以使用 AS 语句添加列的别名，以替换在结果中列出的列标题。

SELECT 子句中除使用算术表达式外，还可以使用字符串常量、函数以及列别名，从而大大加强 SQL 查询的功能。

5) 消除结果集中的重复行

SELECT 语句默认显示表中符合条件的所有行，当对表只选择某些列时(如性别)，可能会出现重复行，使用 DISTINCT 关键字可以消除结果集中的重复行，保证行的唯一性，语法如下：

SELECT DISTINCT *列名*

【例 1-8】 查询 Student 表中学生的性别和年龄，并消除重复行。

```
SELECT DISTINCT 性别, 年龄
FROM Student;
```

【应用思考】

在已经设计、创建并录入数据的学生管理数据库中，使用 SQL 语句，查询本班学生的学号和姓名信息。

【作业】

1. 如何理解 SQL 查询语句的含义？
2. 如何设置列的别名？
3. 以图 4-1(表名为：book)为例，根据问题，写出 SQL 语句。

问题(1)：查询 book 表中的图书编号、书名、作者、单价。

问题(2)：查询 book 表中的所有列。

图书编号	图书类别	书名	作者	出版社	出版时间	单价	数量	折扣	封面图片
TP115/12683	网页设计	计算机基础	李华	人民邮电出版社	2012-06-26	27	null	null	null
TP23/6625	计算机	JavaScript网站制作	谢为民	中国青年出版社	2010-08-16	33	60	0.8	null
TP24/25-p	计算机	PHP网站制作	林小红	清华大学出版社	2011-10-16	23.5	3	0.8	null
TP24/625-L	计算机	计算机应用基础	陆大强	清华大学出版社	2011-10-16	45	45	0.8	null
TP24/635-O	计算机	计算机网络技术	林力辉	清华大学出版社	2011-10-16	25.5	45	0.8	null
TP24/662-T	计算机	计算机文化基础	林华忠	清华大学出版社	2011-10-16	45.5	45	0.8	D: IMAGEp
TP25/625-B	计算机	ASP网站制作	胡莉惠	中国青年出版社	2010-08-16	30.5	50	0.8	null
TP25/625-X	计算机	PHP_MySQL网站制作	王大卫	中国青年出版社	2010-08-16	33.25	50	0.8	null
TP301/0634	数据库	网络数据库	张小刚	北京大学出版社	2011-08-02	28	null	null	null
TP302/057	网页设计	网页程序设计	刘辉	清华大学出版社	2011-02-15	25	null	null	null
TP7/301-135	数据库技术	MYSQL数据库	李刚	北京大学出版社	2013-01-26	20	500	0.8	null
TP9/5006-T	计算机	Dreamwearer_8网站制作	鲍嘉	中国青年出版社	2010-08-16	33.2	50	0.8	null

图 4-1　图书表

问题(3):查询 book 表中的书名、作者和出版社,结果中各列的标题分别指定为 name、author 和 publisher。

问题(4):查询 book 表中的出版时间,并将列标题指定为 publish date。(注意:当自定义的列标题中含有空格时,必须使用引号将标题括起来)

问题(5):对 book 表中的图书价格进行计算,方法为单价乘以折扣,计算结果的列标题为"实际价格"。

问题(6):对 book 表只选择图书类别和出版社,消除结果集中的重复行。

任务 2　SQL 单表查询

【任务概述】

在 SQL 查询语法中,WHERE 子句经常被应用在各种条件的筛选上,如筛选班级中年龄最小的学生。通过学习,了解 WHERE 语句使用方法和常见的运算符。

【情景导入】

在已经设计、创建并录入数据的学生管理数据库中,如何查询本班家乡在河南的学生?

【问题探究】

WHERE 字句

在 SQL 中,查询满足条件的元组,利用 WHERE 子句实现。WHERE 子句必须紧跟在 FROM 子句之后,在 WHERE 子句中使用一个条件从 FROM 子句的结果中选取行。语句格式如下:

WHERE　<*判定运算*>

判定运算:一句或多句表达式,结果为 TRUE(真)、FALSE(假),格式如下。

表达式{ = | < | <= | > | >= | <=> | <> | != } *表达式*

| *表达式*[NOT] LIKE *表达式*

| *表达式*[NOT] BETWEEN *表达式 1* AND *表达式 2*

| *表达式*IS [NOT] NULL

| *表达式*[NOT] IN (*子查询* | *表达式 1*[, . . . *表达式n*])

WHERE 子句会根据条件对 FROM 子句中间结果里的行逐一进行判断,当条件为 TRUE 时,一行就被包含到 WHERE 子句的中间结果中。

在 SQL 中,返回逻辑值(TRUE 或 FALSE)的运算符或关键字都可称为谓词,判断运算包括比较运算、逻辑运算、模式匹配、范围比较、空值比较和子查询，见表 4-2。

表 4-2　常用查询条件

查询条件	运算符	说明
比较运算	=,>,<,>=,<=,！=,<=>	字符串比较从左向右进行
逻辑运算	NOT,AND,OR	用于构造复合表达式
模式匹配	LIKE,NOT LIKE	用于构造条件表达式中的字符匹配
范围比较	NOT BETWEEN AND IN,NOT IN	Between 后是下限,And 后是上限; 检查一个属性值是否属于集合中的值
空值比较	IS NULL,IS NOT NULL	当属性值内容为空时，要运用此运算符

1. 比较运算

比较运算用于比较两个表达式值的大小，SQL 支持的比较运算符有=（等于）、<>或！=（不等于）、>（大于）、<（小于）、>=（大于或等于）、<=（小于或等于）、<=>（相等或都等于空）。表达式是除 TEXT 和 BLOB 类型外的数据类型。

微课 4-3　比较与逻辑运算

<u>*表达式*</u>{ = | < | <= | > | >= | <=> | <> | ！= } <u>*表达式*</u>

当两个表达式的值均不为空（NULL）时，除“<=>（相等或都等于空）”运算符外，其他比较运算返回的值都应是 TRUE 或 FALSE，而当两个表达式的值中有一个为空值或都为空值时，将返回 UNKNOW。

【例 2-1】　查询学生表中男生的所有记录。

```
SELECT*
FROM Student
WHERE 性别 ='男';
```

【例 2-2】　查询学生表中年龄大于 18 岁的学生学号、姓名和年龄。

```
SELECT 学号, 姓名, 年龄
FROM Student
WHERE 年龄 > 18;
```

需要注意的是，字符类型的值需要加引号，数值类型的值不需要用引号。

2. 逻辑运算

逻辑运算可以将多个判定运算的结果通过逻辑运算符 NOT（逻辑非）、AND（逻辑与）、OR（逻辑或）组成更为复杂的查询条件。如果这两个运算符同时出现在同一个 WHERE 条件子句中，则 AND 的优先级高于 OR，但用户可以用括号改变优先级。

运算规则如下：

（1）逻辑非：对于 NOT X，如果 X 为真，则运算结果为假；如果 X 为假，则运算结果为真。

（2）逻辑与：对于 X AND Y，如果 X 和 Y 都是真，则运算结果为真；如果 X 和 Y 至少有一个为假，则运算结果为假。

（3）逻辑或：对于 X OR Y，如果 X 和 Y 中至少有一个为真，则结果为真，否则（X 和 Y 都是假）运算结果为假。

【例 2-3】　查询学生表中学分大于 45 的男生。

```
SELECT *
FROM Student
WHERE 性别 ='男' AND 学分 > 45;
```

【例 2-4】　查询学生表中专业为地理信息或工程测量的女生。

```
SELECT *
FROM Student
WHERE ( 专业 ='地理信息' OR 专业 = '工程测量' ) AND 性别 = '女';
```

需要注意的是，这里如果不加括号，表示的含义为，查询专业为工程测量的女生或专业为地理信息的学生信息。括号的优先级高于 NOT、AND 和 OR。在这里需要用括号提高逻辑或运算的优先级，再运算逻辑与。

3. 模式匹配

LIKE 运算符用于指出一个字符串是否与指定字符串相匹配，可用于 char、varchar、text、datetime 等类型查询，返回的结果为 TRUE 或 FALSE。因此，LIKE 匹配中使用通配符的查询又称为模糊查询。

微课 4-4　where 模式匹配和范围比较

表达式[NOT] LIKE *表达式*

使用 LIKE 进行模式匹配时，常用特殊符号下画线“_”和百分号“%”进行模糊查询，下画线“_”代表单个字符，百分号“%”表示 0 个或多个字符。

【例 2-5】　查询学生表中姓李的学生信息。

```
SELECT *
FROM Student
WHERE 姓名 LIKE'李%';
```

这个例子中，“李%”表达的是第一个字符是“李”，后面有若干其他字符，如李刚、李小刚、李斯小刚等。如果使用“李_”，表达的是第一个字符是“李”，后面只有一个其他字符，如李明、李红、李白等。

4. 范围比较

用于范围比较的关键字有 BETWEEN 和 IN 两个，当查询条件是某个值的范围时，使用 BETWEEN 关键字，语法格式如下：

表达式[NOT] BETWEEN *表达式 1* AND *表达式 2*

若表达式的值在表达式 1 和表达式 2 之间（包括这 2 个值），返回 TRUE，否则返回 FLASE；使用 NOT 时，返回值刚好相反。而且表达式 1 的值不能大于表达式 2 的值。

【例 2-6】　查询学生表中学生的出生日期在 2001 年的学生信息。

```
SELECT *
```

```
FROM Student
WHERE 出生日期 BETWEEN'2001-01-01' AND '2001-12-31';
```

该语句也等价于：

```
WHERE 出生日期 >='2001-01-01' AND 出生日期 <= '2001-12-31';
```

使用IN关键字可以指定一个列表，列表中列出了所有可能的值，当字段的值与列表中的任意一个值匹配时，返回TRUE，否则返回FALSE。语法格式如下：

表达式[NOT] IN (*子查询* | *表达式1*[, . . . *表达式n*])

【例2-7】 查询Student表中专业为“地理信息”“摄影测量”的学生信息。

```
SELECT *
FROM Student
WHERE 专业 IN ('地理信息','摄影测量');
```

该语句也等价于：

```
WHERE 专业='地理信息' OR 专业 = '摄影测量';
```

相反地，与IN相对的关键字是NOT IN，用于查找属性值不属于指定集合的元组。如查询除“工程测量”外的所有专业的学生信息：

```
SELECT *
FROM Student
WHERE 专业 NOT IN ('工程测量');
```

5. 空值比较

在数据表中，如果哪一项没有输入数据，则它的值就为空，空值用一个特殊的数据NULL来表示。如果要判断某一项是否为空，不能用“=NULL”或“<>NULL”来比较，只能用IS NULL或IS NOT NULL来运算。语法如下：

*表达式*IS [NOT] NULL

若表达式的值为空，则返回TRUE，否则返回FALSE；当使用NOT时，结果刚好相反。

【例2-8】 查询Student表中专业名尚不确定的学生的详细信息。

```
SELECT *
FROM Student
WHERE 专业名 IS NULL;
```

需要强调的是，这里的IS不能用等号(=)代替。

【应用思考】

在已经设计、创建并录入数据的学生管理数据库中，使用SQL语句查询本班家乡在河南的学生。

【作业】

1. WHERE子句中常用的运算符有哪些？各有什么作用？
2. 模糊查询中，用什么符号表示多个字符？用什么符号表示单个字符？
3. 以任务1作业3图书表(见图4-1)为例，根据问题，写出SQL语句。

问题(1)：查询book表中图书类别为计算机的内容，查看图书类别、书名、作者、单价。

问题(2)：查询book表中图书类别为计算机，并且单价小于30元的内容，查看所有列。

问题(3):查询 book 表中单价大于或等于 25,并且数量小于或等于 50 的内容,查看书名、单价、数量。

问题(4):查询 book 表中出版社为人民邮电出版社或清华大学出版社的内容,查看书名、出版社、单价。

问题(5):查询 book 表中出版社为人民邮电出版社或清华大学出版社,并且单价大于 30 的内容,查看所有列。

问题(6):查询 book 表中有封面图片的内容,查看书名、封面图片。

问题(7):查询 book 表中折扣不为空,或者数量不为空的内容,查看所有列。

问题(8):查询 book 表中折扣不为空,或者数量不为空,并且单价大于或等于 30 的内容,查看所有列。

问题(9):查询 book 表中出版社时间大于或等于'2011-12-31'的内容,查看书名、出版时间。

问题(10):查询 book 表中出版社时间大于或等于'2011-12-31'或者出版时间小于或等于'2011-01-01'的内容,查看书名、出版时间。

问题(11):查询 book 表中出版社时间为 2011 年的内容,查看书名、出版时间(提示:出版时间在 2011 年,即大于或等于 2011 年 1 月 1 日,并且小于或等于 2011 年 12 月 31 日)。

任务3　SQL 多表查询

【任务概述】

在查询过程中,通常会在多个表之间进行查询,如使用学生信息表、课程信息表、成绩信息表共同查询学生的课程成绩。通过学习,了解使用 SQL 语句进行多表查询的方法。

【情景导入】

在已经设计、创建并录入数据的学生管理数据库中,如何查询本班学生的成绩信息?

【问题探究】

前面的查询都是针对单个表进行的。一个数据库中的多个表之间一般存在某种内在联系,它们共同提供有用的信息。通过连接运算符可以实现多个表之间的查询,连接是关系数据库模型的主要特点,也是区别于其他类型数据库管理系统的一个主要标志。

在关系数据库中,建立表时各个数据之间的关系不必确定,常把一个实体的所有信息存放在一个表中。当检索数据时,通过连接操作查询出存放在多个表中的不同实体的信息。连接操作给用户带来很大的灵活性,它们可以在任何时候增加新的数据类型,可以为不同实体创建新的表,然后通过连接进行查询。

一个查询同时涉及两个以上的表,则称为多表查询(或称之为连接查询)。

本任务以表 4-1(见任务 1)、表 4-3 课程信息表(Course)、表 4-4 成绩信息表(Score)为例,学习多表查询的 SQL 语句。

表 4-3　Course

课程号	课程名	开课学期	学时	学分
101	计算机基础	1	80	5
102	程序设计与语言	2	68	4
206	地理信息系统	4	68	4
208	基础测量	5	68	4
209	遥感原理	6	68	4
210	空间数据库	5	85	5
212	地形图编绘	7	68	4
301	GPS 原理	7	51	3
302	工测测量技术	7	51	3
⋮	⋮	⋮	⋮	⋮

表 4-4　Score

学号	课程号	成绩	学分
202××10301	101	80	5
202××10301	102	78	4
202××10301	206	76	4
202××20527	102	78	4
202××20527	206	78	4
202××30215	101	62	5
202××30215	102	70	4
202××30215	206	81	4
202××10236	101	90	5
202××10236	102	84	4
202××10236	206	65	4
202××11106	101	65	5
202××11106	102	71	4
202××11106	206	81	4
202××21107	101	78	5
202××21107	102	80	4
202××21107	206	68	4
202××11108	101	85	5
202××11108	102	64	4
202××11108	206	87	4
202××11109	101	66	5
⋮	⋮	⋮	⋮

1. FROM **子句**

使用 SELECT 子句选择列时，需要使用 FROM 子句指定从哪个表中选择，要进行多表查询，首先就要在 FROM 子句中应指定多个表的名称，语法格式如下：

FROM *表名 1*[AS *别名 1*], *表名 2*[AS *别名 2*], ...

表别名主要用在相关子查询及连接查询中，如果 FROM 子句指定了表别名，则这条 SELECT 语句中的其他子句都必须使用表别名来代替原始的表名。当同一个表在 SELECT 语句中多次被提到时，就必须使用表别名来加以区分。

FROM 子句可以用两种方式引用一个表，第一种方式是使用 USE 语句让一个数据库成为当前数据库，在这种情况下，如果在 FROM 子句中指定表名，则该表应该属于当前数据库；第二种方式是指定的时候在表名前带上表所属数据库的名字。例如，假设当前数据库是 db1，现在要显示数据库 db2 里的表 tb 的内容，可以使用语句“SELECT * FROM db2. tb;”。

同样，在 SELECT 关键字后指定列名的时候也可以在列名前带上所属数据库和表的名字，如“SELECT Student. 学号”，但是一般来说，如果选择的字段在各表中是唯一的，就没有必要去特别指定，如直接写成“SELECT 学号”即可。

在学生信息表 Student、课程信息表 Course 和成绩信息表 Score 中进行查询的语句为：

FROM Student, Course, Score;

2. 多表连接

如果要在不同表中查询数据，则必须在 FROM 子句中指定多个表。将不同列的数据组合到一个表中称为表的连接。

例如，要查找选修“地理信息系统”课程的学生学号、姓名、成绩，就需要将学生信息表 Student、课程信息表 Course 和成绩信息表 Score 进行连接，才能查到结果。首先讨论以下三种连接方式。

1）连接方式

A. 全连接

全连接是指将每个表的每行都与其他表中的每行交叉，以产生所有可能的组合，列包含了所有表中出现的列，也就是笛卡儿积。例如，表 4-5 有 3 行，表 4-6 有 2 行，表 4-5 和表 4-6 全连接后得到有 6 行（3×2=6）的表 4-7。

微课 4-5 多表连接

表 4-5 A 表

T1	T2
1	A
6	F
2	B

可以看到，两个表的全连接既是两表中记录的交叉乘积，也是其中一表中的每一行记录都要与另一表中的每一行记录做拼接，因此结果表往往很大，并且查询结果会出现许多

无意义的行,所以这种运算对于数据库管理员等计算机工作者很少使用。

表 4-6　B 表

T3	T4	T5
1	d	M
2	g	N

表 4-7　A 表和 B 表全连接

T1	T2	T3	T4	T5
1	A	1	d	M
6	F	1	d	M
2	B	1	d	M
1	A	2	g	N
6	F	2	g	N
2	B	2	g	N

B. 内连接

全连接得到的结果表中行数非常多,通常要设定条件减少结果表中的行数,这样的连接称为内连接。如果按照两个表中的相同属性进行等值连接,去掉重复的属性列,保留所有不重复的属性列,则称为等值连接。等值连接是多表查询中常用的方法。

如对表 4-5 和表 4-6 进行等值连接,连接条件为 T1 = T3,即在表 4-7 中只保留 T1 与 T3 的值相同的行(表 4-7 中的第一行和第四行),删除 T1 与 T3 的值不同的行(如第二行中,T1 列的值为 2,T3 列的值为 1,两个值不同则删除),则得到表 4-8,只有两行。

表 4-8　A 表和 B 表等值连接

T1	T2	T3	T4	T5
1	A	1	d	M
2	B	2	g	N

【例 3-1】　查找学生的姓名、课程号、成绩,其中姓名在 Student 表中,课程号和成绩在 Score 表中,等值连接的条件为两表中的学号相同。

```
SELECT Student. 姓名, Score. 课程号, Score. 成绩
FROM Student, Score
WHERE Student. 学号 = Score. 学号;
```

C. 外连接

在查询学生成绩时,使用等值连接,就会出现某学生未选修某门课程时,不显示该学生的信息(因为学生表中的学号和成绩表中的学号不相同,就被舍弃掉了)。但是,有时

可能需要以学生表 Student 为主体列出每个学生的基本情况及成绩情况，若某个学生没有成绩，则只输出其基本信息，其成绩为空值即可。也就是说，如果在实际应用中，也想同时输出那些不满足连接条件的记录，这时就需要使用外连接(OUTER JOIN)。

外连接包括左外连接(LEFT OUTER JOIN)和右外连接(RIGHT OUTER JOIN)两种。

左外连接：结果表中除匹配行外，还包括左表有但右表中不匹配的行，对于这样的行，从右表中选择的列被设置为空(NULL)。表 4-5 与表 4-6 左外连接(T1 = T3)后的结果如表 4-9 所示。

表 4-9　A 表和 B 表左外连接

T1	T2	T3	T4	T5
1	A	1	d	M
6	F	NULL	NULL	NULL
2	B	2	g	N

右外连接：结果表中除匹配行外，还包括右表有但左表中不匹配的行，对于这样的行，从左表中选择的列被设置为空(NULL)。表 4-5 与表 4-6 右外连接(T3 = T1)后的结果如表 4-10 所示。

表 4-10　B 表和 A 表右外连接

T3	T4	T5	T1	T2
1	d	M	1	A
NULL	NULL	NULL	6	F
2	g	N	2	B

左外连接列出连接语句左边关系中所有的元组，使用运算符“ * =”，如果连接语句右边关系中没有与之相匹配的元组，则在相应的属性上填空值(NULL)，而右外连接是列出右边关系中所有的元组，使用运算符“ = * ”，连接语句左边关系中没有与之相匹配的元组，则在相应的属性上填空值(NULL)。

如将学生表 Student 和成绩表 Score 左外连接的语句为：WHERE Student. 学号 * = Score. 学号；将学生表 Student 和成绩表 Score 右外连接的语句为：WHERE Student. 学号 = * Score. 学号。

2) JOIN 连接

使用 JOIN 关键字建立多表连接时，JOIN 子句中定义了如何使用 JOIN 关键字连接表，语句格式如下：

表名 1 INNER JOIN *表名 2*

| *表名 1* { LEFT | RIGHT } [OUTER] JOIN *表名 2*

ON *连接条件* | USING (*列名*)

使用 JOIN 关键字的连接主要分为内连接和外连接两种。

(1)内连接。

指定了 INNER 关键字的连接是内连接,内连接是在 FROM 子句产生的中间结果中应用 ON 条件后得到的结果。

【例 3-2】 查找学生的姓名、课程号、成绩,其中姓名在 Student 表中,课程号和成绩在 Score 表中,等值连接的条件为两表中的学号相同(例 3-1 的 JOIN 写法)。

```
SELECT Student. 姓名, Score. 课程号, Score. 成绩
FROM Student INNER JOIN Score
ON (Student. 学号 = Score. 学号);
```

这里内连接"ON (Student. 学号 = Score. 学号)"条件是等值比较,结果和[例 3-1]的结果相同。等值连接是内连接的子集,当内连接的条件是等值比较时,等值连接和内连接的结果相同。

内连接是系统默认的,可以省略 INNER 关键字。使用内连接后,FROM 子句中的 ON 条件主要用来连接表,其他并不用来连接表的条件可以用 WHERE 子句来指定。

【例 3-3】 查找选修"地理信息系统"课程的学生姓名、专业、课程名、成绩,其中姓名和专业在 Student 表中,课程名在 Course 表中,成绩在 Score 表中。等值连接的条件为 Score 表和 Student 表中学号相同,Score 表和 Course 表中课程号相同。

```
SELECT Student. 姓名, . Student. 专业, Course. 课程名, Score. 成绩
FROM Score JOIN Student ON (Score. 学号 = Student. 学号)
    JOIN Course ON (Score. 课程号 = Course. 课程号)
    WHERE Course. 课程名 =‘地理信息系统’;
```

以上语句如果不采用 JOIN 关键字,可以写作:

```
SELECT Student. 姓名, . Student. 专业, Course. 课程名, Score. 成绩
FROM Score, Student, Course
WHERE Score. 学号 = Student. 学号 AND Score. 课程号 = Course. 课程号
    AND Course. 课程名 =‘地理信息系统’;
```

(2)外连接。

指定了 OUTER 关键字的连接为外连接。使用 LEFT 或 RIGHT 表示左外连接或右外连接,同前面所学的"*="“=*”的使用方法相同。

如将学生表 Student 和成绩表 Score 左外连接的语句为:

```
SELECT*
FROM Student LEFT OUT JOIN Score
ON Student. 学号 = Score. 学号;
```

将学生表 Student 和成绩表 Score 右外连接的语句为:

```
SELECT*
FROM Student RIGHT OUT JOIN Score
ON Student. 学号 = Score. 学号;
```

【例 3-4】 查找学生的姓名、课程号、成绩,其中姓名在 Student 表中,课程号和成绩在 Score 表中,等值连接的条件为两表中的学号相同,如果学生没有成绩也列出学生的

信息。

SELECT Student. 姓名, Score. 课程号, Score. 成绩
FROM Student LEFT OUT JOIN Score
ON Student. 学号 = Score. 学号;

3. 子查询

微课 4-6　子查询

在 SQL 语言中,一个 SELECT FROM WHERE 语句称为一个查询块。在 WHERE 子句或 HAVING 短语所表示的条件中,可以使用一个查询块作为条件的一部分,这种将一个查询块嵌套在另一个查询块的 WHERE 子句或 HAVING 短语条件中的查询称为嵌套查询,又称为子查询。嵌套查询命令在执行时,每个子查询在上一级查询处理之前求解,即由里向外查,子查询的结果用于建立其父查询的查找条件。子查询是 SQL 语句的扩展,通常与 IN、EXISTS、比较运算符结合使用。

嵌套查询一般的求解方法是由里向外处理,即每个子查询在其上一级查询处理之前求解,子查询的结果用于建立其父查询的查找条件。嵌套查询主要包括以下几类:

(1)带有 IN 的子查询。

(2)带有比较运算符的子查询(子查询一定要跟在比较符之后)。

(3)带有 ANY 或 ALL 的子查询(使用 ANY 和 ALL 时必须同时使用比较运算符)。

(4)带有 EXISTS 的子查询(查询结果不返回任何数据,只产生逻辑"真"或"假")。

1)IN 子查询

带有 IN 的子查询是指父查询与子查询之间用 IN 进行连接,用于判断某个属性列值是否在子查询的结果中。在嵌套查询中,由于子查询的结果往往是一个集合,所以 IN 是嵌套查询中最常使用的关键字。因此,IN 子查询用于判断一个给定值是否在子查询的结果集中,同样道理,NOT IN 则可以用来判断某个属性列是否不在子查询的结果中。语句格式如下:

SELECT *列名 1* FROM *表名 1* WHERE *表达式 1*
[NOT] IN (SELECT *列名 2* FROM *表名 2* WHERE *表达式 2*)

【例 3-5】 查询"地理信息"专业学生的成绩。

SELECT* FROM Score WHERE 学号
IN
(SELECT 学号 FROM Student WHERE 专业名 ='地理信息');

由于成绩表 Score 中只有学号、课程号、成绩、学分,没有专业名信息,需要在学生表 Student 中先筛选出来专业名为"地理信息"的所有行,并选择这些行的"学号"列,在这个结果集中针对成绩表 Score 使用 WHERE 语句查询学号,就得到了最终结果。

在这个例子中,下层查询块"SELECT 学号 FROM Student WHERE 专业名 = '地理信息'"是嵌套在上层查询块"SELECT* FROM Score WHERE 学号"的 WHERE 条件中的。上层查询块又称为外层查询或父查询或主查询,下层查询块又称为内层查询或子查询。SQL 语言允许多层嵌套查询,即一个子查询中还可以嵌套其他子查询,用来表示复杂的查询。嵌套查询可以用一系列简单查询构成复杂的查询,明显地增强了 SQL 的查询能力。

以层层嵌套的方式构造程序是SQL中“结构化”的含义所在。

【例3-6】 查询学生成绩小于60分的学生姓名。

由于成绩在Score表中,先在Score表中查找成绩小于60分的学生的学号。

```
SELECT 学号 FROM Score WHERE 成绩 < 60;
```

而学生的姓名在学生表Student中,在上述语句的结果集中查找学号,语句为:

```
SELECT 姓名 FROM Student WHERE 学号
IN
(SELECT 学号 FROM Score WHERE 成绩 < 60);
```

2)比较子查询

带有比较运算符的子查询是指父查询与子查询之间用比较运算符进行连接,使用带有比较运算符的子查询时,子查询一定要跟在比较运算符之后,当用户能确切知道内层查询返回的是单值时,可以用比较运算符=、>、<、>=、<=、<>或!=等。

如果子查询的结果集返回多行数据,则需要使用{ANY | ALL}来限定,使用ANY或ALL时则必须同时使用比较运算符,语句格式如下:

SELECT *列名1* FROM *表名1* WHERE *表达式1*

{ < | <= | = | > | >= | != | <> } { ALL | ANY}

(SELECT *列名2* FROM *表名2* WHERE *表达式2*)

其中,ALL指定父查询结果要与子查询结果集中的每个值都进行比较,当父查询的每个值都满足比较关系时,返回TRUE,否则返回FALSE;ANY表示父查询结果只要与子查询结果集中的某个值满足比较关系,就返回TRUE,否则返回FALSE。

【例3-7】 查询其他专业中比工程测量专业所有学生的总学分都少的学生姓名和总学分。

首先设计子查询,即工程测量专业所有学生的总学分,构成一个集合,语句如下:

```
SELECT 总学分 FROM Student WHERE 专业名 ='工程测量'
```

再设计父查询,查找非工程测量专业且总学分小于上述集合的学生姓名和总学分。

```
SELECT 姓名, 总学分 FROM Student
WHERE 总学分 < ALL
    (SELECT 总学分 FROM Student WHERE 专业名 ='工程测量')
    AND 专业名 <>'工程测量';
```

假设子查询得到的结果集为(42, 50, 54),所有小于该集合的结果,表示总学分要小于42。

如果将上例“比所有学生总学分都小”改成“比某个学生总学分都少”,在语句中将“ALL”改为“ANY”即可。同样,假设子查询得到的结果集为(42, 50, 54),某个小于该集合的结果,表示总学分小于其中任意一个数字即可。

3)EXISTS子查询

EXISTS用于测试子查询的结果是否为空表,若子查询的结果集不为空,则返回TRUE,否则返回FALSE。语句如下:

SELECT *列名1* FROM *表名1* WHERE *表达式1*

［NOT］EXISTS（SELECT 列名 2 FROM 表名 2 WHERE 表达式 2）

【例 3-8】　查询所有选修课程号为“101”的学生姓名。

由于学号和课程号在表 Score 中，设计的子查询如下：

SELECT 学号 FROM Score WHERE 课程号 =‘101’

通过子查询得到课程号为“101”的学号集合，再比较学生表 Student 的学号是否在该集合中即可，语句如下：

```
SELECT 姓名 FROM Student
WHERE 学号 EXISTS
        (SELECT 学号 FROM Score WHERE 课程号 =‘101’)
```

4. 联合查询

每一个 SELECT 语句的查询结果都是由一行或多行记录构成的集合，若要把多个 SELECT 语句的结果合并为一个结果，可用集合操作来完成，这种查询称为集合查询。标准 SQL 集合操作只有并操作 UNION，即联合查询。

使用 UNION 将多个查询结果合并起来，形成一个完整的查询结果时，系统可以去掉重复的记录。需要强调的是，进行 UNION 操作的各结果表的列数必须相同，对应项的数据类型也必须相同。

使用 UNION 运算符时，应保证每个联合查询语句的选择列表中有相同数量的表达式，并且每个查询选择表达式应具有相同的数据类型，或是可以自动将它们转换为相同的数据类型。在自动转换时，对于数值类型，系统将低精度的数据类型转换为高精度的数据类型。

【例 3-9】　查询地理信息专业的学生及年龄不大于 20 岁的学生。

```
SELECT * FROM Student
WHERE 专业名 =‘地理信息’
UNION
SELECT * FROM Student
WHERE 年龄 < 20;
```

本例中的查询是求地理信息专业的所有学生与年龄不大于 20 岁学生的并集。使用 UNION 将多个查询结果合并起来，系统会自动去掉重复元组。

【应用思考】

在已经设计、创建并录入数据的学生管理数据库中，使用 SQL 语句查询本班学生的成绩信息。

【作业】

1. 多表连接的方式有哪些？

2. 如何进行子查询？

3. 以下表为例（见图 4-2～图 4-4），根据问题，写出 SQL 语句。

表名 book：

图书编号	图书类别	书名	作者	出版社	出版时间	单价	数量	折扣	封面图片
TP115/12683	网页设计	计算机基础	李华	人民邮电出版社	2012-06-26	27	null	null	null
TP23/6625	计算机	JavaScript网站制作	谢为民	中国青年出版社	2010-08-16	33	60	0.8	null
TP24/25-p	计算机	PHP网站制作	林小红	清华大学出版社	2011-10-16	23.5	3	0.8	null
TP24/625-L	计算机	计算机应用基础	陆大强	清华大学出版社	2011-10-16	45	45	0.8	null
TP24/635-O	计算机	计算机网络技术	林力辉	清华大学出版社	2011-10-16	25.5	45	0.8	null
TP24/662-T	计算机	计算机文化基础	林华忠	清华大学出版社	2011-10-16	45.5	45	0.8	D: IMAGEp
TP25/625-B	计算机	ASP网站制作	胡莉惠	中国青年出版社	2010-08-16	30.5	50	0.8	null
TP25/625-X	计算机	PHP_MySQL网站制作	王大卫	中国青年出版社	2010-08-16	33.25	50	0.8	null
TP301/0634	数据库	网络数据库	张小刚	北京大学出版社	2011-08-02	28	null	null	null
TP302/057	网页设计	网页程序设计	刘辉	清华大学出版社	2011-02-15	25	null	null	null
TP7/301-135	数据库技术	MYSQL数据库	李刚	北京大学出版社	2013-01-26	20	500	0.8	null
TP9/5006-T	计算机	Dreamwearer_8网站制作	鲍嘉	中国青年出版社	2010-08-16	33.2	50	0.8	null

图 4-2　图书表

表名 members：

用户号	姓名	性别	密码	联系电话	注册时间
A0012	赵宏宇	男	80100	1360123xxxx	2007-03-04 18:23:45
A3013	张凯	男	80100	1361132xxxx	2007-01-15 09:12:23
B0022	王林	男	80100	1250123xxxx	2007-01-12 08:12:30
B2023	李小冰	女	80100	1365111xxxx	2007-01-18 08:57:18
C0132	张莉	女	123456	1382255xxxx	2012-09-23 00:00:00
C0138	李华	女	123456	1382255xxxx	2013-08-23 00:00:00
D1963	张三	男	222222	51985xxx	2007-01-23 08:15:45

图 4-3　会员表

表名 sell：

订单号	用户号	图书编号	订购册数	订购单价	订购时间	是否发货	是否收货	是否结清
1	D1963	TP115/12683	4	25	2013-08-26 12:25:03	已发货	已收货	已结清
10	C0132	TP115/12683	10	27	2013-08-01 12:13:49	null	null	null
11	C0132	TP302/057	30	25	2013-08-01 12:13:49	已发货	已收货	已结清
12	C0132	TP301/0634	40	28	2013-08-01 12:13:49	null	null	null
13	C0132	TP7/301-135	13	20	2013-08-01 12:13:49	已发货	null	null
14	C0138	TP24/25-p	10	23.5	2013-08-01 12:13:49	已发货	已收货	已结清
15	C0138	TP25/625-X	133	33.5	2013-08-01 12:13:49	null	null	null
16	C0138	TP23/6625	43	30	2013-08-01 12:13:49	已发货	null	null
2	D1963	TP302/057	3	31.5	2013-08-05 12:25:12	已发货	null	null
3	D1963	TP301/0634	6	23.45	2013-03-26 12:25:23	已发货	已收货	null
4	B2023	TP7/301-135	7	37.1	2009-02-17 00:00:00	已发货	已收货	已结清
5	A3013	TP115/12683	7	65.6	2010-02-01 00:00:00	null	null	null
6	A3013	TP25/625-B	4	89	2009-08-20 00:00:00	null	null	null
7	C0138	TP24/625-L	6	23	2013-03-19 12:25:32	已发货	已收货	null
8	C0138	TP25/625-B	5	45.5	2010-02-02 00:00:00	null	null	null
9	C0132	TP24/625-L	6	23	2013-08-12 18:23:35	已发货	已收货	null

图 4-4　销售表

问题(1)：在 book 表和 sell 表中查询图书书名、订购册数和订购时间。

问题(2)：在 members 表和 sell 表中查询用户号、图书编号和订购册数。

问题(3)：用 JOIN 关键字在 book 表和 sell 表中查询姓名和订购册数，条件是书名为‘网页程序设计’。

问题(4)：用 JOIN 关键字在 members 表和 sell 表中查询书名和订购册数，条件是订购册数大于 5。

问题(5)：用 JOIN 关键字在 book 表、members 表和 sell 表中查询图书编号、姓名、书名、订购册数，条件是书名为‘网页程序设计’并且订购册数大于 5。

任务 4　SQL 汇总与排序

【任务概述】

在查询过程中,用户还会对查询的结果进行汇总、排序,使结果更直观,如将学生成绩自高向低排序。通过学习,了解使用 SQL 语句进行汇总与排序的方法。

【情景导入】

在已经设计、创建并录入数据的学生管理数据库中,如何将本班学生的成绩按自高向低进行排序,以方便查看排名?

【问题探究】

1. 聚合函数

SELECT 子句的表达式中可以包含聚合函数,聚合函数常用于对一组值进行计算,然后返回单个值。除 COUNT 函数外,聚合函数都会忽略空值。聚合函数通常与 GROUP BY 子句一起使用。如果 SELECT 语句中有一个 GROUP BY 子句,这个聚合函数对所有列起作用,否则 SELECT 语句只产生一行作为结果。SQL 提供的聚合函数主要包括:

微课 4-7　聚合函数与 group

(1)COUNT:统计个数,返回一个整数。

(2)MAX:求一列值中的最大值。

(3)MIN:求一列值中的最小值。

(4)SUM:计算一列值的总和(此列必须是数值型)。

(5)AVG:计算一列值的平均值(此列必须是数值型)。

动画 4-2　SQL 排序与汇总

1)COUNT 函数

聚合函数中经常使用 COUNT 函数,用于统计表中满足条件的行数或总行数,返回 SELECT 语句检索到的行中非 NULL 值的数目,若找不到匹配行,则返回 0。语法格式如下:

COUNT ({ [ALL | DISTINCT] <u>表达式</u>} | *)

语法说明如下:

(1)表达式:可以是常量、列、函数或表达式,其数据类型是除 BLOB 或 TEXT 外的任何类型。

(2)ALL | DISTINCT:ALL 表示对所有值进行运算,DISTINCT 表示去除重复值,默认为 ALL。

(3)使用 COUNT(*)时返回检索行的总数目,不论其是否包含 NULL 值。

【例 4-1】　求学生表 Student 中学生总人数。

```
SELECT COUNT( * ) AS'总人数'
FROM Student;
```

统计学生表中的总行数,即得到了学生总人数,定义别名"总人数"表示结果。

【例 4-2】　统计课程表 Course 中已开设课程的总数。

SELECT COUNT(课程名) AS'课程总数'
FROM Course;

2)MAX 函数和 MIN 函数

MAX 函数和 MIN 函数分别用于求表达式中所有值项的最大值和最小值,语法格式如下:

MAX | MIN ([ALL | DISTINCT] 表达式)

当指定列上只有空值,或检索出来的中间结果为空时,MAX 函数和 MIN 函数的值也为空。

【例 4-3】 求成绩表 Score 中课程号为 101 的最高成绩和最低成绩。

SELECT MAX(成绩) AS'最高成绩', MIN(成绩) AS '最低成绩'
FROM Score
WHERE 课程号 ='101';

3)SUM 和 AVG 函数

SUM 函数和 AVG 函数分布用于求表达式中所有值的总和与平均值,语法格式如下:

SUM | AVG ([ALL | DISTINCT] 表达式)

所计算的数据类型只能为数值类型。

【例 4-4】 求学生表 Student 中地理信息专业学生的学分总数与平均数。

SELECT SUM(总学分) AS'学分总数', AVG(总学分) AS '学分平均数'
FROM Student
WHERE 专业名 ='地理信息';

2. GROUP BY **子句**

有时候需要的并不是某一列值的某种聚合,而是将这一列值根据其他某列或者某几列划分成组后每一组值的某种聚合。这时要在 WHERE 子句后面加上一个 GROUP BY 子句,关键字 GROUP BY 的后面给出分组依据的列名。

需要说明的是,使用 GROUP BY 子句后,SELECT 子句中的列表只能是 GROUP BY 子句中指定的列或在聚集函数中指定的列,否则系统会报错处理。语法格式如下:

GROUP BY {列名 | 表达式}

GROUP BY 子句可以根据一个或多个列进行分组,也可以根据表达式进行分组,经常和聚合函数一起使用。

【例 4-5】 输出学生信息表 Student 中的专业类型。

SELECT 专业名
FROM Student
GROUP BY 专业名

【例 4-6】 查询学生信息表 Student 中不同专业的学生人数。

SELECT 专业名, COUNT(学号) AS'学生人数'
FROM Student
GROUP BY 专业名

该语句对 Student 表按专业名的取值进行分组,所有具有相同专业名的元组为一组,然后对每一组用聚集函数 COUNT 求得该组的学生人数，本查询中 COUNT(学号)也可以换成 COUNT(*)。

3. HAVING 子句

使用 HAVING 子句的目的与 WHERE 子句类似，不同的是 WHERE 子句用来在 FROM 子句之后筛选行，而 HAVING 子句用来在 GROUP BY 子句之后筛选行。例如，查找学生人数大于 100 的专业，语法格式如下：

HAVING *条件*

这里的条件与 WHERE 子句中的条件类似，不过 HAVING 子句中的条件可以包含聚合函数，而 WHERE 子句中的条件不可以。

SQL 标准要求 HAVING 必须引用 GROUP BY 子句中的列或用于聚合函数中的列，否则查询就是错误的。

【例 4-7】 查询学生信息表 Student 中学生人数大于 100 的专业。

```
SELECT 专业名, COUNT(学号) AS'学生人数'
FROM Student
GROUP BY 专业名
HAVING COUNT(学号) > 100;
```

按专业名的取值进行分组，所有具有相同专业名的值的元组为一组，然后对每一组使用聚集函数 COUNT 以求得该专业的学生人数。如果某一组的元组数目大于 100，使用 HAVING 子句设定筛选条件[COUNT(学号) > 100]，则表示该专业的学生人数大于 100，并将专业名和学生人数显示出来。

如果查询中包含聚集、WHERE 子句、GROUP BY 子句、HAVING 子句，可通过下述操作顺序来定义：

(1)与不带聚集的查询情况类似，最先根据 FROM 子句来计算出一个关系。

(2)如果出现了 WHERE 子句，WHERE 子句中的谓词将应用到 FROM 子句的结果关系上。

(3)如果出现了 GROUP BY 子句，满足 WHERE 谓词的元组通过 GROUP BY 子句形成分组。如果没有 GROUP BY 子句，满足 WHERE 谓词的整个元组集被当作一个分组。

(4)如果出现了 HAVING 子句，它将应用到每个分组上；不满足 HAVING 子句谓词的分组将被抛弃。

(5)SELECT 子句利用剩下的分组产生查询结果中的元组，即在每个分组上应用聚集函数来得到单个结果元组。

【例 4-8】 查询学生信息表 Student 中总学分大于 45，且学生人数大于 100 的专业。

```
SELECT 专业名,COUNT(学号) AS'学生人数'
FROM Student
WHERE 总学分 > 45
GROUP BY 专业名
HAVING COUNT(学号) > 100;
```

以上语句先通过 WHERE 子句查找总学分大于 45 的学生，对这些学生按专业名进行分组,再对分组数据筛选出学生人数大于 100 的专业。

4. ORDER BY 子句

如果没有指定查询结果的显示顺序,DBMS 将按其最方便的顺序(通常是元组在表中的先后顺序)输出查询结果。但在实际应用中,用户经常要对查询的结果排序输出,ORDER BY 子句可用于对查询结果按照一个或多个属性列进行升序(ASC)或降序(DESC)排列,默认值为升序排列。语法格式如下:

微课 4-8　order 与 limit

ORDER BY {*列名* | *表达式* | *列编号*}[ASC | DESC]

列编号是正整数,表示按结果表中该位置上的列排序。例如,ORDER BY 3 表示对 SELECT 的列清单上的第 3 进行排序。

【例 4-9】　将 Student 表中的学生信息按学号进行从小到大的排序。

```
SELECT *
FROM Student
ORDER BY 学号;
```

【例 4-10】　将 Student 表中的学生信息按总学分进行从大到小的排序。

```
SELECT *
FROM Student
ORDER BY 总学分 DESC;
```

需要说明的是,使用 ORDER BY 子句对查询结果进行排序,当排序列含空值时,如果按升序排列,排序列为空值的元组最后显示;如果按照降序排列,则排序列为空值的元组最先显示。

5. LIMIT 子句

LIMIT 子句主要用于限制被 SELECT 语句返回的行数,如查找前 5 行数据。语法格式如下:

LIMIT {[*偏移量*,] *行数*}

语法说明如下:

(1)语法格式中的偏移量和行数都必须是非负的整数常数。

(2)偏移量为指定返回的第一行的偏移量。

(3)行数为返回的行的数量。

如"LIMIT 5"表示返回 SELECT 语句的结果集中最前面的 5 行,而"LIMIT 3, 5"表示从第 4 行开始返回后面的 5 行(SQL 从 0 开始计数)。

【例 4-11】　查找学生表 Student 中出生日期最早的前 5 位学生信息。

```
SELECT *
FROM Student
ORDER BY 出生日期
LIMIT 5;
```

以上语句根据出生日期进行了升序排列,再截取前 5 行数据。

【例 4-12】　查找学生表 Student 中从第 4 行记录开始的 5 行记录。

```
SELECT *
FROM Student
ORDER BY 学号
LIMIT 3, 5;
```

【应用思考】

在已经设计、创建并录入数据的学生管理数据库中,使用 SQL 语句将本班学生的成绩按自高向低进行排序。

【作业】

1. 常用的聚合函数有哪些? 分别起什么作用?

2. 使用 SQL 进行汇总的语句是什么?

3. 以任务 3 作业 3 中的数据表(见图 4-2 ~ 图 4-4)为例,根据以下问题写出 SQL 语句。

问题(1):在 book 表中,按“图书类别”进行汇总。

问题(2):在 book 表中,按“图书类别”进行汇总,并统计各类图书的总数。

问题(3):在 sell 表中,统计平均册数和订单数,并按“图书编号”进行汇总。

问题(4):在 book 表中,按“图书类别”“出版社”分类统计各类图书的库存数。

问题(5):查找 sell 表中平均订购册数在 10 本以上的会员的用户号和平均订购册数。

问题(6):查找 sell 表中会员订单数在 2 笔以上且每笔订购册数都在 5 本以上的会员。

问题(7):将 book 表中的所有记录按“出版时间”进行升序排列。

问题(8):将 sell 表中的所有记录按“订购册数”从高到低排列。

问题(9):查找 members 表中注册时间最靠前的 5 位会员的信息。

问题(10):查找 book 表中从第 4 条记录开始的 5 条记录。

【思政小课堂】

2005 年 8 月 15 日,习近平以充满前瞻性的战略眼光,首次提出“绿水青山就是金山银山”。环境治理与经济发展之间的联系需要分析才能导出。经济发展与环境保护既对立统一又可以协调发展。自然环境为经济发展提供必要的物质和能源,必须要维护自然生态的可再生能力和可持续发展能力,自然资源是提高社会劳动生产率和创造社会价值的基础。自然资源是经济可持续发展的原动力,经济要持续增长就需要环境资源能为经济发展提供所需要的物质和能量;保护好生态环境必须要依靠经济发展。只有良好的环境质量才更有利于社会经济结构的调整和发展,与新的经济结构不相适应的经济发展模式必然会导致生态失衡、资源枯竭。例如,滥垦滥伐以及过度放牧和捕捞现象,要彻底地治理污染和保护好生态环境更需要相关的技术和资金,而这最需要的是经济发展所提供的各种支撑。

党的二十大报告提出:必须坚持科技是第一生产力、人才是第一资源、创新是第一动力,深入实施科教兴国战略、人才强国战略、创新驱动发展战略,开辟发展新领域新赛道,不断塑造发展新动能新优势。

党的十八大以来,以习近平同志为核心的党中央观大势、谋全局、抓根本,做出“必须把创新作为引领发展的第一动力”的重大战略抉择，实施创新驱动发展战略，坚持创新在我国现代化建设全局中的核心地位，把科技自立自强作为国家发展的战略支撑，走出了一条从人才强、科技强，到产业强、经济强、国家强的发展道路。最长的跨海大桥、最大的 5G 网络、最先进的高速铁路、最远程的量子通信……新时代十年来，我国科技创新事业发生历史性、整体性、格局性重大变化，全球创新指数排名从 2012 年的第三十四位上升到 2022 年的第十一位，成功进入创新型国家行列。

项目 5　空间数据库概述

【项目概述】

本项目介绍了空间数据库的相关概念、特点和作用，重点讲述了空间数据模型的种类。通过本项目的学习，要达到的知识目标是了解空间数据库系统的各个相关概念，如空间、空间数据和空间数据库，理解和掌握空间数据库的特点。同时，能力目标应达到熟悉各种空间数据模型，为后续的学习打下基础，包括以下内容：

任务 1　认识空间数据库

任务 2　空间数据的组织

任务 3　空间数据模型

任务 4　空间数据库应用实例

【素质目标】

以三年新冠疫情防控为例，了解空间数据库技术在疫情防控中发挥的作用。党中央的正确研判和防控举措实例，培养爱国主义情怀与社会责任感；为抗击疫情涌现出的“最美逆行者”事例，培养勇于担当、迎难而上的内在品质；科技抗疫带来的精准化疫情防护实例，培养技术强国、科技兴国的责任意识。

任务 1　认识空间数据库

【任务概述】

空间数据是一种复杂的数据结构，相较于常见的数字、文字、图像等类型的数据，空间数据又具有位置信息、图形信息。通过学习，了解空间数据的定义和特点，以及空间数据库的定义和功能。

【情景导入】

走在校园中，思考身边哪些事物可以抽象为空间数据？

【问题探究】

1. 空间的定义

空间是一个复杂的概念，具有多义性，概念有与时间对应的含义，也有“宇宙空间”的含义。空间可以定义为一系列结构化物体及其相互联系的集合（Gatrell，1991）。从感观角度讲，空间可以看作是目标或物体存在的容器和框架（Freraksa，1991；Nunes，1991），因此空间更倾向于理解为物理空间。

从地理学的意义上讲，空间是客观存在的物质空间，是人类赖以生存的地球表层具有一定厚度的连续空间域，是地理信息系统研究的对象。为了在 GIS 中对地理信息空间进行描述，常常需要借助于抽象的数学空间表达方法。

1)欧氏空间

欧氏空间是对物理空间的一种数学理解与表达,是 GIS 中常用的一种重要的数学空间。大多数空间实体在 GIS 中用二维方法描述,它关于距离以及方位的度量依赖于欧氏空间,许多地理信息模型均以欧氏空间为基础。欧氏空间是欧氏几何所研究的空间,是对现实空间简单而确切的近似描述,分为平面和立体两种,可以看作是描述空间的坐标模型。其中,平面空间通过一个简单的二维模型把空间特征转变成实数元组特征,该二维模型建立在包括一个固定原点和相交于原点的两条坐标轴的平面直角坐标框架下,对点、线、面特征的描述均有相关规定。

2)拓扑空间

"拓扑"一词源于希腊文,原意为"形状的研究"。拓扑学是几何学的一个分支,研究图形在拓扑变化时不变的性质,它对 GIS 处理的几何对象及空间关系给出了严格的数学描述,为 GIS 中空间点、线、面之间的包含、覆盖、分离和链接的空间关系的描述提供了直接的理论依据。拓扑空间是距离空间的拓展。从更广泛的意义来看,拓扑空间是一组任意要素集,是一个连续的概念,并在位置关系基础上进行定义。区域、边界、连通等几何对象及几何对象的空间关系在拓扑空间中均有定义。

3)地理空间

地球表面上的一切地理现象、地理时间、地理效应、地理过程统统都发生在以地理空间为背景的基础之上。在地理学中,地理空间是指物质、能量、信息的存在形式在形态、结构、过程、功能关系上的分布方式、格局及其在时间上的延续。它是上至大气电离层,下至莫霍面的区域内物质能量发生转化的时空载体,是宇宙演化和人类活动对地球影响最大的区域,它被定义为具有空间参考的信息的地理实体或地理现象发生的时空位置集。地理空间十分复杂,其各组成成分之间存在内在联系,形成一个不可分割的统一整体。而且地理空间具有等级差别,同等级地理空间之间亦存在差异。

地理空间是指经过投影变换后,在笛卡儿坐标系中的地球表层特征空间。它是地理空间的抽象表达,是信息世界的地理空间。地理空间由地理空间定位框架及其所连接的地理空间特性实体组成。其中,地理空间定位框架即大地测量控制,为建立所有地理数据的坐标位置提供通用参考系统,将所有地理要素同平面及高程坐标系连接。地理空间特征实体则为具有形状、属性和时序性的空间对象。

地理空间是多维的,长期以来,主要考虑二维地理空间的问题,将地理空间简化为二维投影的概念模型一直是二维制图和 GIS 中的普遍做法。随着应用的深入,二维简化空间的缺陷越来越明显,需要加强研究地理空间的三维本质特征及在三维空间概念模型下的一系列处理方法。从三维 GIS 的角度,地理空间应具有不同于二维空间的三维特征:①几何坐标上增加第三维信息(垂向坐标信息);②垂直坐标信息的增加导致空间图片更新的复杂化,无论是 0 维、1 维、2 维还是 3 维对象,在垂向上都具有复杂的空间拓扑关系;③二维拓扑关系是在平面上呈圆状发散伸展,而三维拓扑关系则是在三维空间中呈球状向无穷维发展;④三维地理空间中的三维对象具有丰富的内部信息(包括属性分布、结构形式等)。

2. 空间数据与空间信息

微课 5-1 空间数据与信息

空间数据(又称为地理数据或地理空间数据,Spatial Data)指以地球表面空间位置为参照的自然、社会、人文、经济数据,用来描述空间实体的位置、形状、大小及其分布特征诸多方面信息的数据。空间数据可以是图形、图像、文字表格和数字等。它所表达的信息就是空间信息,反映空间实体的位置及与该实体相关联的各种附加属性的性质、关系、变化趋势和传播特性等的总和。在实际应用中,人们一般不去刻意区分空间数据和空间信息的区别,而是将二者等同起来,因此,下面的叙述中不再去严格区分空间信息和空间数据。

空间信息具有定位、定性、时间和空间关系等特性。定位是指在已知的坐标系里空间目标都具有唯一的空间位置;定性是指有关空间目标的自然属性,它与目标的地理位置密切相关;时间是指空间目标是随时间的变化而变化;空间关系通常用拓扑关系表示。

空间信息是现实世界地理实体或现象在信息时间中的映射,它所反映的特征应包括自然界中的地理实体向人类传递的基本信息。空间数据描述的是所有呈现二维、三维甚至多维分布的关于区域的现象,不仅包含表示实体本身的空间位置及形态,还包括表示实体属性和空间关系的信息。

(1)空间性:是空间信息最主要的特征,是区别于其他信息的一个显著的标志。空间性表示了空间实体的地理位置、几何特性,以及实体间的拓扑关系,从而形成了空间物体的位置、形态及由此产生的一系列特性。

(2)时间性:空间和时间是客观事物存在的形式,两者是紧密联系的。空间数据的时间是指空间数据的空间特性和属性随时间变化的动态特征,即时序性。空间数据的时间特性反映了空间数据的动态性。

(3)非语义性:语义是反映人类思维过程和客观实际的方面,是人们对客观事物的反应,但并不完全等同于客观事物。通俗地讲,如果数据能够被人类认识理解,并能够与具体的事物相对应,就说明数据是语义的。

空间数据的这些特点为空间数据的组织和存储提供了特殊的要求。目前,空间数据一般以矢量或栅格数据的形式存在。在一些简单的应用中,大部分以文件的方式保存,这种方式在管理和查询上存在不便,数据存储的冗余度大,共享困难,还存在数据安全方面的问题。随着空间数据库技术的使用,解决了空间数据的存储和管理方面的问题。同关系数据库一样,空间数据库可以对存储在其中的空间数据检索查询,提供数据的更新与备份、共享与并发的使用,并提供安全机制等,同时可以进行矢量栅格一体化的存储与查询。

空间数据的来源是多种多样的,但是大部分的空间数据主要来源于以下8个方面:

(1)地图的数字化。由于以往地理空间信息的主要表达形式或载体是地图,所以数字化地图就成为地理信息的主要来源之一,由地图到地理空间信息的转化有两种主要途径,即直接数字化地图和地图扫描后提取。

(2)实测数据。通过野外实地测量获取的数据,如采用测量仪器进行实际勘察测量。用这种方法得到某些典型或主要空间和地理过程的数据可以补充用其他方法获取的数据,如实测影像数据的控制地物、模糊部分等。

(3)试验数据。模拟地理真实世界中地物与过程特征产生的数据,它们表示在特定条件下的实际状况。

(4)遥感与GPS数据。由航空、航天各种实施获取的数据,如卫星影像数据获取。目前,遥感数据已成为地球空间数据的主要来源之一。GPS(全球定位系统,Global Positioning System)、RS(遥感,Remote Sensing)、GIS(地理信息系统,Geography Information Science)的"3S"一体化应用是地球空间数据获取的一个主要方向。

(5)理论推测与估计数据。在不能通过其他方法直接获取数据的情况下,常用有科学依据的理论来推测获取数据。如洪水淹没损失、地震影响区、风灾损失面积。经济财产损失等常用有依据的估算方法。

(6)历史数据。指历史文献中记录下来的关于地理区域及地理事件的各种信息,这类信息十分丰富,对于建立序列地球空间数据十分宝贵。

(7)统计普查数据。由空间位置概念的统计数据通过与空间位置关联或其他处理可以转化为地球空间数据。

(8)集成数据。主要是指由已有的地球空间数据经过合并、提取、布尔运算、过滤等操作得到新的数据。

3. 空间数据库

微课 5-2 空间数据库

空间数据库主要提供空间数据的存储和管理方法。空间数据的存储和管理方法通常有两种方式:空间数据文件存储管理和空间数据库存储管理。

空间数据文件存储管理即空间数据以操作系统的文件形式保存在计算机中。具有代表性的有 MapInfo 使用的 WOR 和 TAB 文件、ArcInfo 使用的 Coverage 和 Shape 文件等。操作系统的文件管理系统为 GIS 提供了对数据输入和输出操作的功能接口,进而提供数据存取方法。空间数据文件存储管理的特点是:一个 GIS 软件可以同时直接使用多个空间数据文件,一个空间数据文件也可同时为多个 GIS 软件共享;但空间数据存储在不同的文件里造成数据面向应用的多个文件之间彼此孤立,不能反映数据之间的联系,易造成数据的冗余和不一致性等问题。

通常,数据库是数据库系统的简称。一个完整的数据库系统应该包括数据库存储系统、数据库管理系统(Database Management System,DBMS)和数据库应用系统三个组成部分。其中,数据库存储系统是按照一定的结构组织在一起的相关数据的集合,通常是一系列相互关联的数据内文件。数据库管理系统是提供数据库建立、使用和管理工具的软件系统。典型的数据库管理系统有:微软公司的 Access、SQL Server,甲骨文公司的 Oracle,以及 Sybase、IBM DB2、MySQL 等。而数据库应用系统则是为了满足特定的用户数据处理需求而建立起来的,具有数据库访问功能的应用软件,它提供给用户一个访问和操作特定数据库的用户界面。

同理,空间数据库系统也由三个部分组成,见图 5-1。其中,空间数据库存储系统指的是 GIS 在计算机存储介质上存储的与应用相关的地理空间数据的总和,一般是以一系列特定结构的文件的形式存储在硬盘、光盘等存储介质中的。

空间数据库管理系统则是指能够对介质上存储的地理空间数据进行语义和逻辑上的

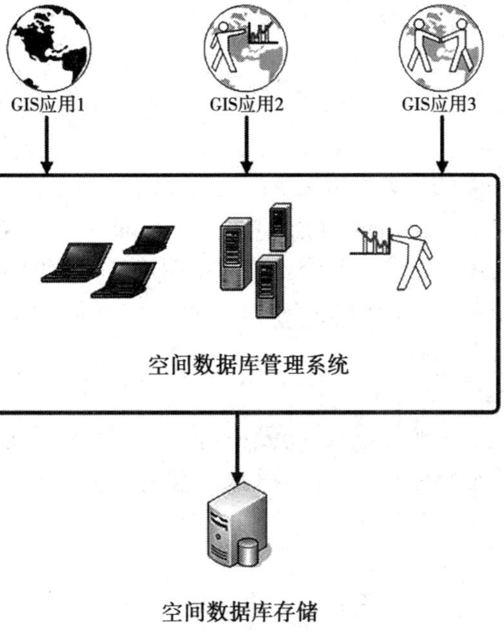

图 5-1　空间数据库系统组成

定义,提供必需的空间数据查询检索和存取功能,能够对空间数据进行有效维护和更新的一套软件系统。空间数据库管理系统的实现是建立在常规的数据库管理系统之上的。它除需要完成常规数据库管理系统所必需的功能外,还需要提供特定的针对空间数据的管理功能。

由 GIS 的空间分析模型和应用模型所组成的系统可以看作是空间数据的数据库应用系统,通过它不但可以全面地管理空间数据,还可以运用空间数据进行分析和决策。

4. 空间数据库的特征与特点

1) 空间数据的特征

空间数据有三大基本特征:空间特征、时间特征和属性特征。其中,空间特征是空间数据独有的,指的是空间对象的位置、形状、大小等几何特征以及与相邻地物之间的拓扑关系;而时间特征和属性特征是一般信息系统中的数据都具有的,空间数据库建库过程中需要考虑空间数据的实效性,尽量采用现势性强的数据。

动画 5-1　空间数据的特征与特点

空间数据的空间特征包括比例尺、坐标系和投影类型等,它们也是空间数据库的宏观定义,建立空间数据库时必须着重考虑。下面重点谈空间数据的空间特征。

(1) 比例尺。

作为空间数据特征的比例尺是指空间数据库入库前原始图件的比例尺,而数字化后的地图可在一定范围内按任意比例尺显示。空间数据库的比例尺通常取决于用户对空间数据的精度要求及所研究域的大小。精度要求越高,地图比例尺就越大,内容越详细,数字化工作量和存储量越大,一般来说,城市 GIS 的比例尺较大,通常在 1∶5 000 以上。有些 GIS 应用会同时需要不同比例尺的空间数据,因此整个空间数据库未必建立在同一比例尺之上。

(2)坐标系。

空间数据库中常用的坐标系有地理坐标系和平面直角坐标系。

①地理坐标系。

地球表面上任意一点的位置都可由经纬度(φ,λ)来确定,以通过格林威治天文台的子午面为东经(0°~108°),向西为西经(0°~180°);从赤道面算起,向北为北纬(0°~90°),向南为南纬(0°~90°)。在空间位置要求很明确的GIS中,空间数据库一般建立在地理坐标之上,因为经纬度不仅能表示空间对象在地球表面上的位置,还能显示其地理方位及所处的时区、两地间的时差等。

②平面直角坐标系。

平面直角坐标系定义一个原点(0,0)及(x,y)轴方向,然后通过(x,y)值确定某个地理实体的位置。在这个坐标系中,统计面积、距离量算等较为方便,在测绘中应用较广,如房产测绘等。它适合于大比例尺小区域的GIS应用。

(3)投影类型。

上面两种坐标系可以通过地图投影来建立联系,即地球表面任一由地理坐标(φ,λ)确定的点,在平面上必然有一个有平面直角坐标(x,y)确定的点与它相对应。在大比例尺地形图上,两种坐标网都可表示。

在GIS应用中,选择地图投影类型的首要标准是经纬线形状和变形性质能否满足GIS对数据的要求;其次是投影的变形要小且分布均匀,使等变形线大致与区域轮廓一致;再则就是经纬网形状不复杂,便于识别和投影计算、转换等。

在各种地图投影中,高斯-克吕格投影(简称高斯投影)是目前使用较广泛的地图投影,它以地球椭球体面为原面,实行等角横轴切椭圆柱投影。高斯-克吕格投影具有投影公式简单、各带投影性质相似等优点,适合大区域的制图,为许多国家所采用;它采用6°分带法或3°分带法进行分带投影,这样可以控制变形,提高地图精度,减少坐标值的计算工作等。在高斯投影坐标网上,还可绘上经纬网和方里网。我国于1952年开始将之正式作为国家大地测量和五十万分之一及更小比例尺的国家基本地形图的数学基础。

在GIS应用中需要进行高程分析,还需考虑所选用的高程系,我国的高程系有1956年黄海高程系和1985年国家高程系,在利用一些旧的地形图数据时可能需要进行高程系的转换。

2)空间数据库的特点

(1)数据量庞大:空间数据库面向的是地学及其相关对象,而在客观世界中它们所涉及的往往都是地球表面信息、地质信息、大气信息等极其复杂的现象和信息,所以描述这些信息的数据容量很大,容量通常达到GB级。

(2)具有高可访问性:空间信息系统要求具有强大的信息检索和分析能力,这是建立在空间数据库基础上的,需要高效访问大量数据。

(3)空间数据模型复杂:空间数据库存储的不是单一性质的数据,而是涵盖了几乎所有与地理相关的数据类型,这些数据类型主要可以分为三类。

①属性数据:与通用数据库基本一致,主要用来描述地学现象的各种属性,一般包括

数字、文本、日期类型。

②图形图像数据：与通用数据库不同，空间数据库系统中大量的数据借助于图形图像来描述。

③空间关系数据：存储拓扑关系的数据，通常与图形数据是合二为一的。

(4)属性数据和空间数据联合管理。

(5)应用范围广泛。

【知识拓展】

1. 空间数据库的作用

空间数据库是作为一种应用技术诞生和发展起来的，是为了使用户能够方便灵活地查询出所需的地理空间数据，同时能够进行有关地理空间数据的插入、删除、更新等操作，为此建立了如实体、关系、数据独立性、完整性、数据操作、资源共享等一系列基本概念。空间数据不仅包括地理要素，还包括社会、政治、经济和文化要素。这种内容的复杂性导致了空间数据模型的复杂性。以地理空间数据存储和操作为对象的空间数据库，把被管理的数据从一维推向了二维、三维甚至更高维。由于传统数据库系统(如关系数据库系统)的数据模型主要针对简单对象，因而无法有效地支持以复杂对象(如图形、影像等)为主体的工程应用。空间数据库系统必须具备对地理对象(大多为具有复杂结构和内涵的复杂对象)进行模拟和推理的功能。一方面，可将空间数据库技术视为传统数据库技术的扩充；另一方面，空间数据库突破了传统数据库理论(如将规范关系推向非规范关系)，其实质性发展必然导致理论上的创新。

至此，我们不难解释，空间数据库系统是实现有组织地、动态地储存大量关联数据，方便多用户访问的计算机软件、硬件组成的系统，它与文件系统的重要区别是数据的充分共享、交叉访问与应用的高度独立性。

地理空间数据库是在计算机数据库技术上发展形成的。数据库系统作为软件的一个分支，与其他基础软件有密切的关系。它几乎涉及软件的所有知识，是很多重要软件技术的综合应用。

近年来，随着计算机技术和激光拍照技术在地图制图中的广泛应用，地图的生产和制作由计算机辅助制图方法向全数字制图方法转变，地图生产的整个过程全部实现数字化。地图数据的收集、分析整理、储存与管理、相互转换、调度、供应、更新等一系列问题都需要数据库技术的支持。

空间数据库是各种空间信息系统的核心，所以空间数据库系统是一门综合性的软件技术，是一门很有意义、很有趣味的学问(见图 5-2)。要研究和掌握它，必须了解和掌握计算机各个方面知识，以便更加理解和认识这些知识的内在联系，并在一种观念上将它们统一起来。

2. 空间数据库与传统数据库的差异

1)信息描述差异

在空间数据库中，数据比较复杂，不仅有与一般数据库性质相似的地理要素的属性数据，还有大量的空间数据，即描述地理要素空间分布位置的数据，并且这两种数据之间具有不可分割的联系。

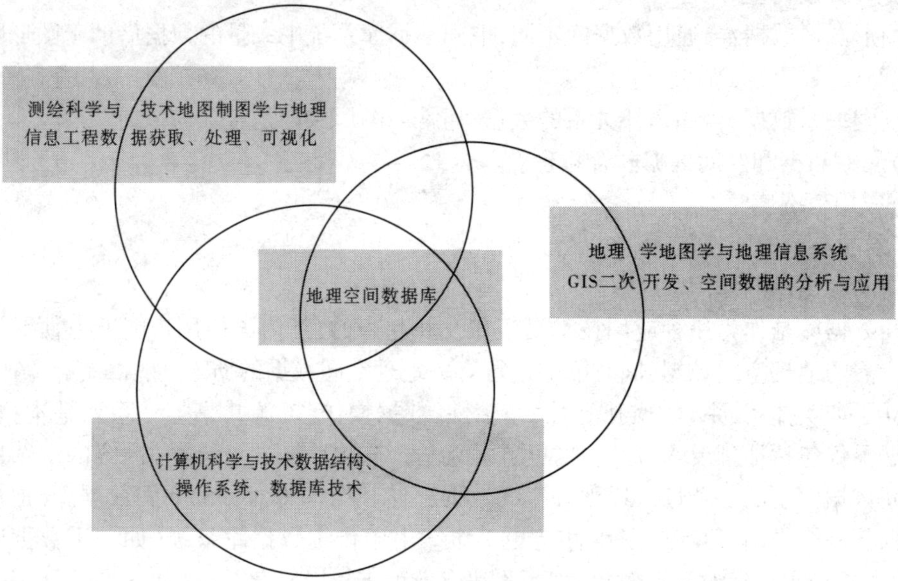

图 5-2 地理空间数据库系统与其他学科的关系

2)数据管理差异

(1)传统数据库管理不连续的、相关性较小的数字和字符;而空间数据是连续的,具有很强的空间相关性。

(2)传统数据库管理的实体类型少,并且实体类型之间通常只有简单固定的空间关系;而空间数据库的实体类型繁多,实体类型之间存在着复杂的空间关系,并且能产生新的关系(如拓扑关系)。

(3)地理空间数据存储操作的对象可能是一维、二维、三维甚至更高维。一方面我们可以把空间数据库看成是传统数据库的扩充,另一方面空间数据库突破了传统的数据库理论,如将规范关系推向非规范关系。而传统数据库系统只针对简单对象,无法有效地支持复杂对象(如图形、图像)。

3)数据操作差异

从数据操作的角度,地理空间数据管理中需要进行大量的空间数据操作和查询,如矢量地图的剪切、叠加和缓冲区等空间操作、裁剪、合并、影像特征提取、影像分割、影像代数运算、拓扑和相似性查询等,而传统数据库系统只操纵和查询文字和数字信息,难以适应空间操作。

4)数据更新差异

(1)数据更新周期不同。传统数据库的更新频度较高,而空间数据库的更新频度一般是以年度为限的。

(2)数据更新的角色不同。空间数据库更新一般由专人负责,一是因为要保证空间数据的准确性,二是空间数据的更新需要专门的技术。而传统数据库的更新可能是任何使用数据库的人员。

5)服务与应用差异

(1)一个空间数据库的服务和应用范围相当广泛。如地理研究、环境保护、土地利用和规划、资源开发、生态环境、市政管理、交通运输、税收、商业、公安等许多领域。

(2)空间数据库是一个共享或分享式的数据库。

(3)传统的关系数据库中存储和处理的大都是关系数据。

【应用思考】

通过资料、文献的查阅,论述身边的哪些事物可以抽象为空间数据,如何抽象为空间数据。

【作业】

1. 什么是空间数据？它有什么特征？

2. 什么是空间数据库？它由哪些部分组成？

3. 空间数据库有什么特点？

任务 2　空间数据的组织

【任务概述】

空间数据是空间数据库的核心,数据研究人员按照空间数据的结构不同将其设计为不同种类,经过多年应用积累,目前常用的空间数据有矢量数据结构和栅格数据结构。通过学习,了解矢量数据、栅格数据的概念和特点。

【情景导入】

结合所学的专业知识,如何将看到的事物以数据的方式存储在计算机中？

【问题探究】

空间数据是现实世界地理实体或现象在信息世界中的映射,它们反映了自然界地理实体向我们传达的基本信息,空间数据即描述空间实体的数据。

空间数据按其结构的不同,分为矢量数据和栅格数据。

1. 矢量数据

微课 5-3
矢量数据

1)矢量数据的概念

矢量数据结构——通过坐标值(x,y)来精确地表示点、线、面等地理实体的方法。

点——由一对 x,y 坐标表示。

线——由一串有序的 x,y 坐标对表示。

面——由一串有序且首尾坐标相同的 x,y 坐标对表示。

2)矢量数据的特点

矢量数据结构"定位明显,属性隐含"。这里 x,y 可以对应地面点的经纬度,也可以对应于平面直角坐标系的 x,y 坐标。矢量数据结构可以表示现实世界中各种复杂的实体,当问题可描述成线和边界时,特别有效(见图 5-3)。矢量数据冗余度低,结构紧凑,并具有空间实体的拓扑信息,便于深层次分析。矢量数据的输出质量好、精度高。

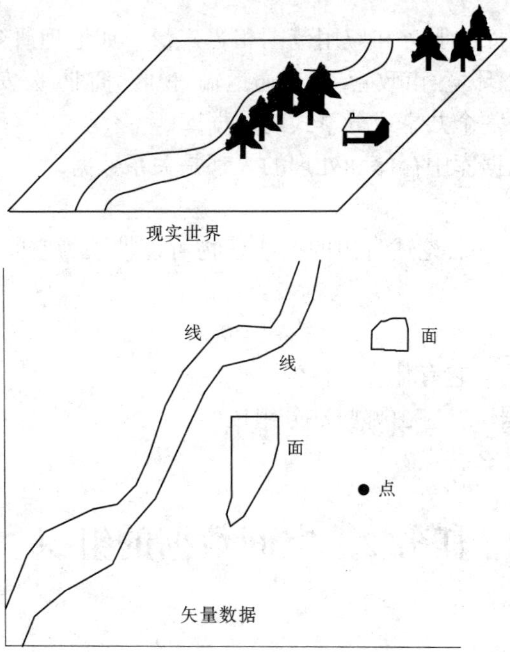

图 5-3　矢量数据的空间实体表达

3) 简单矢量数据

简单矢量数据没有拓扑关系,又称为面条数据模型,主要用于矢量数据的显示、输出,以及一般的查询和检索。它仅记录空间目标位置坐标和属性信息,而不记录它的拓扑关系。它有两种形式:一种是每个点、线、面目标直接跟随它的空间坐标;另一种是点坐标作为一个文件,线和多边形由点号组成。

在第一种形式中,每个实体的坐标都独立存储,毫不顾及相邻的多边形或线状和点状地物。具体如下:

点目标:[标识码,地物编码,(x,y)坐标]

线目标:[标识码,地物编码,(x,y)坐标系列]

面目标:[标识码,地物编码,(x,y)坐标系列]

对面状实体而言,最末点的坐标与第一点相等。

标识码:按一定的原则编码,简单情况下可顺序编号。标识码具有唯一性,是关联矢量数据和与其对应的属性数据的关键字。属性数据单独存放在数据库中。

地物编码:通常把与实体有关的基本属性(如等级、类型、大小等)作为地物编码。地物编码可以有一个和多个。

(x,y)坐标:是实体的定位点,对于点实体,如果是有向点,则可以有两个坐标对。

使用这种方法时,除外轮廓线外,多边形的公共边界数据均需获取和存储两次,这就可能会产生裂隙或重叠(见图 5-4),并产生数据冗余。为了消除裂缝,一般需要编辑。

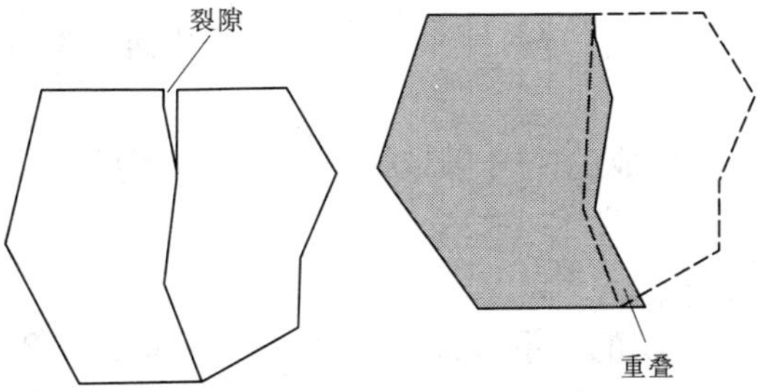

图5-4 多边形环路中的裂隙与重叠

为克服独立实体编码的某些局限性,可以建立一包括边界坐标点的点文件,然后建立点、线和多边形的边界表,它们由点位序号构成,方式如下:

点的矢量数据结构:[标识码,地物编码,(x,y)坐标]

线(链)的矢量数据结构:[标识码,地物编码,坐标对数n,(x,y)坐标序号]

坐标对数n:构成该线(链)的坐标对的个数。(x,y)坐标序号:构成线(链)的矢量坐标串所对应的点文件的指针地址。

面(多边形)的矢量数据结构:[标识码,地物编码,链数n,链标识码集]

链数n:指构成该面(多边形)的链的数目。

链标识码集:指所有构成该面(多边形)的链的标识码的集合,共有n个。

这样,一个面(多边形)就可由多条链构成,每条链的坐标可由线(链)的矢量数据结构获取。这种方法可保证多边形公共边的唯一性;但多边形的分解和合并不易进行;邻域处理比较复杂,需追踪出公共边;在处理"洞"或"岛"之类的多边形嵌套问题时较麻烦,需计算多边形的包含等。同时,它仍然没有建立各个多边形实体之间的空间关系。

4)拓扑数据

具有拓扑关系的矢量数据就是拓扑数据,拓扑数据是GIS的分析和应用功能所必需的。拓扑数据的表示方式没有固定的格式,还没有形成标准,但基本原理是相同的。

(1)空间数据的拓扑关系。

在空间数据库中,为了真实地反映地理实体,不仅要包括实体的位置、形状、大小和属性,还必须反映实体之间的相互关系。这些关系就是指它们之间的邻接关系、关联关系和包含关系等。

地图上的拓扑关系是指图形保持连续状态下变形,但图形关系不变的性质。地图上各种图形的形状、大小会随图形的变形而改变,但是拓扑关系则不会改变。俗称拓扑关系是绘在橡皮上的图形关系,或者说拓扑空间中不考虑距离函数。拓扑关系是一种对空间结构关系进行明确定义的数学方法。

矢量数据可抽象为点(结点)、线(链、弧段、边)、面(多边形)三种要素,即称为拓扑元素。

结点:地图上反映一定意义的零维图形,用一对坐标表示的点,包括点要素、线要素的端点、连接点以及面要素边界线的首尾点。例如:井、城镇、村庄、交通信号灯、道路的交叉点等。

线:两结点间的有序线段(有方向性),包括线要素和面要素的边界线。例如:公路、铁路、河流、境界等。

面:由一条或若干条链构成的闭合区域。例如:土地利用区域、岛屿、湖泊、植被、政区等。

(2)最基本的拓扑关系。

拓扑关系即拓扑元素之间的关系,最基本的拓扑关系是关联和邻接。

邻接——相同拓扑元素之间的关系。如结点与结点、链与链、面与面等。邻接关系是借助于不同类型的拓扑元素描述的,如面通过链而邻接。

关联——不同拓扑元素之间的关系。如结点与链、链与多边形等。

在空间数据的分析和应用功能中,还可能用到其他拓扑关系,例如:

包含关系——面与其他拓扑元素之间的关系。如果点、线、面在该面内,则称为被该面包含,如某省包含的湖泊、河流等。

几何关系——拓扑元素之间的距离关系。例如,拓扑元素之间距离不超过某一半径的关系。

层次关系——相同拓扑元素之间的等级关系。例如,国家由省(自治区、直辖市)组成,省(自治区、直辖市)由县组成等。

(3)拓扑关系的表示。

拓扑数据结构的关键是拓扑关系的表示,而几何数据的表示可参照矢量数据的简单数据结构。在目前的空间数据应用案例中,主要表示基本的拓扑关系,而且表示方法不尽相同。下面实例表示矢量数据的拓扑关系。

在图 5-5 中,A,B,C,D 为结点;a,b,c,d,e,f,g 为线段(弧段);P0,P1,P2,P3,P4 为面(多边形),其边界线段(弧段)方向均为顺时针方向,则拓扑关系表示为:

邻接关系:空间图形中同类元素之间的拓扑关系。例如,多边形之间的邻接关系 P2/P3、P1/P2,又如结点之间的邻接关系 A 与 D、C 与 D 等。

关联关系:空间图形中不同元素之间的拓扑关系。例如,结点与弧段的关联关系 A 与 e、a、c,多边形与弧段的关联关系 P2 与 e、c、f。

包含关系:空间图形中同类但不同级元素之间的拓扑关系。例如,多边形 P1 中包含有多边形 P4。

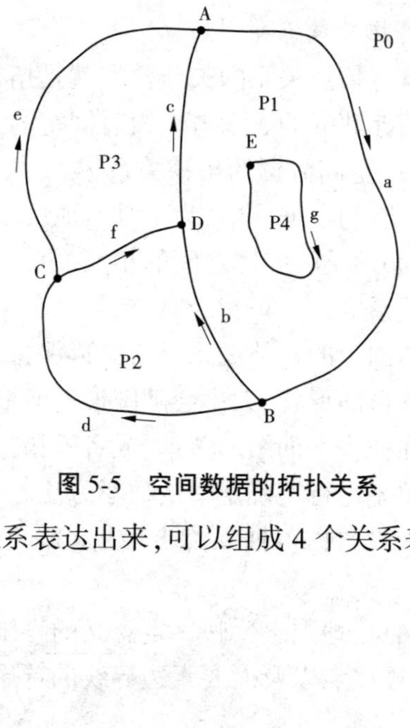

图 5-5　空间数据的拓扑关系

如果要将结点、弧段、面相互之间所有的拓扑关系表达出来,可以组成 4 个关系表,如表 5-1~表 5-4 所示。

表 5-1　面域与弧段的拓扑关系

面域	弧段
P1	a,b,c,g
P2	b,d,f
P3	c,f,e
P4	g

表 5-2　结点与弧段的拓扑关系

结点	弧段
A	a,c,e
B	a,d,b
C	d,e,f
D	b,f,c
E	g

表 5-3　弧段与结点的拓扑关系

弧段	结点
a	A,B
b	B,D
c	D,A
d	B,C
e	C,A
f	C,D
g	E,E

表 5-4　弧段与面域的拓扑关系

弧段	左邻面	右邻面
a	P0	P1
b	P2	P1
c	P3	P1
d	P0	P2
e	P0	P3
f	P3	P2
g	P1	P4

(4)拓扑关系的意义。

空间数据的拓扑关系,对数据处理与空间分析具有重要的意义。

根据拓扑关系,不需要利用坐标或距离,可以确定一种空间实体相对于另一种空间实体的位置关系。拓扑关系能清楚地反映实体之间的逻辑结构关系,它比几何关系有更大的稳定性,不随地图投影而变化。

利用拓扑关系有利于空间要素的查询,例如,某条公路通过哪些地区,某县与哪些县邻接。又如分析某河流能为哪些地区的居民提供水源,某湖泊周围的土地类型及对生物栖息环境做出评价等。

可以根据拓扑关系重建地理实体。例如,根据弧段构建多边形,实现道路的选取,进行最佳路径的选择等。

2. 栅格数据

1)基本概念

栅格数据结构就是将地理空间进行规则的划分,划分为若干行、若干列,即像元阵列,以规则的像元阵列来表示空间地物或现象分布的数据结构,其阵列中的每个数据表示地物或现象的属性特征。

微课 5-4　栅格数据

换句话说,栅格数据结构就是像元阵列,用每个像元的行列号确定位置,用每个像元的值表示实体的类型、等级等的属性编码。

对于栅格数据结构:点实体表示为一个像元;

线实体表示为在一定方向上连接成串的相邻像元的集合;

面实体表示为聚集在一起的相邻像元的集合。

用栅格结构表示地图,首先要给定每个物体的编码,如给定高程点的编码为 8,烟囱的编码为 7,铁路的编码为 1,居民点的编码为 5,林地的编码为 3,菜地的编码为 4。

在图 5-6 中,现实中某一区域如图 5-6(a)所示,可以将其抽象为点、线、面的矢量数据形式,也可以将其抽象为像元阵列表示的栅格数据形式,栅格数据中,每一个地物的编码就是每一个像元的值。

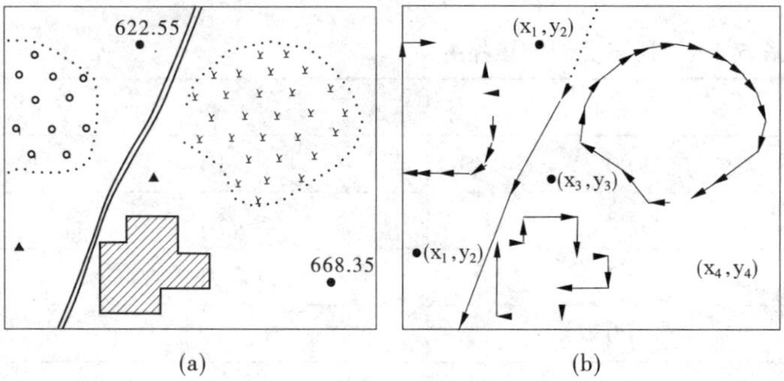

0	0	0	0	0	0	1	0	0	0	0	0
3	3	0	0	8	1	0	4	4	4	0	0
3	3	3	0	0	1	4	4	4	4	4	0
3	3	3	0	1	0	4	4	4	4	4	4
3	3	3	0	1	0	4	4	4	4	4	0
0	0	0	1	7	0	0	4	4	4	0	0
0	0	0	1	5	5	0	0	0	0	0	0
7	0	1	5	5	5	5	0	0	0	0	0
0	0	1	5	5	5	5	0	0	0	8	0
0	1	0	5	5	0	0	0	0	0	0	0

(c)

图 5-6　地图、矢量数据、栅格数据的不同表示

栅格数据表示的是二维表面上的地理数据的离散化数值。在栅格数据中,地表被分割为相互邻接、规则排列的矩形方块(有时也可以是三角形、菱形、六边形等),每个地块与一个像元相对应。当像元所表示的面积较大时,对长度、面积等的量测有较大影响。每个像元的属性是地表相应区域内地理数据的近似值,因而有可能产生属性方面的偏差。如 Landsat MSS 卫星影像的单个像元对应着地表 79 m×79 m 的矩形区域,影像记录的光谱数据是每个像元所对应的地表区域内所有地物光谱辐射的总和。

栅格数据记录的是属性数据本身,而位置数据可以由属性数据对应的行列号转换为相应的坐标,因此栅格数据结构“属性明显,定位隐含”。

栅格数据的阵列方式很容易为计算机存储和操作,不仅很直观,而且易于维护和修改。由于栅格数据的数据结构简单、定位存取性能好,因而在 GIS 中可与影像数据和 DEM 数据进行联合空间分析。

2)栅格数据的编码方式

栅格数据的编码指的是栅格数据如何在计算机中存储。常见的编码方式有直接栅格编码和游程长度编码。

(1)直接栅格编码。

将栅格数据看作一个数据矩阵,逐行(或逐列)记录代码,可以每行都从左到右记录,也可以奇数行从左到右,偶数行从右到左。如图 5-7 所示的栅格数据可存储记录为 AABB、BBCC、BBCC、BBCC。

这种记录栅格数据的文件常称为栅格文件,且常在文件头中存有该栅格数据的长和宽,即行数和列数。这样,具体的像元值就可连续存储了。其特点是处理方便,但没有压缩。

A	A	B	B
B	B	C	C
B	B	C	C
B	B	C	C

图 5-7　栅格数据示例

(2)游程长度编码。

地理数据往往有较强的相关性,也就是说相邻像元的值往往是相同的。

游程长度编码的基本思想是:按行扫描,将相邻等值的像元合并,并记录代码的重复个数,即在各行(或列)数据的代码发生变化时依次记录该代码以及相同代码重复的个数,从而实现数据的压缩。例如,对图 5-7 所示的栅格数据,其游程长度编码为 A2,B2,B2,C2,B2,C2,B2,C2。若在行与行之间不间断地连续编码,则为 A2,B4,C2,B2,C2,B2,C2。

可见游程长度编码压缩数据是十分有效又简便的。事实上,压缩比的大小是与图的复杂程度成反比的,在变化多的部分,游程数就多;在变化少的部分,游程数就少,图件越简单,压缩效率就越高。

游程长度编码在栅格加密时,数据量没有明显增加,压缩效率较高,且易于检索,叠加合并等操作,运算简单,适用于机器存储容量小,数据需大量压缩,而又要避免复杂的编码解码运算增加处理和操作时间的情况。

3. 矢量数据、栅格数据的比较

矢量数据结构可具体分为点、线、面,可以构成现实世界中各种复杂的实体,当问题可描述成线或边界时,特别有效。矢量数据的结构紧凑,冗余度低,并具有空间实体的拓扑信息,容易定义和操作单个空间实体,便于网络分析。矢量数据的输出质量好、精度高。

矢量数据结构的复杂性导致了操作和算法的复杂化,作为一种基于线和边界的编码方法,不能有效地支持影像代数运算,例如不能有效地进行点集的集合运算(如叠加),运算效率低而复杂。矢量数据结构的存储比较复杂,导致空间实体的查询十分费时,需要逐点、逐线、逐面地查询。矢量数据和栅格数据表示的影像数据不能直接运算(如联合查询和空间分析),交互时必须进行矢量和栅格转换。矢量数据与 DEM(数字高程模型)的交互是通过等高线来实现的,不能与 DEM 直接进行联合空间分析。

栅格数据结构是通过空间点密集而规则的排列表示整体空间现象的。其数据结构简单,定位存取性能好,可以与影像和 DEM 数据进行联合空间分析,数据共享容易实现,对栅格数据的操作比较容易。

栅格数据的数据量与格网间距的平方成反比,较高的几何精度的代价是数据量的极大增加。因为只使用行和列来作为空间实体的位置标识,故难以获取空间实体的拓扑信息,难以进行网络分析等操作。栅格数据结构不是面向实体的,各种实体往往是叠加在一起反映出来的,因而难以识别和分离。对点实体的识别需要采用匹配技术,对线实体的识别需采用边缘检测技术,对面实体的识别则需采用影像分类技术,这些技术不仅费时,而且不能保证完全正确。两者的比较见表 5-5。

表 5-5　矢量数据、栅格数据的比较

比较内容	矢量格式	栅格格式
数据量	小	大
图形精度	高	低
图形运算	复杂、高效	简单、低效
遥感影像格式	不一致	一致或接近
输出表示	抽象、昂贵	直观、便宜
数据共享	不易实现	容易实现
拓扑和网络分析	容易实现	不易实现

通过以上分析可以看出,矢量数据结构定位明显、属性隐含;而栅格数据结构定位隐含、属性明显,相应地,矢量数据结构和栅格数据结构的优缺点是互补的,为了有效地实现 GIS 中的各项功能(如与遥感数据的结合、有效的空间分析等),需要同时使用两种数据结构,并在 GIS 中实现两种数据结构的高效转换。

【知识拓展】

栅格数据的四叉树编码

四叉树编码是最有效的栅格数据压缩编码方法之一,有助于减少栅格数据的数据量,在空间数据库中有广泛的应用。其基本思路为:将 $2^n \times 2^n$ 像元组成的图像(不足的用背景补上)所构成的二维平面按四个象限进行递归分割,直到子象限的数值单调,最后得到一棵四分叉的倒向树,该树最高为 n 级。也就是将一幅栅格地图或图像等分为四部分。逐块检查其格网属性值(或灰度)。如果某个子区的所有格网值都具有相同的值,则这个子区就不再继续分割,否则还要把这个子区再分割成四个子区。这样依次地分割,直到每个子块都只含有相同的属性值或灰度。

图 5-8(b)表示对图 5-8(a)的分割过程及其关系。这四个等分区称为四个子象限,按左上(NW)、右上(NE)、左下(SW)、右下(SE),用一个树结构表示,如图 5-9 所示。

9	9	9	9	0	0	0	0
9	9	9	0	0	0	0	0
0	9	9	0	7	7	0	0
0	0	0	0	7	7	0	0
0	0	0	0	7	7	7	7
0	0	0	0	7	7	7	7
0	0	0	0	7	7	7	7
0	0	0	0	7	7	7	7

(a)原始栅格数据

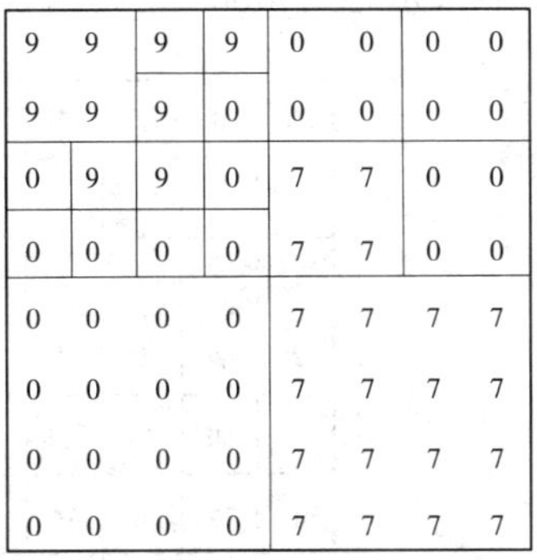

(b)四叉树编码示意图

图 5-8　四叉树编码示意图

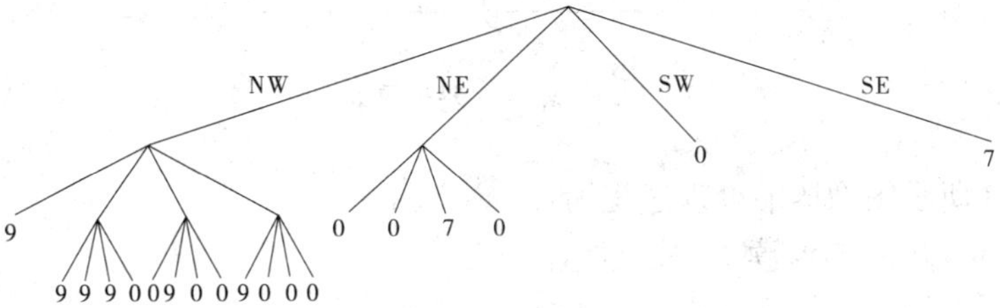

图 5-9　四叉树的树状表示

这种从上而下的分割需要大量的运算,因为大量数据需要重复检查才能确定划分。当 $n \times n$ 的矩阵比较大,且区域内容要素又比较复杂时,建立这种四叉树的速度比较慢。另一种是采用从下而上的方法建立。对栅格数据按如下的顺序进行检测:如果每相邻四个网格值相同则进行合并,逐次往上递归合并,直到符合四叉树的原则。这种方法重复计算较少,运算速度较快。

从图 5-8 中可以看出,为了保证四叉树能不断地分解下去,要求图像必须为 $2^n \times 2^n$ 的栅格阵列,n 为极限分割次数,$n+1$ 是四叉树的最大高度或最大层数。对于非标准尺寸的图像,需首先通过增加背景的方法将图像扩充为 $2^n \times 2^n$ 的图像,也就是说在程序设计时,对不足的部分以 0 补足(在建树时,对于补足部分生成的叶结点不存储,这样存储量并不会增加)。

线性四叉树编码的基本思想是:不须记录中间结点和使用指针,仅记录叶结点,并用地址码表示叶结点的位置。

线性四叉树有四进制和十进制两种,下面介绍的是通常使用的十进制四叉树编码。十进制四叉树的地址码又称 Morton 码。

把一幅 $2^n \times 2^n$ 的图像压缩成线性四叉树的过程为:

(1)按 Morton 码把图像顺序读入一维数组。

(2)逐一将相邻的四个像元比较,一致的合并,并只记录第一个像元的 Morton 码。

(3)比较所形成的大块,相同的再合并,直到不能合并。

对用上述线性四叉树的编码方法所形成的数据还可进一步用游程长度编码压缩。压缩时只记录第一个像元的 Morton 码,见图 5-10。

列＼行	0	1	2	3	4	5	6	7
0	0	1	4	5	16	17	20	21
1	2	3	6	7	18	19	22	23
2	8	9	12	13	24	25	28	29
3	10	11	14	15	26	27	30	31
4	32	33	36	37	48	49	52	53
5	34	35	38	39	50	51	54	55
6	40	41	44	45	56	57	60	61
7	42	43	46	47	58	59	62	63

图 5-10　Morton 码记录表

对于图 5-8 所示图像压缩处理过程为:

(1)按 Morton 码将图像读入一维数组。

Morton 码:	0	1	2	3	4	5	6	7	8	9	10	11	12	13	14	15
属 性 值:	A	A	B	B	C	C	B	B	B	B	B	B	C	C	C	C

(2)逐一将四相邻像元合并,只记录第一个像元的 Morton 码,然后逐一将更大的四邻像元合并。

Morton 码:	0	1	2	3	4	5	6	7	8	12
属 性 值:	A	A	B	B	C	C	B	B	B	C

(3)由于不能进一步合并,则用游程长度编码压缩。

Morton 码:	0	2	4	6	12
属 性 值:	A	B	C	B	C

解码时,根据 Morton 码就可知道像元在图像中的位置(左上角),本 Morton 码和下一个 Morton 码之差即为像元个数。知道了像元的个数和像元的位置就可恢复出图像了。

线性四叉树编码的优点是:压缩效率高,压缩和解压缩比较方便,阵列各部分的分辨率可不同,既可精确地表示图形结构,又可减少存储量,易于进行大部分图形操作和运算。缺点是:不利于形状分析和模式识别,即具有变换不定性,如同一形状和大小的多边形可得出完全不同的四叉树结构。

【实践操作】

结合所学的专业知识,查找相关的资料、文献,论述如何将看到的事物转换为矢量数据结构或栅格数据结构。

【作业】

1. 什么是矢量数据结构？它有哪些特点？
2. 什么是栅格数据结构？它有哪些编码方式？
3. 矢量数据和栅格数据各有何优缺点？

任务 3　空间数据模型

【任务概述】

在二维层面上，常有的数据类型有矢量结构和栅格结构，而三维层面或网络图上的空间数据模型也有不同的类型。通过学习，了解空间数据模型的概念和不同的空间数据模型。

【情景导入】

我们的祖国山川秀美，这些起伏地形如何在计算机中表达？

【问题探究】

空间数据模型（见图 5-11）是地理信息系统对现实世界地理空间实体、现象，以及它们之间相互关系的认识和理解，是现实世界在计算机中的抽象与表达，是空间数据的组织和设计空间数据库模式的基础，以及进行空间信息处理和应用的基础。它不但决定了系统数据管理的有效性，而且是系统灵活性的关键。

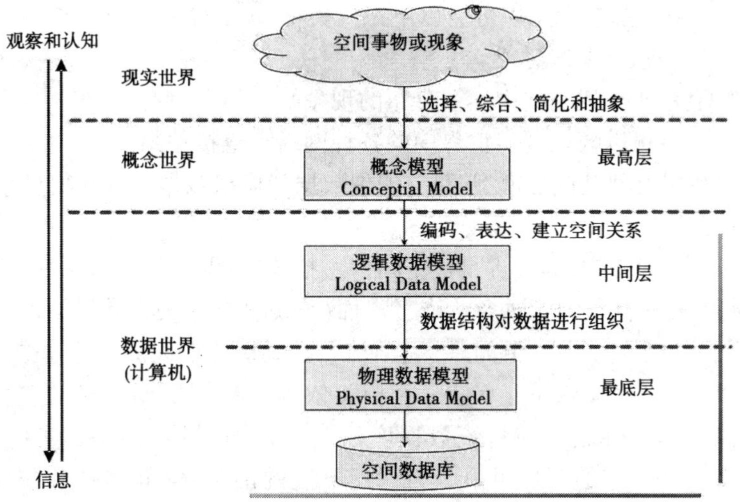

图 5-11　空间数据模型概念

空间数据模型由数据结构、数据操作和完整性约束三部分组成。

（1）数据结构。

数据结构是所研究的对象类型的集合。这些对象是数据库的组成成分，它们包括两类：一类是与数据类型、内容、性质有关的对象，例如网状模型中的数据项、记录，关系模型中的域、属性、关系等；另一类是

微课 5-5　空间数据模型概述

与数据之间联系有关的对象,例如网状模型中的系型。数据结构是刻画一个数据模型性质最重要的方面,是对系统静态特性的描述。

(2)数据操作。

数据操作是对系统动态特性的描述,指对数据库中各种对象(型)的实例(值)允许执行的操作的集合,包括操作及有关的操作规则。数据库主要有检索和更新(包括插入、删除、修改)两大类操作。数据模型必须定义这些操作的确切含义、操作符号、操作规则(如优先级)以及实现操作的语言。

(3)完整性约束。

数据的约束条件是一组完整性规则的集合。完整性规则是给定的数据模型中数据及其联系所具有的制约和依存规则,用以限定符合数据模型的数据库状态以及状态的变化,以保证数据的正确、有效、相容。

在空间数据库中,针对不同的使用对象和应用目的,采用多级数据模型,一般可分为三级:

(1)概念数据模型(与 DBMS 无关)。主要用来描述一个单位的概念化结构,面向用户、面向现实世界,是一种语义模型,常用 E-R 图表示,接近人的思维,容易理解。

(2)逻辑数据模型(与 DBMS 有关)。用概念数据模型表示的数据必须转化为逻辑数据模型表示的数据,才能在 DBMS 中实现。因此,逻辑模型既要面向用户,也要面向现实。

(3)物理数据模型(与 DBMS、OS 硬件有关)。它反映数据的存储结构,如物理块、指针、索引等。物理数据模型不但与 DBMS 有关,还与 OS 硬件有关。

空间数据模型从概念上可以分为以下三大类:

(1)对象模型:强调离散对象。

(2)场模型:用于描述空间中连续分布的现象。

(3)网络模型:可以模拟现实世界中的各种网络和连接关系。

对象模型和场模型是概念模型,对应矢量数据和栅格数据及其在信息系统中的实现。

1. 对象模型

在基于对象的建模中,其关键是把空间信息抽象成明确的、可识别的、相关的事物或实体,称为对象,再把这些对象抽象为点、线、面(详见任务 2 矢量数据结构)。

例如,我们可以通过公园中的林区、河流、湖和道路来刻画一个公园,所有的这些实体显然是可区分和可识别的,它们是否相关依赖于我们所要建模的应用。每个对象都有一套刻画它的属性集。与传统数据库建模中普遍采用的对象/实体相比,空间对象最主要的特点在于它的属性可以分为截然不同的两类:空间属性和非空间属性。对象通过其空间属性与包含它的基本空间进行交互。如林区抽象为面(多边形),林区的植被种类"杨树"就是该面的非空间属性;道路抽象为线,如道路的名字"健康路"就是该线的非空间属性。

2. 场模型

场模型也称域模型,是把地理现象作为连续变量或体来看待,如大气污染度、地表温度、土壤湿度、地形地貌等。

对空间应用来说,场模型一般由三部分组成:空间框架(Spatial Framework)、场函数

(Field Function)和一组相关的场操作(Field Operation)。

空间框架 F 是一个有限网格,这个网格叠加在基本空间上。所有度量都基于这个框架来完成。空间框架最常用的例子是地球表面的"经度—纬度"参照系。空间框架是一种有限的结构,由离散化而导致的误差是在所难免的。

场可表现为二维或三维,二维场是在二维空间中任意一个空间位置上,都有一个表现某现象的属性值,即 $A=f(x,y)$;三维场是三维空间任意一个空间位置上,都对应一属性值,即 $A=f(x,y,z)$,z 通常表达为垂直坐标。

因连续变化的空间现象难以观察,往往在有限时空范围内获取足够的高精度样点观测值来表征场的变化。常用的场模型如下:

(1)数字表面模型。

数字表面模型(Digital Surface Model,DSM):物体表面形态以数字表达的集合。常见的数字表面模型又包括数字高程模型和数字地形模型(见图 5-12)。

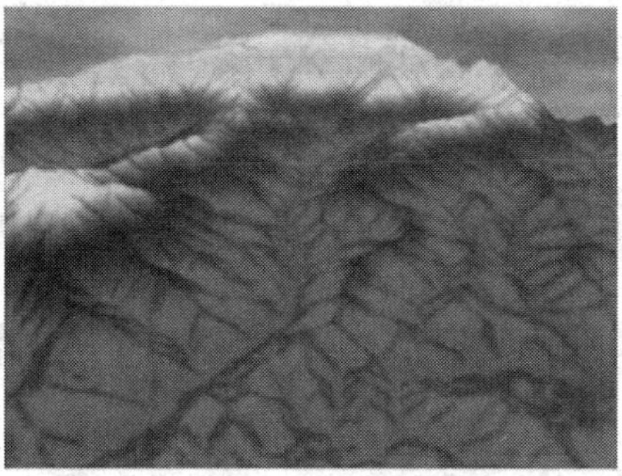

(a)数字高程模型

(b)数字地形模型

图 5-12　数字高程模型与数字地形模型

数字高程模型(Digital Elevation Model,DEM):以数字的形式按一定结构组织在一起,表示实际地形特征空间分布的数字模型,也是地形形状大小和起伏的数字描述。DEM 的核心是地形表面特征点的三维坐标数据和一套对地表提供连续描述的算法,最基本的 DEM 是由一系列地面点 x,y 位置及其相联系的高程 z 组成的,用数学函数式表达为 $z=f(x,y)$,$(x,y)\in$ DEM 所在的区域。

数字地形模型(Digital Terrain Model,DTM):用来模拟其他二维表面上连续变化的特征,比如地面景观的属性、地面温度、降水、地球磁力、重力、土地利用、土壤类型等地面特征信息。

(2)不规则三角网模型。

不规则三角网(Triangulated Irregular Network,TIN,见图 5-13)是 20 世纪 70 年代由 T. K. Peuker 和他的同事设计的一种空间数据结构,也称不规则三角形面模型,它是由不规则分布的数据点连成的三角网组成,是一种基于三角形的空间镶嵌模型,三角形的形状和大小取决于不规则分布的观测点或称结点的密度和位置。

TIN 是由点生成的,每个点具有一个反映高程值的连续型实数值。当然,也可以使用 TIN 来表示其他类型的表面值,如化学物质的浓度、地下水位或降水量等。

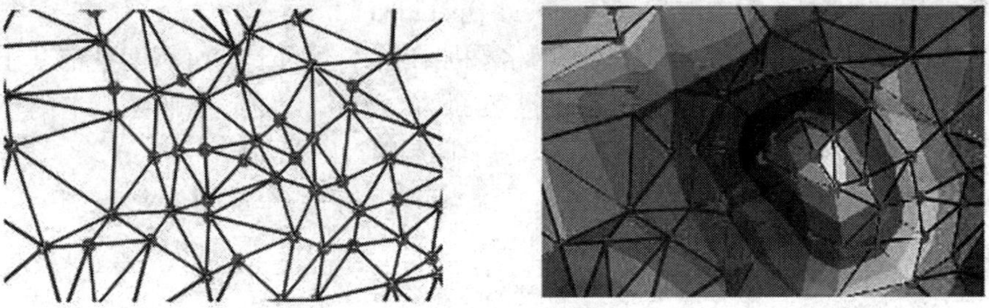

图 5-13　不规则三角网

生成的三角测量满足狄洛尼三角形准则，从而确保不会有任何折点位于网络中各三角形的外接圆内部，即所有的点都是三角形外接圆上的点。如果 TIN 上的任何位置都符合狄洛尼准则，则所有三角形的最小内角都将被最大化。这样会尽可能避免形成狭长三角形。

TIN 的各边形成不叠置的连续三角面，可用于捕获在表面中发挥重要作用的线状要素（如山脊线或河道）的位置。

（3）规则格网模型。

规则格网模型（Grid，见图 5-14），通常是正方形，也可以是矩形、三角形等规则格网。规则格网将区域空间切分为规则的格网单元，每个格网单元对应一个数值。数学上可以表示为一个矩阵，在计算机实现中则是一个二维数组。每个格网单元或数组的一个元素，对应一个高程值。

150	125	125	135
125	115	175	130
120	110	100	115
115	100	90	100

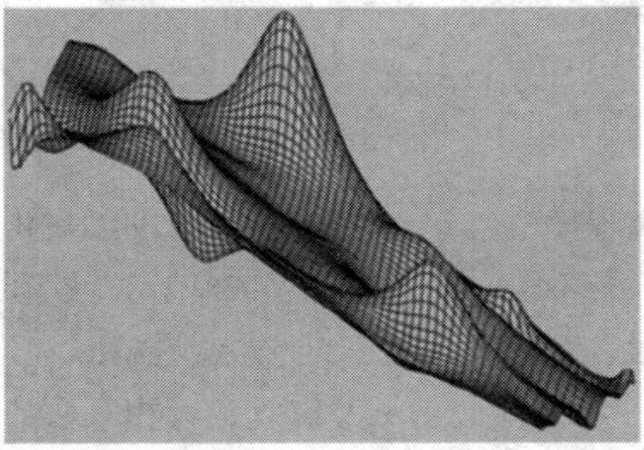

图 5-14　规则格网模型

Grid 可以很容易地用计算机进行处理，特别是栅格数据结构的地理信息系统。它可以很容易地计算等高线、坡度坡向、山坡阴影和自动提取流域地形，这使得它成为数字高程模型（DEM）最广泛使用的格式。规则格网的缺点是不能准确表示表面网格所代表的地形的结构和细部：在地形平坦的地方，存在大量的数据冗余；在不改变格网大小的情况下，又难以表达复杂地形的突变现象。此外，规则格网的数据量通常比较大，给数据管理带来了不便，需要进行压缩存储。如果采用无损压缩，难以达到很好的压缩效果，如果要保证压缩效果，只能采用有损压缩，即牺牲地形的细节信息。

3. 网络模型

网络是现实世界中，由链和结点组成的、带有环路的系统，通常用来描述某种资源或物质在空间中的运动。在地理空间中,许多自然、人工的线状地物相互之间构成网络。如道路网、地下管线网、电网、河流网等。

微课 5-6 网络模型

网络模型(见图 5-15)的基本特征是,结点数据间没有明确的从属关系,一个结点可与其他多个结点创建关系。网络模型将数据组织成有向图结构。结构中结点代表数据记录,连接描述不同结点数据间的关系。

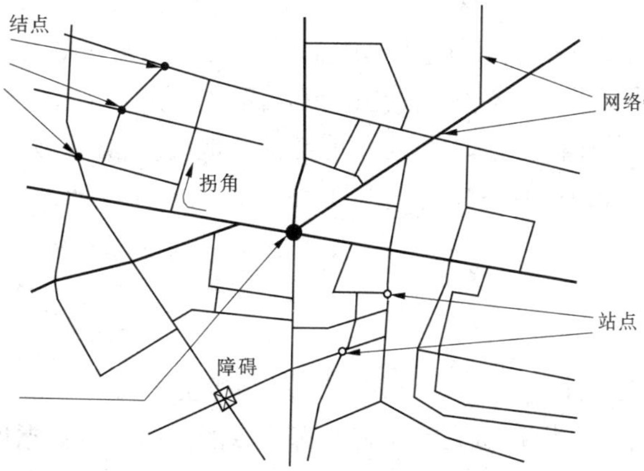

图 5-15 网络模型

网络数据结构的基本构成包括:

(1)链(Link)。

网络中流动的管线,如街道、河流、水管等,其状态属性包括阻力和需求。

(2)结点(Node)。

结点有下面几种特殊的类型。

障碍(Barrier):禁止网络中链上流动的点。

拐角点:出现在网络链中所有的分割结点上状态属性的阻力,如拐弯的时间和限制(如不允许左拐)。

中心:是接受或分配资源的位置,如水库、商业中心、电站等。其状态属性包括资源容量,如总的资源量;阻力限额,如中心与链之间的最大距离或时间限制。

站点:在路径选择中资源增减的站点,如库房、汽车站等。其状态属性有要被运输的资源需求,如产品数。

4. 三维空间数据模型

地理空间在本质上就是三维的。在过去的几十年里,二维制图和 GIS 的迅猛发展和广泛应用使得不同领域的人们大都无意识地接受了将三维实现世界、地理空间简化为二维投影的概念数据模型。应用的深入和实践的需要渐渐暴露出二维 GIS 简化世界和空间的缺憾,现在 GIS 的研究人员和开发者们不得不重新思考地理空间的三维本质特征及在三维空间概念数据模型下的一系列处理方法。若从三维 GIS 的角度出发考虑,地理空间应有如下不同于二维空间的三维特征:①集合坐标上增加了第三维信息,即垂向坐标信息;②垂向坐标信息的增加导致空间拓扑关系的复杂化,其中突出的一点是无论零维、一维、二维还是三维对象,在垂向上都具有复杂的空间拓扑关系;如果二维拓扑关系是在平面上呈圆状发散伸展,那么三维拓扑关系则是在三维空间中呈球状向无穷维方向伸展;③三维地理空间中的三维对象具有丰富的内部信息(如属性分布、结构形式等)。

目前,随着计算机技术的飞速发展和计算机图形学理论的日趋完善,空间数据库作为一门新兴的边缘科学目前也日趋成熟,许多商品化的GIS软件空间数据库功能日趋完善。但是,绝大多数的商品化GIS软件包还只是在二维平面的基础上模拟并处理现实世界上所遇到的现象和问题,而一旦涉及处理三维问题,往往感到力不从心,GIS处理的与地球有关的数据,即通常所说的空间数据,从本质上说是三维连续分布的。从事关于地质、地球物理、气象、水文、采矿、地下水、灾害、污染等方面的自然现象是三维的,当这些领域的科学家试图以二维系统来描述它们时,就不能够精确地反映、分析或显示有关信息。三维GIS的要求与二维GIS相似,但是数据采集、系统维护和界面设计等方面比二维GIS要复杂得多。

【知识拓展】

时态GIS数据模型

为了能够表示时空过程,近年来,作为GIS研究和应用的一个领域,时态GIS已经得到了GIS界的广泛关注,人们在研究能支持时态GIS产品的时空数据模型。目前,已有时空数据的四种组织方法。

1.时间作为新的一维(时空立方体模型)

在概念上最直观的方法是:时间作为信息空间中的新的一维,主要有两种方式表示:其一是,使用三维的地理矩阵(geographies matrix),以位置、属性和时间分别作为矩阵的行、列和高;其二是,用四叉树表达二维格数据,八叉树表示立方体,则可用十六叉树表示GIS的空间-时间模型。可见,时空数据沿时间轴的冗余度极大,因为目标的空间位置和属性的变化总是局部的、不等规律的。

2.连续快照模型

此模型在快照数据库(Snapshot Database)中仅记录当前数据状态,数据更新后,旧数据的变化值不再保留,即"忘记"了过去的状态。连续快照模型是将一系列时间片段快照保存起来,反映整个空间特征的状态,根据需要对指定时间片段的现实片段进行播放。

3.基态修正法

为了避免连续快照模型将每张未发生变化部分的快照特征重复进行记录,基态修正模型按事先设定的时间间隔采样,不存储研究区域中每个状态的全部信息,只存储某个时间的数据状态(称为基态),以及相对于基态的变化量。基态修正的每个对象只需存储一次,每变化一次,只有很小的数据量需要记录;同时,只有在事件发生或对象发生变化时才存入系统中,时态分辨率值与事件发生的时刻完全对应。基态修正模型不存储每个对象不同时间段的所有信息,只记录一个数据基态和相对于基态的变化值,提高了时态分辨率,减少了数据冗余量。毫无疑问,在基态修正法中,检索最频繁的状态作为基态(一般的用户最关注的是"现在"时,即系统最后一次更新的数据状态)。此外,目标在空间和时空上的内在联系反映不直接,会给时空分析带来困难。

4. **时空复合模型**

时空复合模型将空间分隔成具有相同时空过程的最大的公共时空单元，每次时空对象的变化都将在整个空间内产生一个新的对象。对象把在整个空间内的变化部分作为它的空间属性，变化部分的历史作为它的时态属性。时空单元中的时空过程可用关系表来表达，当时空单元分裂时，用新增的元组来反映新增的空间单元，时空过程每变化一次，采用关系表中新增一列的时间段来表达，从而达到用静态的属性表表达动态的时空变化过程的目的；但在数据库中，对象标识符的修改比较复杂，涉及的关系链层次很多，必须对标识符逐一进行回退修改。

【应用思考】

通过查询资料、文献，论述起伏地形是如何在计算机中表达的。

【作业】

1. 什么是场模型？常见的场模型有哪些？
2. 网络模型的基本构成有哪些？
3. 三维空间数据有哪些特征？

任务 4　空间数据库应用实例

【任务概述】

空间数据库产品应能存储、管理和应用空间数据，通过学习，了解 Geodatabase 数据模型的组织结构、模型特征，进一步理解 Geodatabase 模型的构建流程及数据存储实现方式。同时，对空间数据库引擎的概念、国内外主流空间数据库引擎技术及其各自功能有所了解。

【情景导入】

如何创建 Geodatabase 数据库？如何在 Geodatabase 数据库中存储空间数据？

【问题探究】

空间数据库整体上是一个集成化的逻辑数据库。建立空间数据库的目的就是要将相关的空间数据高效地组织起来，使得所有数据能够在统一的界面下进行调度、浏览，各种比例尺、各种类型的空间数据能够互相套合、相互叠加，既能够一览全貌，也能够具体入微地查询、分析与显示。目前，空间数据库及其应用已从解决道路、输电线路等基础设施的规划与管理，发展到环境与资源管理、土地利用、城市规划、森林保护、人口调查、交通、地下管网、输油管道、商业网络等各类复杂的领域，为各应用领域业务分析与决策提供了强有力的数据支撑，取得了显著的社会效益和经济效益。

1. **Geodatabase 概述**

Geodatabase 是 ESRI 公司在 ArcGIS8 中引入的一个全新的空间数据模型，是建立在关系型数据库管理信息系统之上的统一的、智能化的空间数据库。Geodatabase 数据模型是按照层次型的数据对象来组织地理空间数据（如图 5-16 所示）。这里的数据对象指对象类（Object Classes）、要素类（Feature Classes）和要素数据集（Feature Datasets）。

微课 5-7
应用实例

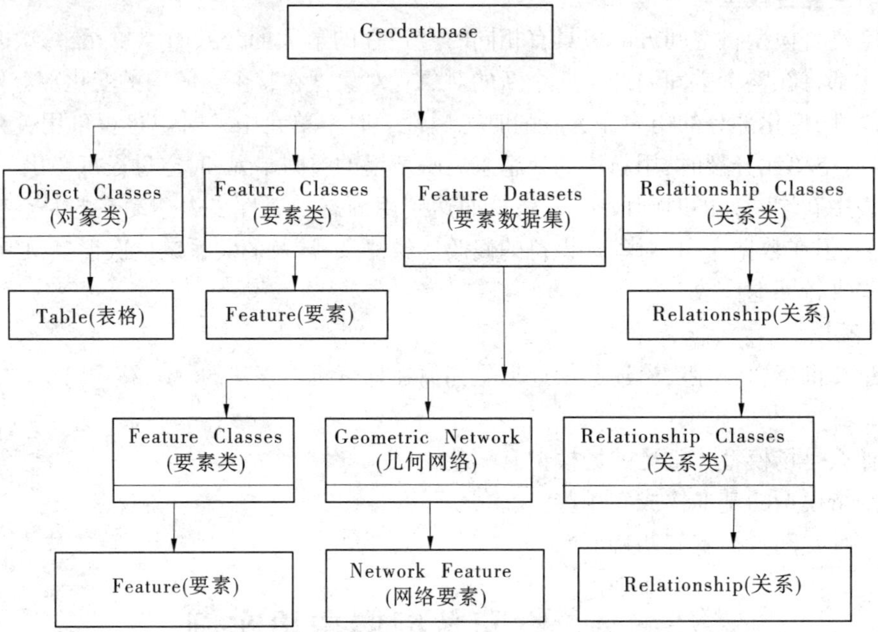

图 5-16　Geodatabase 数据组织结构

对象类是一种以表格(Table)的形式来存储非空间数据的类。这种特殊的类没有空间特征,其实例就是对象相关的表记录。

要素类是几何类型(点、线、面等)相同及属性一样的要素集合,如道路、河流、矿点、探矿权范围、采矿权范围等。要素类之间可以独立存在,也可具有某种联系。当不同要素类之间存在某种关系时,应考虑将它们组织到一个要素数据集。例如,矿山、矿山注记等这些要素类之间存在内在关系,我们就可以将其存储到同一要素数据集中。另外,描述空间对象及其属性的文本信息,在 Geodatabase 中通常也被存储为简单要素类,称为注释类。

要素数据集是共享空间参考系统并具有某种关系的多个要素类的集合。一般而言,在以下三种情况下,应考虑将不同的要素类组织到一个要素数据集中:①对同一专题的要素类通常组织为同一个要素数据集,例如,某区域内相同比例尺下的线状水系与面状水系被归在同一个要素集;②考虑要素类间的平面拓扑关系,比如行政边界、道路等,当其中一个要素空间位置发生改变时,其公共的部分也需一起移动,从而保持公共边关系不变,这时我们也将其组织为同一要素集;③处于同一几何网络中的边、连接点等要素类,一般也组织在同一要素集内。

对象类、要素类和要素数据集是 Geodatabase 数据模型中的基本组成项。在数据库中创建了以上项目后,就可以向数据库中加载数据,并进一步定义数据库,如建立索引、创建拓扑关系、创建子类及创建几何网络类、注释类、关系类等。

2. Geodatabase 数据模型特征

Geodatabase 数据模型融入了面向对象的核心技术,使得 Geodatabase 数据模型可以将所有空间地物以对象的形式进行封装(Encapsulation),并将对象的外部行为、语义和内部执行之间显著分离。因此,与 CAD 数据模型、Coverage 数据模型相比,Geodatabase 数据

模型具有以下几点显著优势:

(1)数据的输入与编辑更加精确。由于 Geodatabase 数据模型数据存储机制的智能化,用户在输入和编辑过程中引入的错误能够及时得到检测和纠正,为数据的正确性提供了保障。

(2)空间数据与非空间数据的统一存储。Geodatabase 数据模型是建立在标准的关系数据库系统基础之上的,所以能够将矢量数据、栅格数据、非空间属性数据等统一存储在大型关系型数据库管理系统中,便于数据的管理和调用。

(3)用户的操作对象更加直观化。因 Geodatabase 数据模型是基于面向对象的空间数据模型,只要经过适当的设计,就可将用户的数据模型表达为一个 Geodatabase 所能包含的数据对象,这样,用户操作的就不再是一般意义的点、线、面,而是如道路、湖泊等空间实体对象。

(4)要素拥有更加丰富的上下文关系。通过空间表达、拓扑关系及一般关系,用户不仅可以定义要素的性质,而且可以定义它与其他要素的上下文关系(Context)。这样,当与其相关的要素被移动、改变或删除时,能够使用户清楚地知道整个要素集发生了哪些改变,而且这种上下文关系(Context)也给用户查找或定位相关的要素提供了方便。

(5)要素集合的连续性。Geodatabase 数据模型能够容纳庞大的要素集合,实现了无分区分块的海量要素的无缝存储。

(6)要素的形状特征得到了更好表现。Geodatabase 数据模型提供直线、圆弧、椭圆曲线、贝赛尔曲线等多种方式来定义要素的外形。

(7)实现了多用户并发操作。Geodatabase 数据模型支持多用户同时编辑同一区域内的要素,并对出现的差异进行相应的处理,使之达成一致。

尽管 Geodatabase 数据模型自身有一定的不足,但它将面向对象的思想引入人们对现实世界的认识和模拟中,它是一种将空间对象的行为和属性结合起来的智能化空间数据模型。在 Geodatabase 模型中,空间实体被表示成具有行为、属性和关系的对象,因此它不仅支持简单要素类及其拓扑关系,还能够对复合网络及其他面向对象要素提供支持。此外,因 Geodatabase 数据模型建立在标准的关系数据库系统基础之上,利用关系数据库管理系统能够对空间数据和非空间数据进行统一存储、管理,所以是当前行业应用中空间数据库构建的首选方案。

3. Geodatabase 构建流程

构建 Geodatabase 空间数据库,首先是设计 Geodatabase 所要包含的空间参考系统、地理要素类、要素数据集、非空间对象表、几何网络类以及关系类等。Geodatabase 设计完成之后,就可以利用 ArcCatalog 建立空间数据库:首先,建立空的 Geodatabase;然后,建立 Geodatabase 基本组成项,包括要素数据集、要素类、关系表等;最后,将数据载入 Geodatabase 数据库。

当关系表和要素类中加入数据后,可以在适当的字段上建立索引,以便提高查询效率。建立了 Geodatabase 的要素数据集、要素类和关系表后,可以进一步建立空间要素的几何网络、空间要素或非空间要素类之间的关系类等对空间数据库进行优化。

1)Geodatabase 设计

Geodatabase 设计是 Geodatabase 空间数据库构建的首要问题,应根据项目应用需求进行规划和反复设计。在设计一个 Geodatabase 时，需要重点考虑以下几个问题：数据库中将要存储什么数据、数据存储采用什么投影、如何组织对象类和子类、是否需要维护不同类型对象间的特殊关系、是否需要建立数据的修改规则、数据库是否存储定制对象、数据库中是否包含网络。

2）Geodatabase 建立

借助 ArcCatalog 软件平台，可以采用三种不同的方式来创建一个新的 Geodatabase。具体选择何种方式取决于建立 Geodatabase 的数据源及是否需要在 Geodatabase 中存放定制对象。而实际建库操作中，通常会结合几种或全部方式来创建 Geodatabase 空间数据库。

（1）从头开始创建一个新的 Geodatabase。

当没有任何可装载或需要装载的数据，或者已有数据只能部分地满足数据库设计时，可以利用 ArcCatalog 软件直接创建一个新的 Geodatabase 数据库。

（2）移植已经存在的数据到 Geodatabase。

对于已经存在的多种格式的数据：Shapefile、Coverage、INFO Table、dBASE Tables 等，可以通过 ArcCatalog 来转换并输入到 Geodatabase 中，并进一步定义数据库，包括建立几何网络（Geometric Networks）、子类型（Subtypes）、属性域（Attribute Domains）等。

（3）使用 CASE 工具建立 Geodatabase。

可以用 CASE 工具建立新的定制对象，或从 UML（Unified Modeling Language）创建 Geodatabase 数据库模式。

3）创建 Geodatabase 基本项

一个空的 Geodatabase 的基本组成项主要包括要素数据集、要素类、关系表。当在 Geodatabase 中创建了其基本项，并载入数据之后，一个简单的 Geodatabase 数据库便创建完毕。

4）向 Geodatabase 加载数据

可以在 ArcMap 中建立新的对象，或调用已经存在的 Shapefile、Coverage、INFO Table、dBASE Tables 等，通过 ArcCatalog 将其载入 Geodatabase 空间数据库中。

5）Geodatabase 空间数据库的优化

对于加载到 Geodatabase 空间数据库中的数据，可以在适当的字段上建立索引，以便提高查询效率。而且可以在建立数据库的基本组成项后，进一步创建如几何网络、空间要素与非空间要素类之间的关系类等，以便进一步优化 Geodatabase 空间数据库。一个 Geodatabase 空间数据库只有定义了这些高级项后，才能显示出其在数据组织和应用上的强大优势。

4. Geodatabase 数据存储实现方式

通过上面的分析可知，Geodatabase 是一个用于存储 GIS 数据集的集合，Geodatabase 支持多种数据库管理系统（DBMS）。从 ArcGIS 9.2 开始，Geodatabase 能够将地理空间数据存储到 MDB 文件、文件（File）及大型 DBMS 中。目前，Geodatabase 模型的数据存储实现有三种方式：个人地理空间数据库 Personal GDB（Personal Geodatabase）、文件地理空间数据库 File GDB（File Geodatabase）和空间数据库引擎 ArcSDE Geodatabase。

以上三种实现方式满足了从单用户、小数据量的文件数据库到多用户、大数据量、支持并发操作的企业级数据库管理系统的不同层次的应用需求。其主要区别如下：

(1)个人地理空间数据库 Personal Geodatabases 从 ArcGIS 8.0 版本开始被引入，采用 Microsoft Jet Engine 数据文件结构，将 GIS 数据存储到 Access 数据库(mdb file)中。支持的 Geodatabase 容量小于或等于 2 GB，实际有效的数据库容量仅在 250~500 MB。一旦超出此范围，数据库整体性能将显著降低。运行环境也仅限于 Microsoft 的 Windows 操作系统，只支持单用户编辑，不支持版本管理。就适用环境而言，在比较小的工作组级别应用中，使用 Personal Geodatabases 还是比较可行的。

(2)文件地理空间数据库 File Geodatabase 是 ArcGIS 9.2 版本新发布的一种 Geodatabase 数据模型。它以文件系统中的文件夹进行存储，每个数据集被存储为一个文件，存储容量可达到 TB 级。但 File Geodatabase 与 Personal Geodatabase 一样，也被设计为单用户编辑模式，不支持 Geodatabase 版本管理。该种 Geodatabase 数据模型比较适合于基于文件数据集的 GIS 项目的数据管理。

(3)空间数据库引擎 ArcSDE Geodatabase 是一个可供多个用户同时编辑和使用的多用户 Geodatabase。通过使用 ArcSDE 数据库中间件，ArcSDE Geodatabase 支持多种数据库管理系统(Oracle、SQL Server、IBM DB2、Informix 等)，而且在数据的存储容量及用户数量上没有限制。利用企业级大型关系数据库系统存储海量的 GIS 数据，正是 ArcSDE Geodatabase 的最大优势所在。ArcSDE Geodatabase 支持多用户并发操作，提供长事务及版本管理工作流。目前，在工作组级、部门级及企业级 GIS 应用领域被广泛使用。

【实践操作】

使用 ArcGIS 软件创建数据库、要素数据集、要素类。

(1)创建个人地理数据库(见图 5-17)。

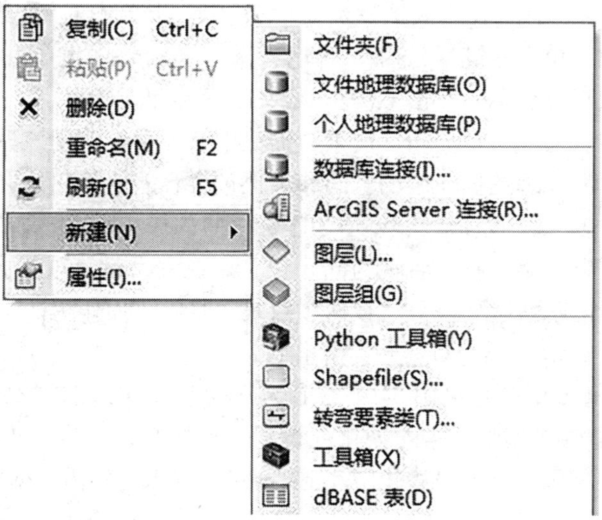

图 5-17　新建数据库工具

在 ArcCatalog 树中选择一个文件夹，单击文件菜单，或在选中的文件夹上点击右键，单击“新建”，选择个人地理数据库。输入本地地理数据库的名称，完成数据库的建立，其后缀名为“.mdb”。这时,该数据库是不包含任何内容的空的个人地理数据库。

(2)创建数据集(见图 5-18)。

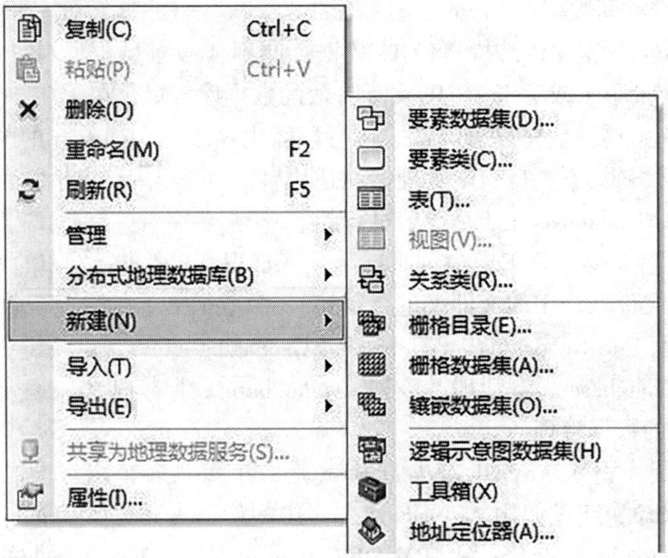

图 5-18　新建要素数据集工具

地理数据库中的基本组成项包括对象类、要素类和要素数据集。在数据库中创建这些项目后,可以创建更进一步的项目,如子类、几何网络类、注释类等。

建立一个新的要素数据集,首先必须明确其空间参考,包括坐标系统和坐标值的范围域。数据集中的所有要素类用相同的坐标系统,所有要素类的所有要素坐标必须在坐标值域的范围内。

在 ArcCatalog 目录树中,在个人地理数据库(.mdb)上单击右键,或双击打开个人地理数据库,在主窗口下单击右键后,选择“新建”,选择要素数据集命令,弹出创建要素数据集对话框,输入数据集名称并点击下一步,定义坐标系和高程系。

定义坐标系和高程系后,存储于该要素数据集中的要素类使用该坐标系和高程系。

定义坐标容差值,地理数据库中的空间参考也包含容差值。X、Y、Z 和 M 坐标都具有反映坐标数据精度的相关容差值。容差值为坐标之间的最小距离。如果一个坐标在另一个坐标的容差值范围内,则会将二者视为同一位置。在关系运算或拓扑运算中需要确定两个点是否足够近而成为一个坐标点,或两个点是否足够远而作为两个独立的坐标点时,该设置十分有用。

默认容差设定值为 0.001,见图 5-19,或者为其等效值(以地图单位表示)。这是默认分辨率值的 10 倍,大多数情况下推荐使用此设置。如果容差值设置得较大,则会获得较低的坐标数据精度;如果容差值设置得较小,则会获得较高的坐标数据精度。

(3)创建要素类。

要素类分为简单要素类和独立要素类。简单要素类存放在要素数据集中,使用要素数据集的坐标,不需要重新定义空间参考。独立要素类存放在数据库中的要素数据集之外,必须定义空间参考坐标。

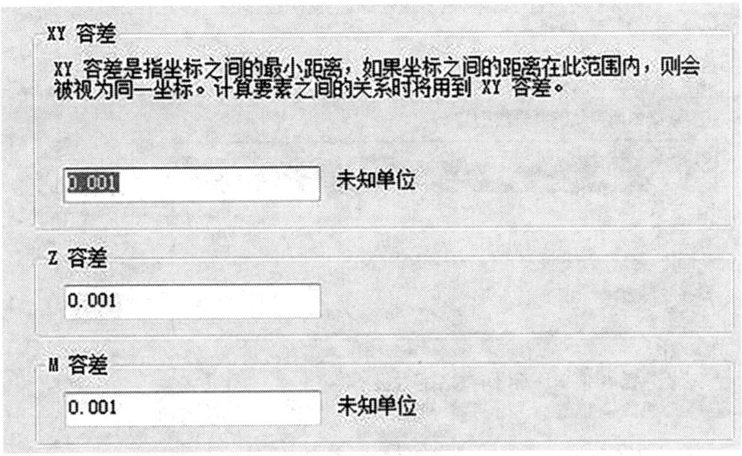

图5-19 设置容差

在要素数据集上单击右键，单击“新建”，选择要素类，见图5-20。

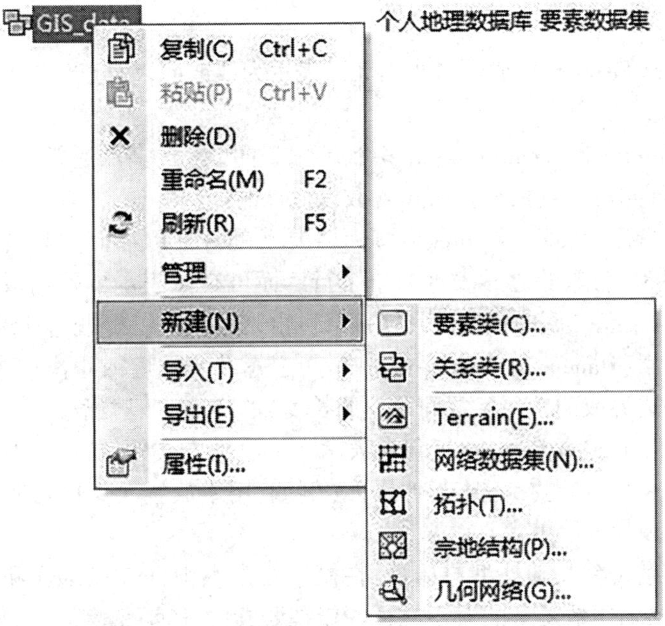

图5-20 创建要素类工具

在“名称”中输入要素类名称[注意名称必须以字母开头，不能是数字或者星号(*)或百分号(%)等特殊字符，且不能包含空格]，在“别名”文本框中输入要素类别名，别名是对真名的进一步描述。如名称中输入 Road，别名中输入 Road_line，表示建立线状类型的道路。这里以线要素为例。

在要素类型(Type)选择需要定义的类型(见图5-21)：

面要素(Polygon Features)：一组具有多个边的面要素，表示同类要素类型(如州、县、宗地、土壤类型和土地使用区域)的形状和位置。

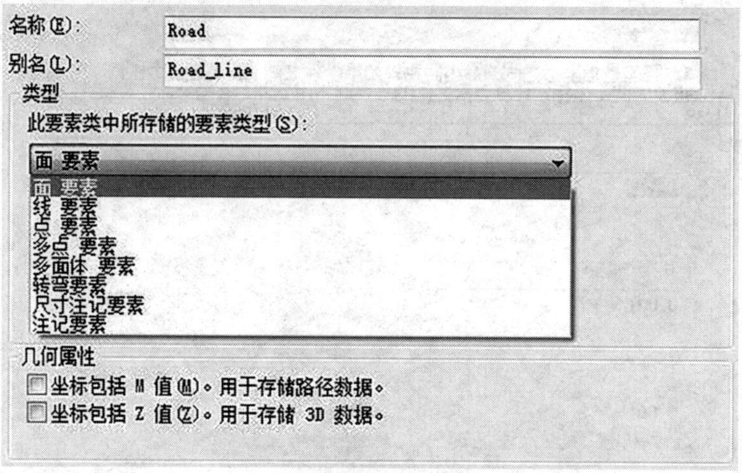

图 5-21　创建要素类选项

线要素(Line Features):表示形状和位置过窄而无法表示为区域的地理对象(如街道中心线与河流)。

点要素(Point Features):表示过小而无法表示为线或面以及点位置(如 GPS 观测值)的要素。

多点要素(Multipoint Features):由多个点组成的要素。多点通常用于管理非常大的点集合数组(如激光雷达点聚类),可包含数以亿计的点。

多面体要素(MultiPatch Features):多面体要素是一种可存储面集合的 GIS 对象,能够在数据库中将 3D 对象的边界表示为单个行。面可存储表示要素组成部分的纹理、颜色、透明度和几何信息。面中存储的几何信息可以是三角形、三角扇、三角条带或环。

尺寸注记要素(Dimension Features):一种可显示特定长度或距离(例如,要指示建筑物某一侧或地块边界或两个要素之间距离的长度)的特殊注记类型。

注记要素(Annotation Features):包含表示文本渲染方式的属性的地图文本。除了每个注记的文本字符串,还包括一些其他属性(例如,用于放置文本的形状点、其字体与字号以及其他显示属性)。

定义要素类字段名及其类型与属性:在简单要素类中,OBJECTID 和 SHAPE 字段是必需字段。OBJECTID 是要素的索引,SHAPE 是要素的几何图形类别,如点、线、多边形等,见图 5-22。

单击“字段名”列下面的第一个空白行,添加新字段,输入新字段名,并在“数据类型”中选取数据类型,如短整型、浮点型、双精度、文本、日期等。在“字段属性”栏中编辑字段的属性,包括新字段的别名、新字段中是否允许出现空值 Null、默认值、属性域及精度。

例如:在“字段名”中添加字段 Length(表示道路长度),在对应的“数据类型”中选双精度类型,在“字段属性”栏允许空值中选择 No,表示不允许存在空值。

如果需要对该要素类进行修改,如继续添加字段,在 ArcCatalog 中右键单击该文件,单击“属性”,进行修改。

图 5-22　定义要素类属性

【作业】

1. 什么是 Geodatabase 数据库？它包含哪些数据子集？

2. Geodatabase 数据库有什么特征？

3. Geodatabase 数据存储实现方式有哪些？

【思政小课堂】

停车缴费、点餐、购物……如今，扫码 支付代替人工服务已然成为一种日常。人们习惯了这种新的生活方式——“码上生活”，街头巷尾随处可见健康二维码、收款二维码、行程二维码等，特别在行程二维码中，会列出我们途经的城市、乘坐的火车车次、购物的商店名称。体现人们位置信息（空间坐标）、个人信息、消费信息等的各类数据，上 传并存储在空间数据库中，实时与各类授权软件（或 App）共享，实现了人们活动轨迹的实时更新。实践证明，科技手段是提升人民幸福度的不可或缺的重要力量。

党的十九届五中全会提出“把科技自立自强作为国家发展的战略支撑”。实践证明，党中央各项工作部署是准确的，采取的举措是有力有效的。人民幸福度的提升，再次彰显了中国共产党领导和中国特色社会主义制度的显著优势。

项目 6 空间数据库设计

【项目概述】

本项目首先介绍空间数据库设计的含义及步骤,之后详细介绍了用户需求分析、概念结构设计,最后进行逻辑结构设计、物理结构设计等内容介绍。使读者掌握数据库设计的含义、步骤;掌握概念结构设计的内容和方法;掌握逻辑结构设计的内容和方法;了解数据库设计的原则、目的及空间数据库的物理结构设计。通过本项目的学习,会举例说明数据库设计的步骤和方法,能进行空间数据库的概念结构设计,并能进行空间数据库的逻辑结构设计,包括以下内容:

任务 1 概述及需求分析

任务 2 概念模型设计

任务 3 逻辑模型设计

任务 4 物理模型设计

【素质目标】

空间数据库的设计包含了大量的调研工作,培养良好的团队意识和沟通能力;以南水北调、港珠澳大桥、三峡大坝等大型工程的设计为例,培养严谨工作作风和科学思维方式;循序渐进、结构清晰的空间数据设计过程,培养逻辑思维能力和认真耐心的品质。

任务 1 概述及需求分析

【任务概述】

空间数据库重点研究空间数据的存储、管理与应用,通过学习,了解空间数据库设计的含义及步骤,了解用户需求分析、概念结构设计、逻辑结构设计、物理结构设计等基本内容,了解用户需求分析的设计方法。

【情景导入】

创建一个自然资源管理数据库,如何设计该数据库?如何编写用户需求分析报告?

【问题探究】

数据库设计,就是把现实世界中一定范围内存在着的应用处理和数据抽象成一个数据库的具体结构的过程。具体讲,对于一个给定的应用环境,提供一个确定最优数据模型与处理模式的逻辑设计,以及一个确定数据库存储结构与存取方法的物理设计,建立能反映现实世界信息和信息联系,满足用户要求,能被某个 DBMS 所接受,同时能实现系统目标并有效存取数据的数据库。空间数据库是测绘地理信息行业的重要组成部分,存储着大量的空间数据和非空间数据。空间数据库设计的任务,就是经过一系列的转换,将现实世界描述为计算机世界中的空间数据模型,也就是将地理现象表示为空间数据模型和数据结构。

1. 空间数据库设计的内容

空间数据库的设计,是指在现有数据库管理系统的基础上建立空间数据库的整个过程,其核心工作是将地理现实抽象成计算机能够处理的数据模型。由于人们理解地理现象的方式与计算机处理数据的方式相距甚远,直接将地理现实描述成计算机数据模型有较大困难。因此,空间数据库的设计问题,其实质是将地理空间客体以一定的组织形式在数据库系统中加以表达的过程,也就是地理信息系统中空间客体数据的模型化问题,最终建立计算机能够处理的数据模型。

微课 6-1　设计内容与目标

实际的数据库设计要以用户需求分析为基础,并考虑数据库应用,因此完整的数据库系统设计可分为六个阶段(见图 6-1):用户需求分析、概念结构设计、逻辑结构设计、物理结构设计、数据库实现、数据库运行与系统维护。

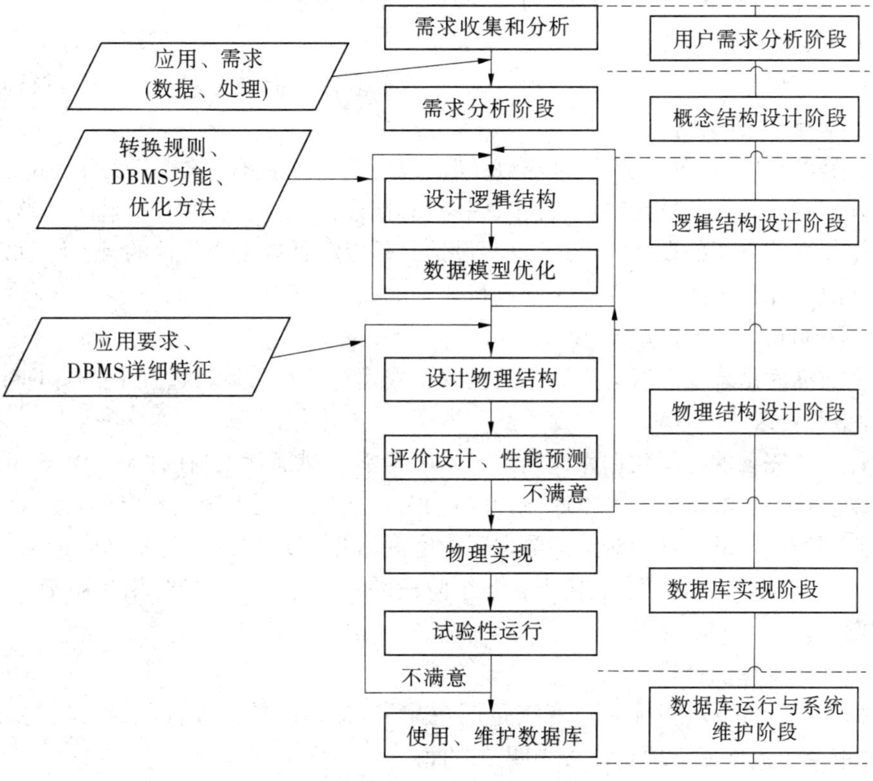

图 6-1　数据库设计的内容和步骤流程

(1)用户需求分析。

用户需求分析是整个过程中最基础、最困难、最耗时的一步。主要通过收集空间数据库设计涉及的用户信息内容和处理要求,并加以规格化和分析。一般采用数据流分析方法,分析结果以数据流表示。数据流图同时可以作为由顶向下步细化时描述对象的工具。

(2)概念结构设计。

概念结构设计是整个数据库设计的关键,以需求分析为基础,通过对用户需求进行综合、归纳与抽象,将需求分析转换成通用的信息结构模型,形成局部概念模式(局部视图)

和全局概念模式(全局视图)。在这个抽象层次的信息系统模型被称为概念数据模型。例如,可以用实体-联系模型表示。

(3)逻辑结构设计。

逻辑结构设计主要任务是把信息世界中的概念模型转换为计算机世界中受数据库管理系统所支持的数据模型,并用数据描述语言表达出来。在这一阶段,概念模型被匹配到特定的数据库管理系统(DBMS),称为逻辑数据模型。它决定数据库要素的逻辑结构,例如,如果 DBMS 是关系数据模型,那么第二阶段的部分工作将是建立关系模式。

(4)物理结构设计。

物理结构设计即将数据库的逻辑模型在实际的物理存储设备上加以实现,从而建立一个具有较好性能的物理数据库。该过程依赖于给定的计算机系统。这一阶段实施构造物理数据模型,它包含所有的物理实施细节。例如,数据文件如何在特定的介质上存储的细节,包括文件结构、内存和磁盘空间、访问和速度等因素。

(5)数据库实现。

数据库实现主要分为建立实际的数据库结构、装入试验数据对应用程序进行测试、装入实际数据建立实际数据库三个步骤。

这不是瀑布模型,每一步都可以有反馈。以上各步不仅有反馈、有反复,还有并行处理。另外,在数据库的设计过程中还包括一些其他设计,如数据库的安全性、完整性、一致性和可恢复性等方面的设计。不过,这些设计总是以牺牲效率为代价的,设计人员的任务就是要在效率和尽可能多的功能之间进行合理的权衡。

(6)数据库运行与系统维护。

空间数据库系统经过试运行后即可投入正式运行。在其运行过程中必须不断地进行评价、调整与修改。

设计一个完善的空间数据库应用系统是不可能一蹴而就的,往往是上述 6 个阶段的不断重复。该过程既是空间数据库设计的过程,也包括应用系统的设计过程。在设计过程中把空间数据库的设计和对空间数据库中空间数据处理的设计紧密结合起来,将这两个方面的需求分析、抽象、设计、实现在各个阶段同时进行,相互参照,相互补充,以完善两方面的设计。

2. 空间数据库设计目标

数据库设计的基本目标主要有满足用户需求、良好的数据库性能、准确模拟现实世界、能够被某个数据库管理系统接受四个方面。

(1)满足用户需求。

数据库设计应以用户需求和约束条件为基础,尽可能准确地定义系统的需求。

(2)良好的数据库性能。

数据库性能的两个基本方面是存储效率和存取效率,即尽量减少冗余数据、有利于快速访问数据。但是这两个方面的要求是有冲突的,实际的数据库设计方案往往是这两个方面性能的折中。此外,还有适应性、可移植性、安全性等方面的要求。

(3)准确模拟现实世界。

数据模型是对现实世界的模拟,模拟的准确程度取决于两个因素:一是所采用的数据模型的性质,二是数据库设计的质量。由于空间客体具有复杂的结构,因此要求数据模型具有丰富的建模构造,能够表达复杂的空间客体和空间客体间的复杂联系。面向对象数据模型比关系模型更能有效地表达空间客体及其联系。

(4)能够被某个数据库管理系统接受。

数据库设计的最终结果是建立一个能够在选定的数据库管理系统支持下运行的数据模型和处理模型,建立有效、可用的数据库。

3. 用户需求分析

需求来源于用户的需要,这些需要被汇总、分类、评估、筛选和确认后,形成完整的文档,详细地说明了项目必须或应当做什么,这个过程叫作用户需求分析。用户需求仅仅是用户需要的一个子集,往往是用户需要的一小部分。通过需求分析,系统开发人员掌握组织和用户的基本需要,为项目设定目标和范围。不进行需求分析,就难以了解用户需求,也就无法确定项目是什么,应该做什么。对于用户需求的理解、把握和管理,不仅对于项目立项、项目规划和系统设计至关重要,还影响到系统的实施与变更是否顺利和成功。

需求分析的主要参与者是系统分析员和用户。系统分析员希望通过需求分析,认识、理解和掌握组织与用户的基本需要;而用户是希望通过项目实施引进技术,从而达到自己的目的。

1)需求分析的任务和方法

需求分析是整个空间数据库设计与建立的基础,是一项技术性很强的工作,应该由有经验的专业技术人员完成,同时用户的积极参与也十分重要。空间数据需求分析主要包括用户基本需求调研、需求数据的收集和分析、编制用户需求报告三个方面的内容,每个方面又包含具体的工作。

空间数据来源多种,质量不同,需要评价。从以下三个方面进行:

(1)数据的一般评价。数据是否为电子版、是否为标准形式、是否可直接被 GIS 使用、是否为原始数据、是否为可替代数据、是否与其他数据一致(区域范围、比例尺、投影方式、坐标系等)。

(2)数据的空间特性。包括空间特征的表示形式是否一致(如 GPS 点、大地控制测量点等),空间地理数据的系列性(不同地区信息的衔接、边界匹配问题等)。

(3)属性数据特征的评价。包括属性数据的存在性、属性数据与空间位置的匹配性、属性数据的编辑系统及属性数据的现势性等。

2)数据流图和数据字典

空间数据库需求分析过程必须借助一定的方法和工具,通常使用数据流图和数据字典加以描述。下面就空间数据需求分析中常用的数据流图和数据字典分别加以介绍。

微课 6-2　数据流图

(1)数据流图。

数据流图(Data Flow Diagram,DFD)是结构分析(Structured Analysis,SA)方法中用于表示系统逻辑模型的一种重要工具。它以图形的方式描绘数据在系统中流动和处理的过程。它的作用有两点:一是它给出了系统整体的概念,二是它划分了系统的边界。数据流图描述了数据流动、存储、处理的逻辑关系,也称为逻辑数据流图。

GIS 数据流图包括加工、外部实体、数据流、数据存储文件及基本成分备注,见图 6-2。

基本成分	名称	备注
	加工	输入数据在此进行交换产生输出数据,要注明加工名字
	外部实体	数据输入的源点或数据输出的汇点,要注明源点或汇点的名字
	数据流	被加工的数据与流向,应给出数据流名字,可用名词或动词性短语命名
 或 标识 | 名称	数据存储文件	需要名词或名词性短语命名

图 6-2　数据流图的基本组成

(2)数据字典。

数据字典(Data Dictionary,DD)是用来定义数据流图中的各个成分的具体含义,是关于数据信息的集合。它是数据流图中所有要素严格定义的场所,用于描述数据库的整体结构、数据内容和定义等。

数据字典的内容包括:

①数据库的总体组织结构、数据库总体设计的框架。

②各数据层详细内容的定义及结构、数据命名的定义。

③元数据(有关数据的数据,是对一个数据集的内容、质量条件及操作过程等的描述)。

数据字典最重要的用途是作为分析阶段的工具。在数据字典中建立严格一致的定义有助于增进分析员和用户之间的交流,从而避免许多误解的发生。数据字典也有助于增进不同开发人员或不同开发小组之间的交流。同样,将数据流图和数据流图中的每个要素的精确定义放在一起,就构成了系统的、完整的系统规格说明。数据字典和数据流图一起构成信息系统的逻辑模型。没有数据字典,数据就不严格;没有数据流图,数据字典也没有作用。

在先前需求调研报告的基础上,借助数据流图和数据字典可以形象、准确地分析、描述用户的空间数据需求。在这个过程中形成的各种图表和文字,可作为整个信息系统需求分析说明书最终成果的一部分。

【应用思考】

走访调研相关部门,编写自然资源数据库的用户需求分析报告。

【作业】

1. 空间数据库的设计内容有哪些？设计步骤有哪些？

2. 空间数据库设计的原则有哪些？

3. 用户需求分析的主要任务是什么？

任务 2　概念模型设计

【任务概述】

空间数据库的概念模型设计,是针对用户的需求,设计一个独立的结构框架,通常使用空间E-R模型进行设计。通过学习，了解概念结构设计的步骤和方法、空间E-R模型的设计方法。

【情景导入】

根据任务1对相关部门调研后形成的需求分析报告，如何设计结构合理的自然资源数据库概念模型？

【问题探究】

概念模型设计，是对用户信息需求的综合分析、归纳，形成一个不依赖于空间数据库管理系统的信息结构设计。它是从用户的角度对现实世界的一种信息描述，因而它不依赖于任何空间数据库软件和硬件环境。由于概念模型是一种信息结构，所以它由现实世界的基本元素以及这些元素之间的联系信息所组成。

概念模型是对现实世界抽象产生的通用信息模型，独立于系统实现的细节。概念模型是系统设计者和用户之间对系统的认识进行沟通的有效手段。概念模型设计应满足下述要求：

(1)提供一个便于非专家理解的系统结构框架。

(2)包含丰富的结构类型，能够尽可能完整地描述系统的复杂性。

(3)能够转换成与实施相关的模型(例如逻辑和物理数据模型)，以便能够设计和实施系统。

概念设计是逻辑设计和物理设计的基础，应该重视概念设计工作。

1. 概念结构设计的一般步骤

概念结构设计的核心内容是确定数据库的数据组成、数据类型之间的关系、建立概念数据模型，并在此基础上形成书面文档。

微课6-3 概念模型设计的一般步骤

概念设计可以按下列步骤展开。

(1)确定应用领域。

数据库设计必须有明确的应用领域，以便确定系统边界。应用领域越明确、越狭窄，相应的模型就越简单。大多数数据设计都有明确的应用领域，例如土地利用管理等。如果数据库将要包含多个领域的应用，应该对各个应用领域分开进行分析处理。

(2)确定用户需求。

每个应用领域都有特定的用户需求，例如完成某项任务、生产某种产品等，这些需求的实现都建立在相应的数据基础之上。例如，土地利用审批、规划、监察，都以特定的数据为依据，并产生相应的数据输出：宗地图、土地利用现状图、土地利用规划图等。

(3)选择对象类型。

每个用户需求识别了多个对象类型及其属性，只有相关的数据应该录入数据库，而且对象类型的数量应该受到限制。这时就要求建立客观的标准来决定数据库应包含哪些对象。这里，成本-收益分析是一个有效手段。不过，在数据库规模较小的情况下不存在选择对象类型的问题，需求分析确认的数据类型都可以纳入数据库模型，允许录入数据库。

(4)对象类型定义和属性描述。

对选取的对象类型进行定义，并描述其属性。具体包括指定名称、下定义，并描述其属性。属性是对象的描述,每个属性有一个名称和一个允许的取值范围。下面以道路对象来说明。

①对象类型:道路。

②定义:所有汽车可以通行的道路,但不包括长度小于 50 m 的道路。

③属性:道路承载量。

④允许的取值范围:最小为 0 t(吨),最大为 20 t(吨)。

(5)对象类型的调整。

当对象类型较多时,对象类型的划分及其定义难免有矛盾和冲突之处,这就需要进行协调。对象类型调整后,其属性也应进行相应的调整。对象的所有属性应该归纳在一起,分别指定允许的取值范围。

(6)几何表示。

确定对象的几何表示类型,以及使用哪些基本几何要素。原则上,数据库的应用领域决定了对象的几何如何表示。不过,成本和更新等因素也有影响,在实践中,通常是两者选一。

①矢量表示:点、线、面。

②栅格表示。

(7)关系。

定义对象之间的,可能的关系包括以下三种:

①对象的组成关系。例如,省由县组成、县由镇组成等。

②对象之间的继承关系。例如,在已有的水体对象基础上,可以有继承产生的河流、湖泊等对象。

③对象之间的拓扑关系。例如,某个地址与某条街道关联,某个阀门位于某条管道上,某个建筑物位于某个宗地上,某两个宗地彼此相邻等。

有些关系(例如拓扑关系)可以通过计算得到,而有些关系只能作为属性录入。

根据用户需求进一步分析各种关系,决定将哪些关系描述和表示在数据库中。不使用的关系不需要描述在数据库中。

(8)质量。

确定数据的质量标准,主要内容包括空间位置精度。属性精度、空间分辨率、空间数据和属性数据连接的一致性、现势性、内容完整性和空间范围上的覆盖率。

(9)编键。

编制几何对象类型名称的编键列表,并设计联系几何和属性的标识符。

完成上述步骤(1)~(9),产生一个对象目录,包含将进入数据库的所有对象的描述和代键。

对于概念模型来说,有许多可用的设计工具,比较流行的建模工具有 E-R 模型(实体-联系模型)和统一建模语言(UML)模型。

2. 空间 E-R 模型设计

1)E-R 模型

实体-联系模型简称 E-R 模型,是概念模型设计最有力的工具,也是使用最广泛的概念设计方法。E-R 模型包含三个基本成分,即实体、

微课 6-4　空间 E-R 图

联系和属性。概念设计的结果可以用E-R模型进行直观的描述和表达。

(1)实体。

客观存在并可相互区别的事物称为实体(Entity)。实体有广义和狭义的两种理解。广义的实体是指现实世界中客观存在的,并可相互区别的事物。实体可以指个体,也可以指总体,即个体的集合。例如,一条道路是一个实体,多条道路也可看作一个道路实体。狭义的实体是指现实生活中的地理特征和地理现象,可根据各自的特征加以区分。实体的特征至少有空间位置参考信息和非空间位置信息两个组成部分。空间特征描述实体的位置、形状,在模型中表现为一组几何实体;非空间特征描述的是实体的名字、长度等与空间位置无关的属性。

实体类型是对实体的抽象,表示一类相似的对象的集合。同一实体类型具有相同属性,也具有共同的特征和性质。同类型实体的集合称为实体集。识别实体类型是建立E-R模型的起点。例如,要设计一个土地利用数据库,我们会首先识别出各种土地利用要素,包括行政区划、权属区、地形、土地利用、道路、河流、湖泊等。这些土地利用要素实际上是一些实体的集合,即实体类型。上述例子中,提到的一些实体类型可描述为城镇、行政村、高程点、图斑、道路、河流等。实体类型是实体的抽象,而不是具体的某个实体。也就是说,实体类型不同于实体类型的实例。例如,对于城镇实体类型,可能有盐步镇、沙头镇、九江镇等城镇类型的实例。但是,为了叙述的方便,下文不再用类型和实体的术语加以区分,统称为实体。

(2)属性。

属性(Attribute)是用来描述实体性质,并通过联系互相关联。实体是物理上或者概念上独立存在的事物或对象。唯一标识实体的属性集称为键。属性的取值范围称为该属性的域。

实体由属性来刻画性质。例如,城镇实体可以有名称、编号、人口数、几何中心等属性,道路实体有道路名称、编号、类型、起点、终点、道路中心线、长度等属性;表示城镇实体与道路实体之间相互关系的有长度、空间关系等属性,长度属性记录穿过城镇的道路长度,空间关系属性记录道路从市中心穿过还是从外围绕过。

(3)联系。

联系或关系(Relationship)指实体之间相互关系的抽象表示。客观事物联系可概括成两种:实体内部各属性之间的联系,反映在数据上是记录内部联系;实体之间的联系,反映在数据上则是记录之间的联系。实体之间通过联系相互作用和关联,假设有两个均包含有若干个体的实体A和实体B,其间建立了某种联系,可将联系方式分为一对一(1∶1)的联系、一对多(1∶N)的联系、多对多(M∶N)的联系,见图6-3。

2)空间E-R模型

由于E-R模型强调实体属性,忽略实体的空间特性,所以只能通过属性表达实体的简单空间特性,如实体的中心坐标、具有空间含义的编键或名称等;而对于复杂的空间特性,如实体的空间分布、形状、空间关系(相对方位、相互距离、重叠和分离程度)等,则难以表达。测绘地理信息系统是强调空间特性及其表达的信息系统,因此必须研究具有强大的空间表达能力来表达现实世界的空间数据抽象模型,以及面向计算机的空间数据组

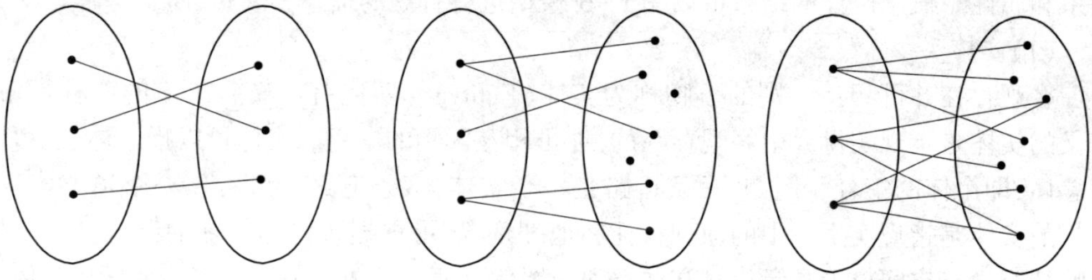

(a)一对一　　(b)一对多　　(c)多对多

图 6-3　联系

织模型。根据空间数据的空间特性对基本 E-R 方法和扩展 E-R 方法进行改进，这种方法便称为空间 E-R 方法，最初由 Calkins 提出，在 GTS 中具有较成功的应用。下面介绍空间 E-R 方法。

(1)空间实体及其表达。

空间数据描述的实体(空间实体)与一般实体不同之处是它具有宅间特性，即它除作为一般实体的普通属性外，还具有不同于一般实体的空间属性。空间属性一般用点、线、面或 Grid-cell、Tin、Image 像元表示。

Calkins 定义了三种空间实体关系：有空间属性对应的一般实体；有空间属性对应的需用多种空间尺度(类型)表达的实体，如道路在一些空间数据库中既表达为线，又表达为面；有空间属性对应的需表达多时段的实体，如 10 年的土地利用。在基本 E-R 方法或一般扩展 E-R 方法中，用矩形表达实体，只能描述和表达地理实体的一个层面，即只能表达物理/概念实体或只能表达空间实体。Calkins 在 1996 年将物理/概念实体名称和空间实体类型同时表达在一个特定的矩形框中，对上面三种空间实体分别用单个特定矩形框、两个交叠的特定矩形框，三个重叠的特定矩形框表示。基本 E-R 方法与空间 E-R 方法比较见表 6-1。

表 6-1　基本 E-R 方法与空间 E-R 方法比较

项目	基本 E-R 方法	空间 E-R 方法
实体构成	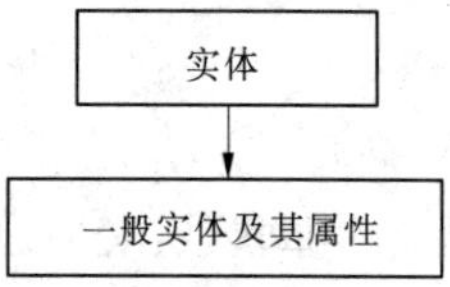	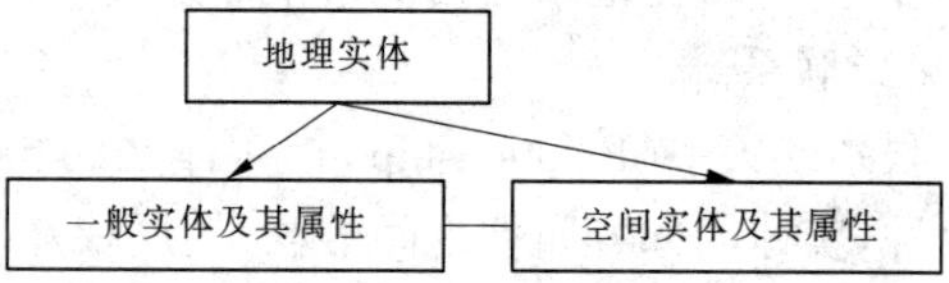
例子	学生(学号、姓名、性别、年龄、籍贯)	宗地(宗地号、产权人姓名、地址) 多边形(坐标、拓扑关系)
实体表达		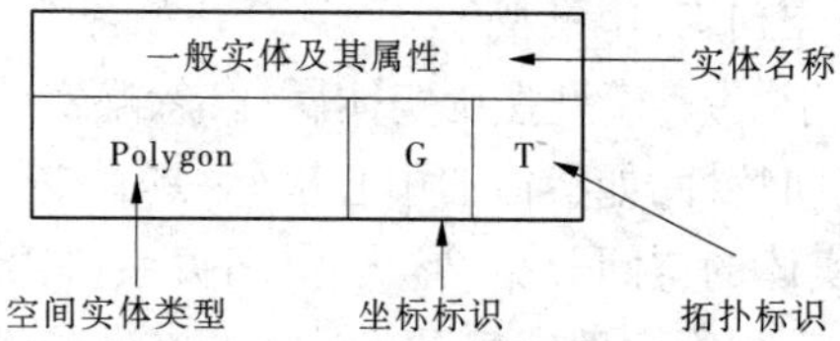

续表 6-1

项目	基本 E-R 方法	空间 E-R 方法
属性	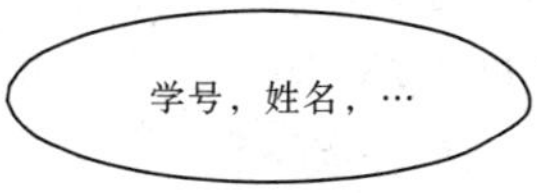	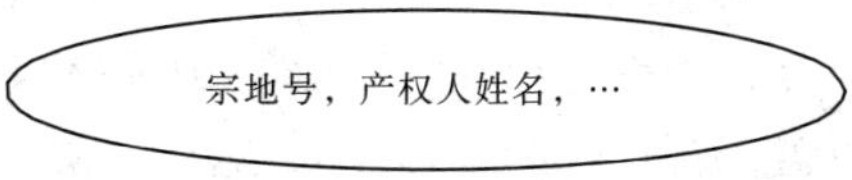
实体类型	一般实体(无空间实体对应) 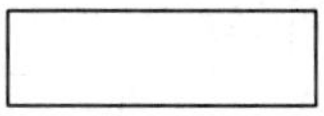	一般实体(与空间实体对应) 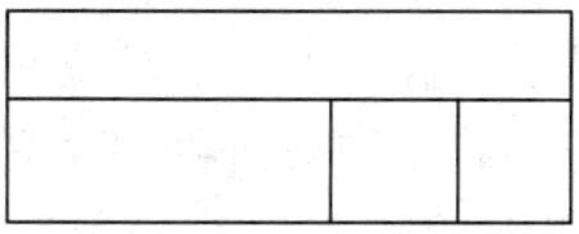
		多空间尺度/类型表达的空间实体 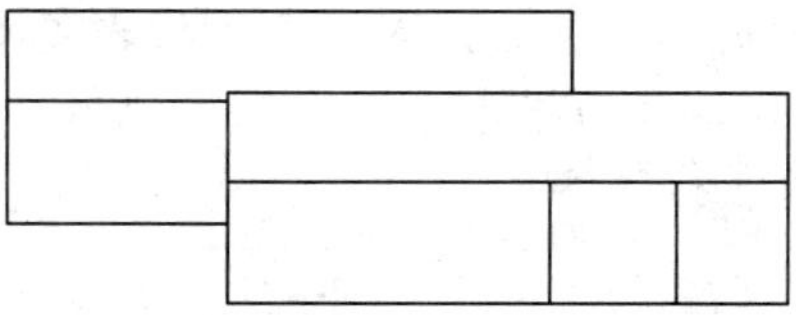
		多时段表达的空间实体 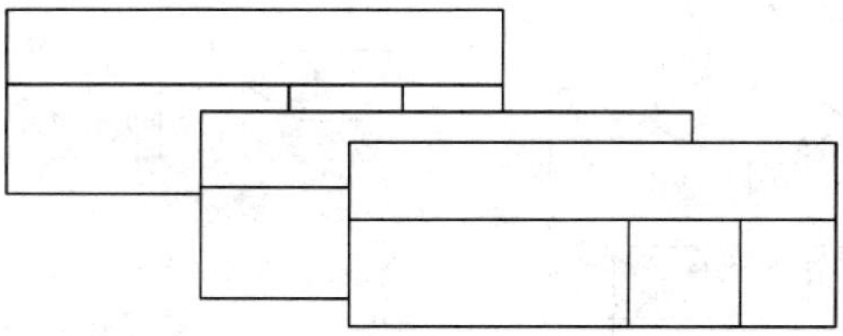
实体关系	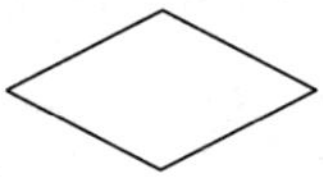	一般关系(拥有、参与) 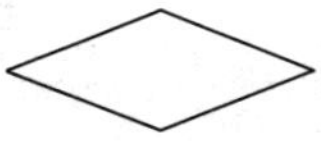
		拓扑关系(连通、相邻、包含) 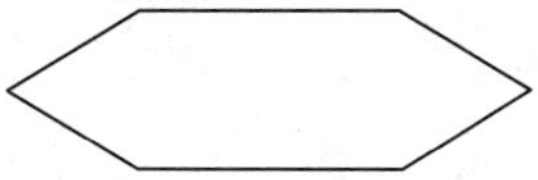
		由空间操作导出的关系(临近、交叠、跨越、空间一致性) 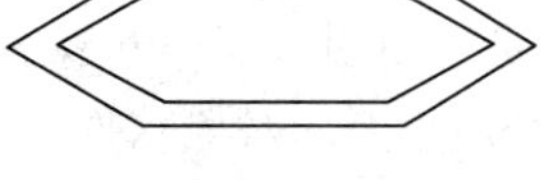

(2)空间实体的关系及其表达。

与空间实体一样,空间实体间的关系也具有双重性,既具有一般实体间的关系,例如拥有/属于关系,如父、子关系等;也具有空间实体所特有的关系,例如拓扑关系(包括点与点的相离、相等,点与线的相离、相接、包含于,面与面的分离、交叠、相接、包含、包含于、相等、覆盖、被覆盖等)。Calkins 把空间实体间的关系归纳为三类:①一般关系(一般数据库均具有);②拓扑关系(相邻、联结、包含);③空间操作导出的关系(邻近、交叠、空间位置的一致性),并分别用菱形、六边形、双线六边形表示。

图 6-4 是用空间 E-R 方法建立地理信息系统支持下的海洋渔业数据库中的渔政管理 E-R 图的实例。图中矩形框代表的是实体,如“渔业公司”“渔政局”“渔船”“共管区”等,其中普通矩形框代表的是一般实体,如“渔业公司”;带有空间实体类型、坐标和拓扑关系的是空间实体,如“共管区”实体,该空间实体的空间实体类型是多边形,G 存放的是该实体空间坐标,T 存放的是该实体的拓扑关系。图中的菱形框、六边形框和双线六边形框是表示实体间的关系,其中菱形代表实体间的一般关系,如“管理”;六边形代表的是空间实体间的拓扑关系,如“包含于”;双线六边形代表空间操作导出的关系,如“重叠”。

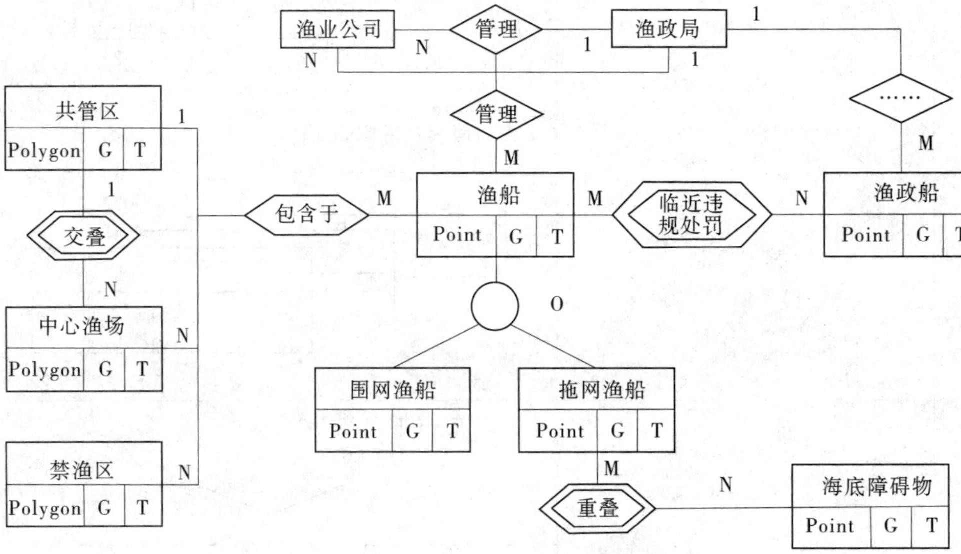

图 6-4　GIS 支持下的海洋渔业数据库中的渔政管理 E-R 图

【知识拓展】

UML 模型

1. UML 模型概述

E-R 模型是使用最广泛的概念设计方法,但是 E-R 图的一个不足之处是它们的表现形式会被设计方法左右。现今,大部分面向对象的建模者已经开始采用统一建模语言(UML),UML 是一种用来表达对象模型的标准表示方法。UML 模型是另一个流行的概念建模工具,是用于面向对象软件设计的概念层建模的新兴标准之一。它是一种综合型语言,用于在概念层对结构化模式和动态行为进行建模。UML 标准由三部分组成,即构造块(如对象、类、消息)、构造块间的关系(如关联、泛化)和图(如活动图)。

UML 是一种通用的可视化建模语言,用于对软件进行描述、可视化处理理解、构造和建立软件制品的文档。作为一种建模语言,UML 的定义包括 UML 语义和 UML 表示法两个部分。

(1)UML 语义,描述基于 UML 的精确元模型定义。元模型为 UML 的所有元素在语法和语义上提供了简单、一致、通用的定义性说明,使开发者能在语义上取得一致,消除了因人而异的最佳表达方法所造成的影响。

(2)UML 表示法,定义 UML 符号的表示法,为开发者或开发工具使用这些图形符号和文本语法及为系统建模提供了标准。这些图形符号和文字所表达的是应用级的模型,在语义上它是 UML,元模型的实例。UML 包含六类图:用例图、静态图、对象图、行为图、交互图和实现图。这里我们采用静态图中的类图。

2. UML 类图

UML 类图描述系统中类的静态结构。定义系统中的类,不仅表示类之间的联系如关联、依赖等,也包括类的内部结构(类的属性和操作)。类图描述的是一种静态关系,在系统的整个生命周期都是有效的。

【应用思考】

根据任务 1 对相关部门调研后形成的需求分析报告,设计该自然资源数据库的概念模型。

【作业】

1. 概念模型设计的步骤有哪些?
2. 空间 E-R 模型与普通 E-R 模型有何区别?
3. 空间 E-R 模型有哪些新的要素?

任务 3　逻辑模型设计

【任务概述】

逻辑模型设计就是在已有的 E-R 图基础上,将其转换为数据表,空间数据表区别于普通的数据表,一般会有空间数据的形状属性,即空间数据是点、线或面结构。通过学习,了解空间数据库中逻辑模型的设计任务、空间 E-R 图转为数据表的方法。

【情景导入】

根据任务 2 设计的自然资源数据库概念模型,如何将其转换为逻辑模型?

【问题探究】

数据库逻辑模型设计是把概念结构设计的结果转换成具体数据模型所允许的结构,即适应于某种特定数据库管理信息系统所支持的逻辑模型,数据库逻辑模型设计依赖于逻辑数据模型和数据库管理信息系统。数据模型可以分为传统的数据模型、面向对象数据模型以及针对空间数据的特征而设计的空间数据模型等。

1. 逻辑结构设计的任务

逻辑结构设计的任务是将全局概念结构转化为某个具体 DBMS 所支持的数据模型,

并根据逻辑结构设计准则、数据的语义约束、规范化理论等对数据模型的结构进行适当的调整和优化，形成合理的全局逻辑结构，并设计出用户子模式。

微课 6-5　逻辑模型设计

逻辑结构设计的步骤主要有三步：第一，将概念模型转化为一般数据模型；第二，将一般数据模型向特定的 DBMS 所支持的数据模型转换；第三，对数据模型进行优化，产生全局逻辑结构，并设计出外部模式，如图 6-5 所示。

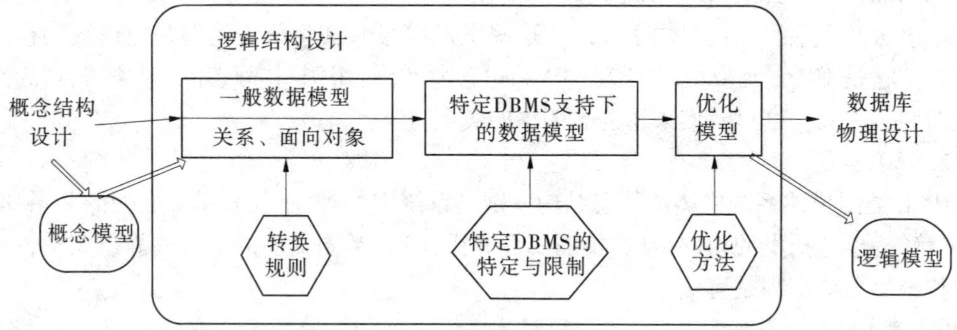

图 6-5　逻辑结构设计示意图

2. 空间 E-R 图向逻辑数据模型的转换

1) 转换原则

概念设计中得到的空间 E-R 图是由实体、属性和联系组成的，而关系数据库逻辑设计的结果是一组关系模式的集合。所以，将空间 E-R 图转换为关系模型实际上就是要将实体、实体的属性和实体之间的联系转化为关系模式，这种转换一般遵循如下原则：

(1) 一个实体型转换为一个关系模式。实体的属性就是关系的属性。实体的键就是关系的键。

(2) 一个 $m:n$ 联系转换为一个关系模式。与该联系相连的各实体的键以及联系本身的属性均转换为关系的属性。而关系的键为各实体键的组合。

(3) 一个 $1:n$ 联系可以转换为一个独立的关系模式，也可以与 n 端对应的关系模式合并。如果转换为一个独立的关系模式，则与该联系相连的各实体的键以及联系本身的属性均转换为关系的属性，而关系的键为 n 端实体的键。

(4) 一个 1:1联系可以转换为一个独立的关系模式，也可以与任意一端对应的关系模式合并。如果转换为一个独立的关系模式，则与该联系相连的各实体的键以及联系本身的属性均转换为关系的属性，每个实体的键均是该关系的候选键。如果与某一端对应的关系模式合并，则需要在该关系模式的属性中加入另一个关系模式的键和联系本身的属性。

(5) 三个或三个以上实体间的一个多元联系转换为一个关系模式。与该多元联系相连的各实体的键以及联系本身的属性均转换为关系的属性，而关系的键为各实体键的组合。

(6) 同一实体集的实体间的联系，即自联系，也可按上述 1:1、$1:n$ 和 $m:n$ 三种情况分别处理。

(7)具有相同键的关系模式可合并。

为了进一步提高数据库应用系统的性能,通常以规范化理论为指导,还应该适当地修改、调整数据模型的结构,这就是数据模型的优化,确定数据依赖,消除冗余的联系。确定各关系模式分别属于第几范式,确定是否要对它们进行合并或分解。一般来说,将关系分解为 3NF 的标准,即:

(1)表内的每一个值都只能被表达一次。

(2)表内的每一行都应该被唯一地标识(有唯一键)。

(3)表内不应该存储依赖于其他键的非键信息。

2)E-R 模型转换成关系模型的实例

(1)把每一个实体转换为一个关系。

首先分析各实体的属性,从中确定其主键,然后分别用关系模式表示。例如,以城市地价与土地集约利用数据库的基本 E-R 图为例,七个实体分别转换成七个关系模式:

行政区划(编号,名称,建成区面积,地形条件,地貌条件,人口总数,人口密度,生产总值,地价区段数目)。

土地级别(编号,名称,用地类型,土地面积,土地级别,样点总数)。

地价区段(编号,名称,用地类型,土地面积,土地级别,区段描述,地块数目,样点总数)。

地价样点(编号,名称,交易方式,交易地价,标准地价,调查日期)。

工业用地转让样点(编号,转让方,受让方,转让时间,土地位置,土地开发程度,区域容积率,转让面积,转让年限,转让前用途,转让后用途,转让总价,单位面积地价,土地级别,备注)。

工业房屋出租样点(编号,房屋位置,出租时间,出租人,租房人,租前用途,租后用途,房屋结构,房屋已用年限,建筑面积,土地面积,土地开发程度,容积率,年租金,土地级别,备注)。

住宅房屋出售样点(编号,房屋位置,开发时间,土地开发程度,房屋出售时间,房屋产权年限,房屋结构,各楼层用途,各楼层平均售价,小区建筑密度,小区容积率,土地级别,备注)。

其中,有下画线者表示是主键。

(2)把每一个联系转换为关系模式。

由联系转换得到的关系模式的属性集中,包含两个发生联系的实体中的主键以及联系本身的属性,其关系键的确定与联系的类型有关。

以城市地价与土地集约利用数据库的基本 E-R 图为例,其中联系也分别转换成相应关系模式,例如:

属于(地价样点编号,地价区段编号)。

拥有(行政区划编号,地价区段编号)。

(3)特殊情况的处理。

三个或三个以上实体间的一个多元联系在转换为一个关系模式时,与该多元联系相连的各实体的主键及联系本身的属性均转换成为关系的属性,转换后所得到的关系的主键为各实体键的组合。

例如,表示地价样点、地价区段、行政区划的关系。

(4)转换结果。

最终,得到转换后的逻辑数据模型见表 6-2~表 6-8。

①行政区划属性结构描述表(属性表代码:XZQH)。

表 6-2 行政区划属性结构描述表

序号	字段名称	字段代码	字段类型	字段长度	小数位数
1	编号	ID	Int	4	
2	名称	NAME	Char	16	
3	建成区面积	JCQMJ	Float	10	2
4	地形条件	DXTJ	Char	8	
5	地貌条件	DMTJ	Char	8	
6	人口总数	RKZS	Float	10	2
7	人口密度	RKMD	Float	4	2
8	生产总值	SCZZ	Float	10	2
9	地价区段数目	DJQDSM	Int	4	

②土地级别属性结构描述表(属性表代码:TDJB)。

表 6-3 土地级别属性结构描述表

序号	字段名称	字段代码	字段类型	字段长度	小数位数
1	编号	ID	Int	4	
2	名称	NAME	Char	16	
3	用地类型	TDLX	Char	16	
4	土地面积	TDMJ	Float	10	2
5	土地级别	TDJB	Int	4	
6	样点总数	YDZS	Int	4	

③地价区段属性结构描述表(属性表代码:DJQD)。

表 6-4 地价区段属性结构描述表

序号	字段名称	字段代码	字段类型	字段长度	小数位数
1	编号	ID	Int	4	
2	名称	NAME	Char	16	
3	用地类型	TDLX	Char	16	
4	土地面积	TDMJ	Float	10	2

续表 6-4

序号	字段名称	字段代码	字段类型	字段长度	小数位数
5	土地级别	TDJB	Int	4	
6	区段描述	QDMS	Char	20	
7	地块数目	DKSM	Int	4	
8	样点总数	YDZS	Int	4	

④地价样点属性结构描述表(主表)(属性表代码:DJYD)。

表 6-5　地价样点属性结构描述表

序号	字段名称	字段代码	字段类型	字段长度	小数位数
1	编号	ID	Int	4	
2	名称	NAME	Char	16	
3	交易方式	JYFS	Char	16	
4	交易地价	JYDJ	Float	10	2
5	标准地价	BZDJ	Float	10	2
6	调查日期	DCRQ	Date		

⑤工业用地转让样点属性结构描述表(子表)(属性表代码:GDZR)。

表 6-6　工业用地转让样点属性结构描述表

序号	字段名称	字段代码	字段类型	字段长度	小数位数
1	编号	ID	Int	4	
2	转让方	ZRF	Char	30	
3	受让方	SRF	Char	30	
4	转让时间	ZRSJ	Date		
5	土地位置	TDWZ	Char	20	
6	土地开发程度	KFCD	Char	10	
7	区域容积率	RJL	Float	4	2
8	转让面积	ZRMJ	Float	10	2
9	转让年限	ZRNX	Char	6	
10	转让前用途	ZRQYT	Char	16	
11	转让后用途	ZRHYT	Char	16	
12	转让总价	ZRZJ	Float	10	2
13	单位面积地价	DWMJDJ	Float	10	2
14	土地级别	TDJB	Char	4	
15	备注	BZ	Char	30	

⑥工业房屋出租样点属性结构描述表(子表)(属性表代码:GFCZ)。

表 6-7　工业房屋出租样点属性结构描述表

序号	字段名称	字段代码	字段类型	字段长度	小数位数
1	编号	ID	Int	4	
2	房屋位置	FWWZ	Char	30	
3	出租时间	CZSJ	Date		
4	出租人	CZR	Char	10	
5	租房人	ZFR	Char	10	
6	租前用途	ZQYT	Char	20	
7	租后用途	ZHYT	Char	20	
8	房屋结构	FWJG	Char	10	
9	房屋已用年限	FWYYNX	Char	10	
10	建筑面积	JZMJ	Float	10	2
11	土地面积	TDMJ	Float	10	2
12	土地开发程度	TKCD	Char	10	
13	容积率	RJL	Float	4	2
14	年租金	NZJ	Float	10	2
15	土地级别	TDJB	Char	4	
16	备注	BZ	Char	30	

⑦住宅房屋出售样点属性结构描述表(子表)(属性表代码:ZFCS)。

表 6-8　住宅房屋出售样点属性结构描述表

序号	字段名称	字段代码	字段类型	字段长度	小数位数
1	编号	ID	Int	4	
2	房屋位置	FWWZ	Char	30	
3	开发时间	KFSJ	Date		
4	土地开发程度	TKCD	Char	10	
5	房屋出售时间	FCSJ	Date		
6	房屋产权年限	FCQNX	Char	6	
7	房屋结构	FWJG	Char	10	
8	各楼层用途	LCYT	Char	10	
9	各楼层平均售价	LCJSJ	Float	10	2
10	小区建筑密度	JZMD	Float	4	2
11	小区容积率	RJL	Float	4	2
12	土地级别	TDJB	Char	4	
13	备注	BZ	Char	30	

【应用思考】

根据任务 2 设计的自然资源数据库概念模型,将其转换为数据类型合理的数据表。

【作业】

1. 什么是逻辑结构设计? 有哪些步骤?

2. E-R 图转为数据表的原则有哪些?

3. 空间数据表在设计时需要注意什么?

任务 4　物理模型设计

【任务概述】

已经设计好的数据库和数据表,如何将其存储起来,以及存储后如何进行索引和查询。通过学习,了解空间数据库中数据存储的方法,即如何进行物理模型设计。

【情景导入】

根据任务 3 设计的自然资源数据库逻辑模型,如何将其存储与管理?

【问题探究】

数据库在物理设备上的存储结构与存储方法称为数据库的物理结构,它依赖于给定的计算机系统。为一个给定的逻辑数据模型选取一个最适合应用要求的物理结果的过程,就是数据库的物理结构设计。

1. 数据库物理结构设计

1) 数据库物理结构设计的准备工作

数据库物理结构设计的准备工作主要包括:

(1) 充分了解应用环境(特别是应用的处理频率和响应时间要求),详细分析要运行的事务,以获得选择物理数据库设计所需参数。

(2) 充分了解所用 RDBMS 的内部特征(功能、物理环境、工具),特别是系统提供的存取方法和存储结构。

微课 6-6　物理模型设计

(3) 熟悉外存设备的特性,如分块原则、块因子大小的规定、设备的 I/O 特性等。

2) 数据库物理结构设计的内容

空间数据库物理设计包括:

(1) 物理表示组织。层次模型的物理表示方法有物理邻接法、表结构法、目录法。网络模型的物理表示方法有变长指针法、位图法和目录法等。关系模型的物理表示通常用关系表来完成。物理表示组织主要是考虑如何在外存储器上以最优的形式存储数据,通常要考虑操作效率、响应时间、空间利用和总的开销等因素。

(2) 空间数据的存取。常用的空间数据存取方法主要有文件结构法、索引文件和点索引结构三种。文件结构法包括顺序结构、表结构和随机结构。

本部分主要从空间数据库的存储策略和空间数据库中的关系模式设计两个方面来展开。空间数据库的存储策略主要阐述本任务所提出的空间数据模型在计算机中从数据存储层到地理数据库层、从底层数据到对外表现的实现策略。

2. 空间数据库的存储策略

空间数据具有空间特征、非结构化特征、空间关系特征以及海量数据管理特征等。对其管理的方法目前有文件和关系数据库混合管理、全关系型数据库管理、对象-关系数据库管理和面向对象空间数据库管理。目前的地理信息系统使用较多的管理方法,以第一种和第三种比较常见。例如,采用对象-关系数据库管理,基于商业数据库进行存储。其存储策略如图6-6所示。

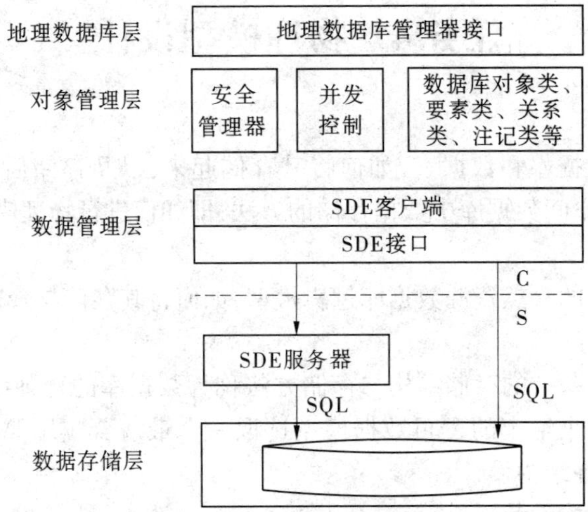

图6-6　存储策略概念

空间数据库引擎(SDE)是地理数据库的基础,负责处理空间数据模型与关系数据模型之间的映射,地理数据库则在空间数据库引擎的基础上实现对象分类、子类型、关系、定义域和有效性规则等语义的表达,实现面向实体的空间数据模型。

3. 空间数据库关系模式设计

对象-关系数据库是关系模型和对象模型结合的产物。它既保持了RDBMS的所有功能和优势,同时通过使用抽象数据类型可以封装任意复杂的内部结构和属性,以表示空间对象。所以在设计和实现基于对象-关系数据库的面向实体的空间数据模型时,仍需要按照传统关系数据库的设计方法,设计数据库表的关系模式。

空间数据库主要包含空间数据和元数据信息两个部分。空间数据以"地理数据库-要素数据集-类"的层次进行组织。例如,类层次的对象有要素类、注记类、对象类、关系类和规则等,每一种对象在空间数据库当中需要用表集来描述其信息和内部关系。元数据信息则描述前面所有空间数据的元数据信息,使用数据字典进行表达。例如,可以将城市地价与土地集约利用数据库的对象即类体系分为两种:公共实体基类和各种不同类型的派生类。而派生类又包括基本元素类、基本空间实体类、地价和土地利用样点类、地价区段类、土地级别类、分类型土地类、城市类、道路类、河流类、栅格类、文字标注类等。

1) 空间实体基类

空间实体基类是所有空间实体的基类,它拥有空间实体的共有的特征和操作,又因为空间实体在系统中主要是显示在计算机屏幕或绘图仪器上,因此还包括与显示有关的属性和操作,所以空间实体基类的属性有标识号(ID)、颜色(Color)和边界矩形(Boundary Rect)等,操作有实体显示、边界矩形计算等。应用面向对象技术的多态性,将基类中的操作都定义为虚函数,在实际操作时再决定其子类中操作的具体实现方法。

2)基本元素类

点、线是两种制图和空间操作的基本元素。定义基本元素类的作用是用来作为所有制图元素和空间实体元素的基类。两类基本元素类都由空间实体基类派生而来。

(1)点类(Point)。

除了基类的属性和操作,点的属性还包括点的坐标。

(2)线类(Line)。

线的特有属性有线长(Line Length),线段经过的粗格网和细分格网的自然数 Morton 码序列,操作有长度量算等。

3)基本空间实体类

将所有的空间实体归纳为三种最简单的实体,即点、线、面,分别为它们从点类、线类和空间实体基类中派生实体类。

(1)结点类(Node)。

由点类派生,属性有关联弧段列表等。

(2)弧段类(Are)。

弧段类由线类派生,其特有属性有头结点(FNode)、尾结点(TNode)、左多边形(LPoly)、右多边形(RPoly)。

(3)多边形类(Polygon)。

多边形类由空间实体基类派生,特有属性有组成面的弧段列表、用地类型、土地级别、土地面积、多边形面块循环链表头指针,以及标识该多边形是否为岛和(或)多边形内是否有岛的属性变量,操作有面积量算、多边形边界调整。

【实践操作】

走访调研相关部门,了解自然资源数据库存储的方法,形成调研报告。

【作业】

1. 什么是物理结构设计?

2. 物理结构设计包括哪些内容?

3. 空间实体有哪些类型?

【思政小课堂】

一座座桥梁穿山跨海,把天涯变咫尺;一条条铁路越过雨林、翻过沙丘,直抵高山之巅,中国建造所取得的成就不仅造福百姓,更展现着我国强大的综合国力。早在 20 世纪初,詹天佑主持京张铁路时,为了设计一条合适的线路,他亲自带着学生和工人,背着标杆、经纬仪,在峭壁上定点、构图。1905—1909 年,詹天佑带领建设了第一条我国自主设计和建造的铁路——京张铁路,创设了"竖井开凿法"和"人"字形线路,这一创造性的成就,震惊中外。

进入 21 世纪,我国基础设施建设突飞猛进的发展,南水北调、西气东输、三峡大坝、高铁工程、跨海大桥,体现着中国人民顾全大局的爱国精神、舍己为公的奉献精神、万众一心的协作精神、艰苦创业的拼搏精神。特别是港珠澳大桥的设计,每一个细节都匠心独运、巧夺天工,每一项技术都超前绝后、震撼人心:九洲航道桥所采用的是风帆造型,寓意一帆风顺;青州航道桥所采用的中国结造型,是中华民族关于团结共同的记忆;它拥有世界最长的沉管海底隧道,有世界上最大断面的公路隧道,有世界上最大的沉管预制工厂,有世界上最大的起重船,有世界最大的八向震锤,有世界上最长的跨海大桥使用寿命。在港珠澳大桥开通仪式上,习近平总书记在亲切会见大桥管理施工人员代表时强调:港珠澳大桥的建设创下多项世界之最,非常了不起,体现了一个国家逢山开路、遇水架桥的奋斗精神,体现了我国综合国力、自主创新能力,体现了勇创世界一流的民族志气。这是一座圆梦桥、同心桥、自信桥、复兴桥。

项目7 空间数据库的建立和维护

【项目概述】

本项目主要介绍海量空间数据组织形式及空间数据库的建立与维护。学生通过本项目的学习，着重了解海量空间数据的特征及组织形式，掌握空间数据图幅的组织方法；学习空间数据库的建立方法、建立的内容，空间数据采集、处理、方法及流程；数据库维护的内容、类型及方法，使学生掌握空间数据库的建立与维护，能进行空间数据库的建库工作。本项目包括以下内容：

任务1 海量空间数据的组织

任务2 空间数据库建设基础

任务3 数据采集、处理及建库

任务4 空间数据库的维护

【素质目标】

通过多维数据来体现事物的全貌，引导学生树立事物之间普遍存在联系的意识，学会从多角度去看待事物与思考问题。

引导学生认识到高质量的空间数据库的建立在助力"数字中国"发展中的重大作用。

在数据库维护部分，引导学生树立数据安全意识和素养，筑牢国家数据安全人民防线。

任务1 海量空间数据的组织

【任务概述】

空间数据的量一般较大，在测绘地理信息行业，大型的空间数据库越来越多。通过学习，了解海量空间数据的组织形式、分幅方法。

【情景导入】

要建设自然资源数据库，如何对其进行数据的组织？

【问题探究】

空间数据相较于一般的事务性数据量要大很多，一幅标准的地形图矢量数据可达几兆，一幅标准地图分幅的数字影像数据可达上百兆，一个区域地理信息系统的空间数据量可能达几十 MB，甚至数百 MB。随着地理信息应用领域的不断扩大，一个大型的空间数据库系统，如城市规划系统、地下管网管理系统、土地管理系统、公安警用系统等，由于其管理的数据量很大，且比例尺也大，这些系统的空间数据库的数据量级可达吉字节甚至太字节，通常称为海量数据。如何解决海量空间数据管理问题就成为空间数据库技术的关键所在。

1. 海量空间数据的组织形式

1) 海量数据特征

空间数据量是巨大的,由于地理数据涉及地球表面信息、地质信息、大气信息等多种极其复杂的信息,描述信息的数据量十分巨大,容量通常达到 GB 级,而一个城市地理空间数据可能达几十 GB,如果考虑影像数据的存储,可能达几百 GB 乃至 TB 级,通常称为海量空间数据。海量空间数据具有多时空性、多尺度性、多源性等特征,处理数据量大、结构复杂。空间数据库必须解决数据库冗余问题,加快访问速度,防止由于数据量过大而引起的系统"瘫痪",这就使得空间数据的组织管理不同于普通数据。

2) 数据组织的分级

数据是描述现实世界中信息的载体。为表达有意义的信息内容,数据必须按照一定的方式进行数据组织和存储。数据库中的数据组织一般可分为四个级别:数据项、记录、文件和数据库。

微课 7-1　数据分级

(1) 数据项。

数据项是文件中可存取的数据的基本单位,也是可以定义数据的最小单位,也叫基本项、字段等,它具有独立的逻辑意义,例如,一个编码、一个坐标等。数据项与实体的属性相对应,用来描述物体的属性,有一定的取值范围,称为域。数据项的值可以是数值、字母、字母数字以及汉字等形式。每个数据项都有一个名称,叫作数据项名,用以说明该数据项的含义。数据项的物理特点在于它具有确定的物理长度,一般用字节数目来表示。数据项组是由在逻辑上具有某种共同标志的若干数据项组成的,如"日期"可以由日、月、年三个数据组合而成。

(2) 记录。

记录是由一个或多个数据项或数据项组组成的,是应用程序输入/输出的逻辑单位。对数据库系统来说,是信息处理和存储的基本单位,是对一个实体信息描述的数据总和,记录的数据项表示实体的若干属性。记录中总有某个或某几个数据项,它们的值唯一地标识一个记录,这个(或这些)数据项称为关键字。有主关键字和次关键字之分。

记录有逻辑记录和物理记录。逻辑记录按信息逻辑在逻辑上的独立意义划分数据单位,物理记录按数据存储单位划分。两者之间的关系为:一个物理记录对应一个逻辑记录;一个物理记录对应若干个逻辑记录;一个逻辑记录对应若干个物理记录。

(3) 文件。

文件是给定类型的(逻辑)记录的全部具体值的集合。文件的数据量通常很大,所以一般放在外存储设备上。文件组织是指数据记录以某种结构方式在外存储设备上的组织。因此,文件一般是指存储在外部介质上数据的集合。

根据记录的组织方式分为顺序文件、索引文件、直接文件和倒排文件。文件用文件名标识。在简单文件中,每个逻辑记录包含相同数目的数据项。在较为复杂的文件中,由于重复组的存在,每个记录包含不同数目的数据项。

(4) 数据库。

数据库是具有特定联系的数据集合,也可以看成是多类型记录的集合,是比文件更大的数据组织。其内部构造是文件的集合。文件之间存在某种联系,不能孤立存在。

数据组织的层次有两类分级方法。逻辑分级：从人的观测角度及描述对象之间的关系，有数据项、记录、文件和数据库。物理分级：在存储介质上的存储单位，有比特、字节、字、块、桶和卷。

3）空间数据的组织形式

面向测绘行业的地理数据模型是由点、线、面和体组成的，为了便于管理和应用开发，解决海量数据的存储问题，一方面，从存储硬件方面考虑，要开发研制大容量的存储设备；另一方面，要采用合理的数据处理与组织等软措施，如信息压缩技术、分布式存储技术等。

对海量空间信息进行有效的组织，需要对所得到的地理数据重新进行分类、组织，来提高空间信息的存取与检索速度。通常，人们习惯于在二维空间上按不同比例尺、横向分幅（标准分幅或区域分幅等），在垂直方向上纵向分层（专题层等）来组织海量空间数据。将现实世界中的空间对象层层细分，先将地图按专题分层，每层再按照邻近原则分块，每块也称为对象集合。如有需要，再将大块分为小块，最后为单个对象。对象集合是由多个单个对象组成的。

4）纵向分层组织空间数据

在空间数据库中，由于空间信息种类繁多，数据量巨大，为对不同要素进行查询和分析，提高地图中各个要素的检索速度，便于数据的灵活调用、更新及管理，根据地图的某些特征，把空间数据分为若干个专题层，将不同类、不同级的图元要素进行分层存放，每一层存放一种专题或一类信息。

在空间数据库中的图层并不是这些地理空间实体的简单堆砌，而是在某种特殊应用领域下地理空间实体的组合，并且相互之间有着密切的联系。在同一层信息中，数据都具有相同的几何特征和相同的属性特征。在这种分层组织方式中，空间数据由若干个图层及相关的属性数据组织而成，每个图层又以若干个空间坐标的形式存储，各专题层统一的地理基础是公共的空间坐标参照系统，如水系、道路、行政区划、屋、地下管线、自然地形等。为了对不同要素进行查询和分析，可在逻辑上加以区别。通常利用“层”的概念来分别组织存储不同要素的空间信息，这是目前空间数据组织的基本方法之一。如图 7-1 所示，按照地物抽象成的几何要素被人为地分为道路图层、建筑物图层、植被图层、水系图层等。

在空间数据库中，地理空间数据是分层次的，按专题属性或专题特征，一幅地图可以划分成多个专题图层，这些图层都具有完全相同的地理范围。

2. 空间数据图幅的组织方法

由于海量空间数据具有数据量巨大且分布范围广的特征，产生了无限的地球空间信息与有限的计算机资源之间的矛盾，为解决这个矛盾，采用分幅存储、管理和处理。

微课 7-2 图幅组织方法

目前，多数地理信息应用系统，都是以图幅为单位进行管理，即按图幅将大区域空间数据进行分割，现在世界各国的一般方法是采用经纬线分幅［见图 7-2（a）］或采用规则矩形分幅［见图 7-2（b）］。

1）空间数据图幅组织的原因

随着空间数据库应用领域的不断扩大，如城市规划系统、地下管网管理系统、土地管理系统、公安警用系统等，由于其管理的数据量很大，且比例尺也大，所以，靠对单幅图的

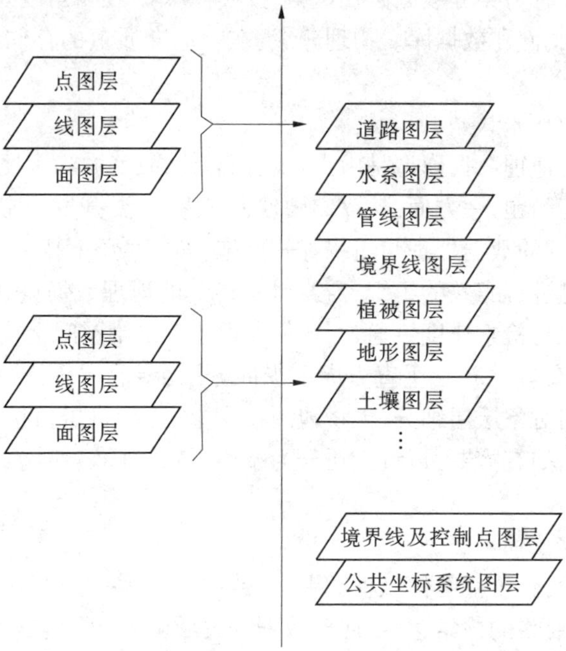

图 7-1　空间数据分层组织

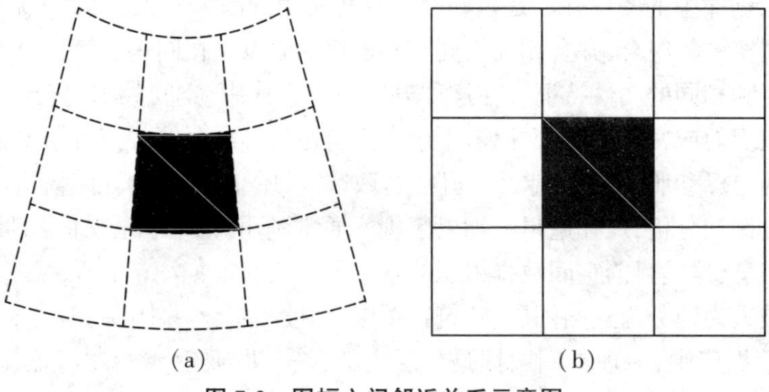

图 7-2　图幅之间邻近关系示意图

管理已不能适应应用的需要。无论哪类数据,如果不进行分割,就会出现很多问题,主要有以下几个方面:

(1)有限的磁盘容量与无限的地球空间信息的矛盾。海量空间数据库的数据量一般上百 GB 甚至上千 GB,如此巨大的数据量往往超出了文件管理能力大小的范围,也无法存储在单个磁盘上。

(2)数据不完全问题。一旦出现系统故障,或操作不慎,就会导致数据库个别地方的破坏,甚至还可能破坏整个数据库,出现数据不完全现象。

(3)数据库维护困难。如果不对数据库进行分幅处理,那么即使是对个别范围的数据更新,却常常要处理整个范围的数据库,这就要花费很多的计算时间,尤其是需要更新拓扑结构、四叉树结构、游程长度编码结构时,问题就更为突出。

(4)查询分析效率很难提高。实际上,大多查询分析应用只需在局部数据范围内进行,但是整个数据文件越大,局部数据处理的相对时间就越长。

为了解决上述问题,常在数据分层的基础上对空间数据进行分幅,当只涉及某幅的一些操作时,只对该幅的小范围进行操作就可以了。

2)空间数据库的图幅组织方法

海量空间数据库是以图幅为单位进行管理的。将某一区域的空间信息按照某种分幅方式分割成多个数据图幅,以文件或表的形式存放在不同的目录或数据库中。在空间数据库中,用图幅来表示地理区域互不重叠的单一要素。在进行数字化录入和数据编辑等操作时,均是对单幅图处理,然后将这些图幅组织到一个空间中。

在对空间数据库进行图幅组织管理时,为将各图幅都组织到一个大区域空间上,首先要对该空间的组织形式进行定义,数据库中的所有图幅都须按定义的形式进行录入,主要包括坐标单位、经度和纬度跨度(用经纬线分幅时)、比例尺、图幅的宽和高(用矩形分幅时)、地图投影类型、椭球体参数等。在大区域空间的组织形式确定后,就可逐一将图幅输入库中。输入时须指出该图幅的文件名(可能一个图幅含有多个文件)和用于确定图幅在库中的位置的横向纵向序号(矩形分幅)或左下角经纬度(经纬线分幅)。

3)图幅间被分割目标的组织方法

将图幅输入库中时,还未建立相邻图幅间同一目标的联系。这种联系可以在用户做相邻图幅的拼接(通过自动或人工方式进行相邻图幅间同一目标的连接)时,由系统将这种联系记入系统中。有两种方式来组织这种联系:统一建立和管理整个空间的所有目标的联系和只建立及管理被分割目标的联系。

A. 整个空间目标统一组织和管理方式

这种组织方式是建一个全库索引表,将整个空间的所有目标及其分属的图幅号均放入索引表中,如表7-1和图7-3所示。

图7-3中,Ⅰ、Ⅱ、Ⅲ、Ⅳ、Ⅴ分别表示全库中的目标编号,①~④分别表示各图幅中的对象编号。在全库索引表中,存放的是同一目标在各图幅中的对象个数和编号。例如,Ⅱ号目标在图幅6中有一个对象,其在图幅6中的编号为2。

除全库索引表外,还应建立一个区域嵌套关系表,如Ⅲ号区嵌套在Ⅱ号区内。

这种用全库索引表来表示不同图幅间目标的连接关系比较简单、明了。缺点是索引表比较大,而大多情况下,真正被分割到多个图幅上的目标是少数。

表7-1　全库索引

空间目标	Ⅰ	Ⅱ	Ⅲ	Ⅳ	Ⅴ
图幅1	1,①				
图幅2		1,①			
图幅3		1,①	1,②		
图幅4				1,①	
图幅5		2,②,③		1,①	1,④

续表 7-1

空间目标	Ⅰ	Ⅱ	Ⅲ	Ⅳ	Ⅴ
图幅 6		1,②	1,①		1,③
图幅 7					1,①
图幅 8					1,①
图幅 9					1,①

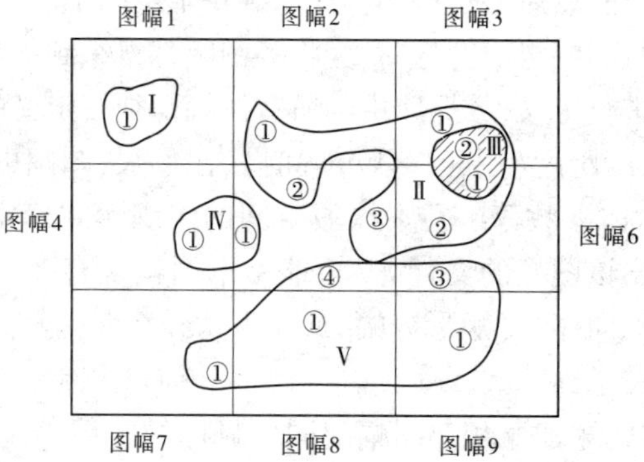

图 7-3　图幅间目标连接图

B. 只建立和组织被分割目标方式

这种方式是只将被分割的目标放在索引表中,显然,此索引表要比上述的全库索引表小得多。在建库和图幅入库时,索引表是空的。当进行图幅拼接时,每拼接一个目标,就将该目标的信息(包括该目标分别在两个图幅中的编号)插入索引表中的适当位置(有可能该目标还与第三个图幅有关,且已记入索引表中)。

在检索目标时,可根据所要检索的图幅号来查询索引表,从中找出符合要求的完整的目标对象。对索引表中没有的目标,直接查询该图幅中的目标信息即可。

4)空间数据分幅方式

空间数据分幅方式主要有标准经纬度分幅、矩形分幅和任意区域多边形分幅。

空间数据标准经纬度分幅是根据经纬线将空间数据划分成多个数据图幅;矩形分幅是按照一定大小的矩形将空间数据划分成多个数据图幅;任意区域多边形分块顾名思义就是依据特征按任意多边形将空间数据划分为多个数据图幅。

例如,一个县的土地利用现状图就有按乡(镇)区域分幅和 1:1万(地形图)标准经纬度分幅两种形式;国家基本地形图的分幅就是按经纬线分幅的梯形分幅法和按坐标格网分幅的矩形分幅法。前者用于中、小比例尺的国家基本图分幅,后者用于城市大比例尺图的分幅。除以上主要的分幅方式外,还可以按行政区划分幅、城市管理分幅(如电信分幅、污水系统分幅、消防分幅等)、交通管理分幅、邮政分幅、环保分幅等。下面介绍几种常用的分幅方法:

A. 标准经纬度分幅

为了便于计算机检索和管理,1992 年国家标准局发布了《国家基本比例尺地形图分幅和编号》(GB/T 13989—92),自 1993 年 7 月 1 日起实施。我国基本比例尺地形图分幅与编号新方法均以 1∶100 万地形图为基础,按规定的经差和纬差划分图幅(见表 7-2)。

1∶100 万地形图的分幅按照国际 1∶100 万地图分幅的标准进行,每幅 1∶100 万地形图的标准分幅是经差 6°、纬差 4°(纬度 60°~76°为经差 12°、纬差 4°;纬度 76°~88°为经差 24°、纬差 4°)。

每一幅 1∶100 万地形图分为 2 行 2 列,共 4 幅 1∶50 万地形图,每幅 1∶50 万地形图的分幅为经差 3°、纬差 2°。

每幅 1∶100 万地形图划分为 4 行 4 列,共 16 幅 1∶25 万地形图,每幅 1∶25 万地形图的分幅为经差 1°30′、纬差 1°。

每幅 1∶100 万地形图划分为 12 行 12 列,共 144 幅 1∶10 万地形图,每幅 1∶10 万地形图的分幅为经差 30′、纬差 20′。

每幅 1∶100 万地形图划分为 24 行 24 列,共 576 幅 1∶5万地形图,每幅 1∶5万地形图的分幅为经差 15′、纬差 10′。

每幅 1∶100 万地形图划分为 48 行 48 列,共 2 304 幅 1∶2. 5 万地形图,每幅 1∶2. 5 万地形图的分幅为经差 7′30″、纬差 5′。

每幅 1∶100 万地形图划分为 96 行 96 列,共 9 216 幅 1∶1万地形图,每幅 1∶1万地形图分幅为经差 3′45″、纬差 2′30″。

每幅 1∶100 万地形图划分为 192 行 192 列,共 36 864 幅 1∶5千地形图,每幅 1∶5千地形图的分幅为经差 1′52. 5″、纬差 1′15″。

表 7-2　各种比例尺地形图梯形分幅

比例尺	图幅大小		比例尺代号	1∶100 万图幅包含该比例尺地形图的图幅数(行数×列数)	某地图图号
	经差	纬差			
1∶500 000	3°	2°	B	2×2=4 幅	K51 B 002002
1∶250 000	1°30′	1°	C	4×4=16 幅	K51 C 004004
1∶100 000	30′	20′	D	12×12=144 幅	K51 D 012010
1∶50 000	15′	10′	E	24×24=576 幅	K51 E 020020
1∶25 000	7′30″	5′	F	48×48=2 304 幅	K51 F 047039
1∶10 000	3′45″	2′30″	G	96×96=9 216 幅	K51 G 094079
1∶5 000	1′52. 5″	1′15″	H	192×192=36 864 幅	K51 H 187157

B. 正方形或矩形分幅

大比例尺地图,大多数采用正方形或矩形分幅法,它是按统一的坐标格网线整齐行列分幅。图幅大小如表7-3所示。常见的图幅大小为50 cm×50 cm、50 cm×40 cm或40 cm×40 cm,每幅图中以10 cm×10 cm为基本方格。一般规定对1∶2 000、1∶1 000和1∶500比例尺的图幅,采用纵、横各50 cm的图幅,即实地为1 km^2、0.25 km^2、0.062 5 km^2的面积。以上均为正方形分幅,也可采用纵距为40 cm、横距为50 cm的分幅,总称为矩形分幅。图幅编号与测区的坐标值联系在一起,便于按坐标查找图幅。地形图按矩形分幅时,常用的编号方法有以下两种:

a. 图幅西南角坐标公里数编号法

坐标公里数编号法:采用图幅西南角坐标公里数,x坐标在前,y坐标在后。其中1∶1 000、1∶2 000比例尺图幅坐标取至0.1 km(如245.0-112.5),而1∶500图则取至0.01 km(如12.80-27.45)。以每幅图的图幅西南角坐标值x、y的公里数作为该图幅的编号,如图7-4所示为1∶1 000比例尺的地形图,按图幅西南角坐标公里数编号法编号。其中,画阴影线的两幅图的编号分别为2.5-1.5和3.0-2.5。

表7-3 几种大比例尺地图的图幅大小

比例尺	正方形分幅		矩形分幅	
	图幅大小/(cm×cm)	实地面积/km^2	图幅大小/(cm×cm)	实地面积/km^2
1∶2 000	50×50	1	50×40	0.8
1∶1 000	50×50	0.25	50×40	0.2
1∶500	50×50	0.062 5	50×40	0.05

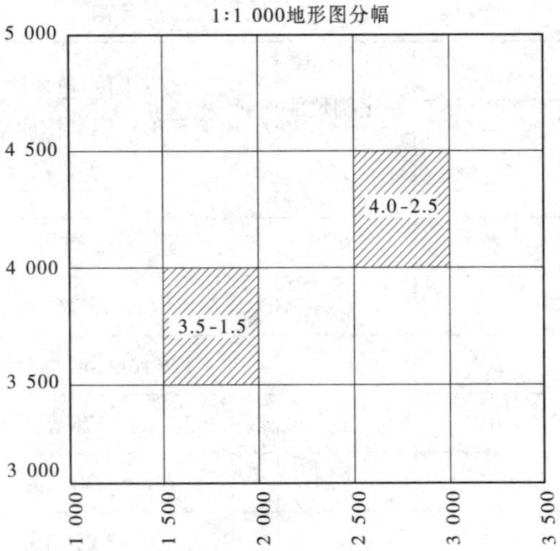

图7-4 图幅西南角坐标公里数编号法

b. 基本图幅编号法

将坐标原点置于城市中心,用X、Y坐标轴将城市分成Ⅰ、Ⅱ、Ⅲ、Ⅳ四个象限,如

图 7-5(a)所示。以城市地形图最大比例尺 1∶500 图幅为基本图幅,图幅大小为 50 cm×40 cm,实地范围为东西 250 m、南北 200 m。行号按坐标的绝对值 $x=0\sim200$ m 编号为 1,$x=200\sim400$ m 编号为 2……;列号按坐标的绝对值 $y=0\sim250$ m 编号为 1,$x=250\sim500$ m 编号为 2……;依此类推。x,y 编号中间以斜杠(/)分割,成为图幅号。

如图 7-5(b)所示为 1∶500 比例尺图幅在第一象限中的编号;每 4 幅 1∶500 比例尺的图构成 1 幅 1∶1 000 比例尺的图,因此同一地区 1∶1 000 比例尺的图幅的编号如图 7-5(c)所示。每 16 幅 1∶500 比例尺的图构成一幅 1∶2 000 比例尺的图,因此同一地区 1∶2 000 比例尺的图幅的编号如图 7-5(d)所示。

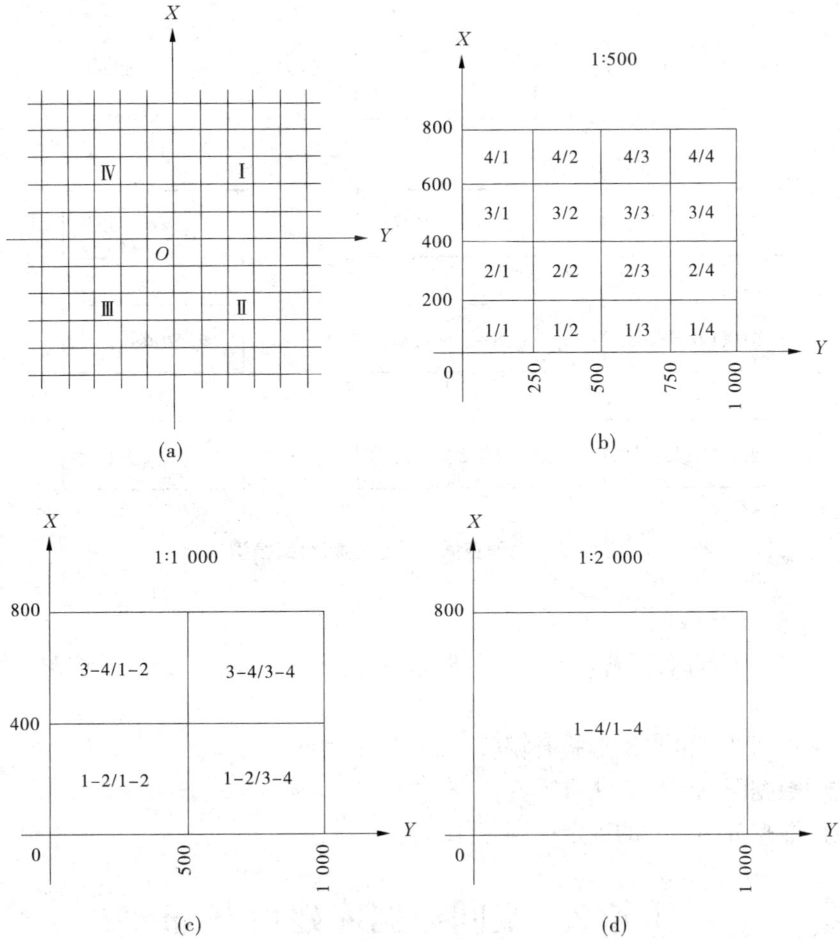

图 7-5　基本图幅编号法

5)分层分块索引

在空间数据模型逻辑设计过程中,按照层次结构组织空间数据,采用横向上按范围分块、纵向上按专题属性分层的数据组织管理方法,最终体现无缝的管理,将是一种有效的数据管理与组织形式。分层结构和分块结构是空间数据库从纵、横两个方向的延伸,是两种完全不同的划分方法。一个图幅可以按专题分成多个图层,也可以将一个图层按空间范围划分成多个图幅,如果需要,再将大块分为小块。

图层与图幅之间、图层与图层之间以及图层与要素之间的联系,是用一种非常有别于属性实体的叠互式结构来表达的,其逻辑组织模型如图 7-6 所示。上面的图层由多来源、多层次、不同类别的简单图层按一定的相互关系构造,而简单图层又由更简单或基本图元组成。各层次之间是通过确定的代码相联系的,用户可以随时借助各级代码,调用全部或部分所需的图幅文件、信息层或图形要素,每一层数据有其相应的属性与空间等信息,叠瓦式层状数据的管理在物理上是分离的,层次结构不但描述方便,而且便于空间数据的有序管理。

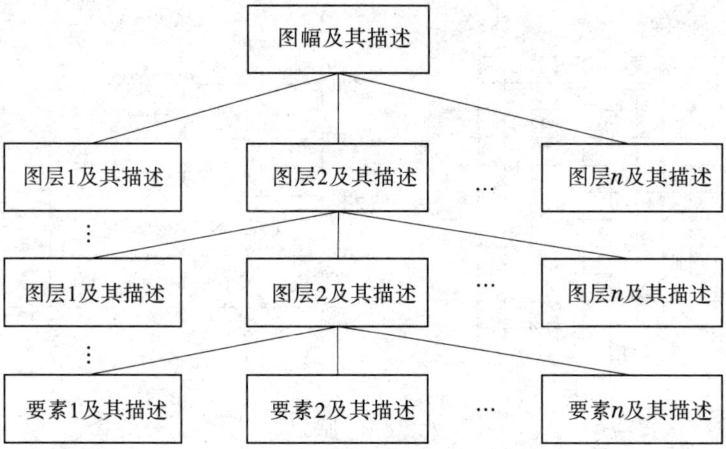

图 7-6　地理空间数据的逻辑组织模型

【应用思考】

走访调研相关部门,了解自然资源数据库的数据组织方法,并形成一篇调研报告。

【作业】

1. 海量空间数据的组织形式有哪些?
2. 空间数据图幅组织方法有哪些?
3. 空间数据分幅尺寸的确定原则是什么?

任务 2　空间数据库建设基础

【任务概述】

空间数据库的建设是一个复杂的过程,特别是需要入库的空间数据类型多样,要采取不同的处理方法。通过学习,了解空间数据库的建设方法、资料准备、数据预处理等内容。

【情景导入】

建设自然资源数据库,对已有的数据如何进行处理?

【问题探究】

在完成空间数据库的设计之后,就可以建立空间数据库。数据库的建立是一个费时间、费人力、成本高的工作,通常会耗费大量的精力。一般要经过资料准备和预处理、数据采集、数据处理、数据库建库等阶段。

1. 空间数据库的基本组成与建设方法

1) 空间数据库的基本组成

微课 7-3　空间数据库建设基础

要建立空间数据库,不仅要建立数据库本身,还要准备包括相应的计算机硬件系统、操作系统、计算机网络结构、数据库管理系统、空间数据库管理系统和空间数据库管理人员等。

(1) 空间数据库。

空间数据库中的数据是按一定的数据模型组织描述和存储的,具有较小的冗余,较高的数据独立性和易扩展性,并可为各类用户共享。空间数据库从应用上说可分为基础地理空间数据库和专题数据库。基础地理空间数据库包括数字线划图(DLG)、数字高程模型(DEM)、数字正射影像图(DOM),以及相应的元数据(MD)。专题数据库(TD)包括土地利用数据、地籍数据、规划管理数据、道路数据等。

(2) 空间数据库硬件系统。

空间数据的获取、处理和存储都涉及一系列的硬件设备,包括影像数据的扫描、地图扫描、图形输出等。为有效地组织和管理空间数据,在建立空间数据库时,首先应根据需要建立硬件系统,以便后续数据采集和数据装入数据库系统。常见的硬件系统有输入输出设备、数据处理设备、存储设备、网络设备等。

(3) 数据字典。

数据库除包含应用数据外,还涉及很多非应用数据,诸如模式子模式的内容、数据项的类型和长度、记录类型用户标示符和口令等,这些非应用数据是整个数据库系统的规范化解释机制。将这些非应用数据专门地组织起来,形成所谓的数据字典。

数据字典也叫数据目录,它是数据库设计与管理的有力工具。在数据的收集、规范化和管理等方面都要用到数据字典。虽然数据字典并非数据库所独有,但对于数据资源多、关系复杂和多用户共享的数据库来说,数据字典起着重要的作用。数据字典的主要内容是关于数据类型的登记表,给出数据的名字、定义、组成和属性。由于数据字典中存储的主要是关于应用数据的定义数据,这种关于数据的数据是元数据,因而,作为特殊数据库的数据字典又称为元数据库,或叫作关于数据库的数据库。

(4) 建立或选择合适的空间数据库管理系统。

空间数据库管理系统是空间数据库的核心,是用户与操作系统之间的一层数据管理软件。现有的空间数据库管理系统一般由八个基本模块组成,如图 7-7 所示。

(5) 空间数据库管理员。

在数据库的建立与使用过程中,数据库管理员一直是重要的组成部分,他们负责开发、管理和使用空间数据库系统。具体划分主要有空间数据库管理员、系统分析员、应用程序员和最终用户。空间数据库管理员负责全面地管理和控制空间数据库系统。

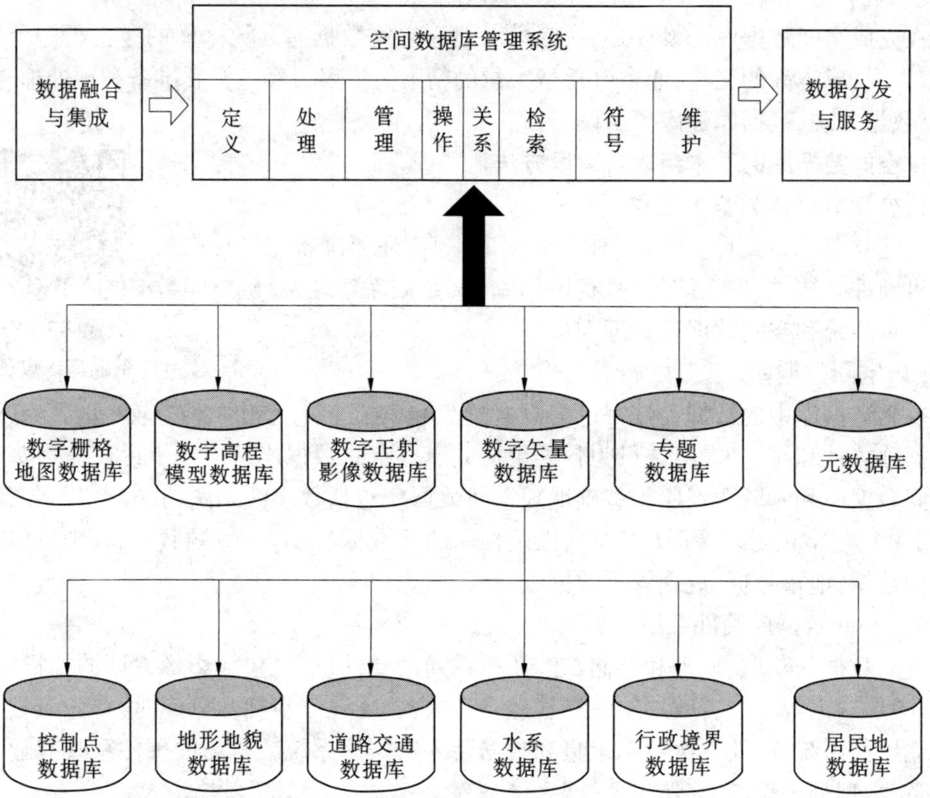

图 7-7　基础地理空间数据库

(6)空间数据库用户。

数据库用户是数据库的最终使用者,他们通过应用系统的用户接口使用数据库。系统为不同类型的用户设计了不同类型的用户界面。空间数据库用户可以分为三种不同类型,分别是空间数据采集人员、应用程序人员和专业用户。

2)空间数据库的建设方法

空间数据来源不同,生产方法根据数据源的条件和建库区域不同而灵活选用。空间数据库建设的流程也不相同。基本原则如下:

(1)对于无图区域,采用基于解析测图仪的数字测图或全数字测图的方法来测制数字地形。

(2)对于地貌变化不大而地物变化很大的老地形图,应采用基于解析测图仪的数字测图、全数字测图或基于正射影像的地物要素采集,重新测制数字地形图地物要素层。

(3)对于地貌变化小而地物变化也不大的地形图,应采用地形图扫描矢量化或地形图更新的方法。

(4)对已有新的大比例地形图时应采用缩编方法。

根据资料现状和可能获得的数据源,生产实施过程中作业方法的选择见表 7-4。

表 7-4　不同数据源数据建库作业方法

作业方法	基本资料	补充资料
地图扫描采集	地形图、薄膜黑图	1. 最新行政区及境界变更资料； 2. 现势地名资料； 3. 最新交通图册； 4. 动态 GPS 测量成果； 5. 外业测量与调绘成果； 6. 其他相关的现势性资料（现势性一般要求 3~5 年内）
解析测图仪测图	航空像片、控制成果、调绘成果	
全数字摄影测图	航摄像片或数字影像、控制成果	
解析测图仪更新	航摄、控制成果、外业调绘成果、矢量数字地形图	
标准地形图更新	航摄像片或数字影像、控制成果、调绘成果、调绘数据、判绘数据、矢量数字地形图	
非常规地形图更新	航摄像片、卫片或数字影像、控制成果、调绘数据、判绘数据	
地物要素层采集	航摄像片、卫片或数字影像、控制成果、调绘数据、判绘数据、数字高程模型矢量数字地形图、等高线要素层	

2. 资料准备与预处理

1）资料准备

根据空间数据库建立的需要，尽可能收集工作区范围内已取得的全部图件和资料，选用最新成果。大致包括：各种比例尺的地形图及其文字报告；专题研究成果图件资料；遥感成果图件和报告；外业调绘的原始数据；重新测量的成果图件和鉴定数据。

空间数据类型随应用领域的不同而有所差异，但与管理信息系统相比都有数据类型繁多、数据量大的特点。从数据源的种类来分，可包括以下几种：

（1）实测数据。如野外实地勘测、量算数据，台站的观测记录数据，遥测数据等。

（2）分析数据。利用物理和化学方法分析获取的数据。

（3）图形数据。各种类型的专题地图以及地形图的图形记录资料等。

（4）统计调查数据。各种类型的统计报告、社会调查数据等。

（5）遥感/GPS 数据。利用遥感/GPS 技术获得的大量模拟或数字资料等。

资料是获取数字地形图数据的基础，对资料的分析和选择是否正确，直接影响数字地形图数据的质量。因此，数字化作业前需要收集下列资料：

（1）最新出版的地形图、航片、卫片和影像资料。

（2）最新出版的中华人民共和国行政区划代码、世界各国和地区名称代码、行政区划简册、数字化区域的地名录。

（3）最新出版的交通资料和国家公布的交通信息。

（4）实测或编绘出版的最新基本比例尺地形图及有关现势资料。

（5）国家、省、县、乡公路线路名称和编码。

(6)中华人民共和国铁路路线名称代码。

(7)中华人民共和国铁路车站站名代码。

(8)全国河流名称代码。

(9)成图区域内的测量控制点成果。

2)对建库资料的要求

数据源的质量对空间数据库的数据质量有重大影响。不论建设何种空间数据库,都需要保证建库基础资料的质量,包括数据内容、精度、现势性等各个方面。以土地利用数据库建设为例,建库资料应满足下述要求:

(1)资料内容。选择内容详尽、完整的标准分幅图,具有标准分幅图图廓点和千米网格点控制的分乡图以及图、数统一的表格等原始资料。与外业调查同步建库的可以采用经过内部验收合格后的图件资料,土地资源调查结束后建库的必须采用经过正式验收合格的图件资料。

(2)资料精度。数据精度必须满足建库要求。新建设的大比例尺土地利用数据库往往要求开展新的土地详查,以获取高精度的土地利用数据。另外,要求图纸变形小,选择图幅控制点对原始图形进行纠正后,纠正中误差应小于 0.1 mm。

(3)资料现势性。与数据库建设要求的时期一致。

(4)资料介质。图形资料优先选择变形小的聚醋薄膜介质的,纸介质的次之,也可根据情况选用正射影像图。

(5)资料形式。优先选择数字形式的资料,非数字的次之。

3)资料预处理

资料预处理主要包括对不同类型的资料的处理,这里主要介绍对数字化资料、非数字化资料及影像资料的预处理。

对于数字化资料、现有数据或数据库的预处理,需要根据空间数据库的设计,对现有数据库的数据项进行选择,对数据项项名、类型、字长等定义进行调整,对数据记录格式进行转换等。

对于需要进行数字化的资料,预处理工作的内容根据所选资料本身的情况而定,主要内容包括以下两个方面。

A. 数字化底图的检校。

全面了解数字化区域情况及作业时应注意的事项。检查数字化底图是否符合要求。检查数字化底图与相邻图幅的接边情况;线状要素的连续性(如道路、河流、境界的走向、命名、级别是否一致);检查地理要素之间的关系是否正确。例如,等高线是否连续、相接,与水系的关系是否正确等。检查面状要素(如水域、植被、街区、土质、沼泽等)是否闭合,按背景要素进行闭合处理;根据现势资料校正行政村级别以上地名。将图面预处理中发现的重大问题及处理意见记录在图例簿中。

B. 数字化底图的图面预处理

在数字化前,需进行必要的图面处理,如将不清晰或遗漏的图廓角点标绘清楚,为数据的精确配准奠定基础,将模糊不清的各种线状图件进行加工,以减少数字化和数据编辑处理的工作量。主要包括以下内容:

(1)添补不完整的线画,将模糊不清或因模拟形式的局限而中断的各种线状图形进行加工。例如,被注记符号等压盖而间断的线画,境界线以双线河、湖泊为界的部分,道路遇居民地中断部分,均以线画连接,以便作为一条连续完整的线来采集。

(2)标出同一条线上具有不同属性内容线段的分界点等,以便数字化时赋予不同的属性值。

(3)将不清晰或遗漏的图廓角点标绘清楚,以便于图幅配准。

(4)对图面上的各种注记标示清楚,包括图廓内外各种注记。例如,土地利用图中有文字注记、地类注记、水系注记、道路注记、地形注记和图廓注记等。

对于影像数据处理:当原始影像资料为像片时,要进行影像扫描数字化,获取数字影像数据。扫描影像数据以非压缩 tif 格式(或其他标准格式)保存。影像定向包括内定向和后方交会。内定向的目的是确定扫描坐标系同像片坐标系的关系,同时解算像片主点的坐标。后方交会的目的是利用一定数量的地面控制点及其在像片上的相应像点坐标解算像片在曝光瞬间的空间位置和姿态参数。

在进行影像定向作业时,要求点的量测精度对应图面输出不超过 0.1 mm,要有多余量测。平差后的余差,内定向控制在一个像素内,后方交会控制在三个像素内,后方交会最好直接利用内业立体加密成果。

当原始影像资料为卫星影像时,卫星影像定向参考航空影像作业方法进行。此外,在卫星影像的空间后方交会中,由于要求解 12 个外方位元素,故必须有 9 个以上控制点,均匀分布在四周。正射影像图定向是为了确定正射影像坐标与地面坐标之间的关系。定向时,要在影像 4 个角各选一个定向点(一般为图廓点),要求定向点误差不得大于 5 m(地面坐标)。

【应用思考】

对已有的自然资源数据库中的数据,通过资料查询,论述不同的处理方法。

【作业】

1. 空间数据的基本组成有哪些?
2. 空间数据库建设的基本原则是什么?
3. 建库资料的处理方法有哪些?

任务 3　数据采集、处理及建库

【任务概述】

整个空间数据库都是围绕空间数据的采集、加工、存储、分析和表现展开的,通过学习,了解空间数据采集的原则和方法,数据处理的基本方法以及建库过程。

【情景导入】

建设自然资源数据库,如何补充缺少的数据?这些数据如何处理才能满足入库标准?

【问题探究】

空间数据源、空间数据的采集手段、生产工艺、数据的质量都直接影响到空间数据库应用的潜力、成本和效率。空间数据采集的任务就是将非电子的数据变成电子数据,并进一步加工处理成符合要求的空间数据。

1. 数据采集

1)数据采集原则

微课 7-4　数据采集

数据采集必须首先制定基础地理信息要素分类与编码规范和空间数据库建立作业细则。对于数字化资料,要根据数据库标准,对原数据库进行补充和转换,防止数据转换中的数据丢失和误差,并及时给予纠正。地理空间数据获取主要是矢量结构的地理空间数据获取,包括空间位置数据和属性数据的获取。

在空间数据采集时一般要遵循以下原则:

(1)内图廓线、方里网应由理论值生成。当内图廓线为多边形边线时,应采集内图廓线使多边形闭合。数字化图廓点的顺序为左下角点、右下角点、右上角点、左上角点。线状要素采集其中心线或定位线。有方向的线状要素将辅助要素放在数字化前进方向的右侧。线状要素被其他要素隔断(如河流、公路遇桥梁等)时,应保持线状要素的连续,采集时不间断。

(2)线、面状要素数字化的采点密度以线、面状要素的几何形状不失真为原则,采点密度随着曲率的增大而增加,曲线不得有明显变形和折线。线状要素中的曲线段和折线段应分开采集。曲线中的平直线段应作为直线采集,不作为曲线采集,但曲线与直线连接处变化应自然。如铁路、公路的直线段。

(3)点状要素采集符号的定位点。有方向的点状要素还应采集符号的方向点,其中第一点采集符号定位点,第二点采集符号方向点。

(4)面状要素采集轮廓线或范围线。所有面域多边形都必须有且仅有一个面标识点。对于面状要素,如果其边线不具备其他线状要素的特征,在没有特殊说明的情况下,其边线属性码采用由面属性决定的边线编码,作为背景的面状要素赋要素层背景面编码。面状要素被线状要素分割时,原则上作为一个多边形采集(如居民地被铁路分割、河流被桥梁分割等),被双线河或其他面状地物分割时,应根据实际情况处理为一个或多个多边形。

(5)具有多种属性的公共边,只数字化一次(如河流与境界共线、堤与水域边线共线),其他层坐标数据用拷贝生成,并各自赋相应的属性代码或图内面域强制闭合线编码。同一层中面要素的公共边不需拷贝。

(6)凡地形图上没有边线的面状要素,其边界属性编码用图内面域强制闭合线编码(如沼泽、沙漠等)。

(7)所有图幅都要接边,包括跨带接边。当接边差小于0.3 mm(实地15 m)时,可只移动一方接边。原图不接边的要进行合理处理,如果两边都有要素且接边误差小于1.5 mm,则两边各移一半强行接边,接边时要保持关系合理。如果只有一边有要素,则不接边。

在同一要素层中建立拓扑关系。要素层与要素层之间不建立拓扑关系。同一要素层中不同平面的空间实体不建立拓扑关系。需建立拓扑关系的要素包括所有面状要素、交通层中的公路、水系层中的单线河流等。

(8)当要素分类不详时,输入要素的大类码;分类明确时,输入要素的小类码。当陡岸分类不详时，输入陡岸编码；分类明确时，输入石质和土质陡岸编码。

2）数据采集方法

在空间数据采集时，会根据建立数据库的需要，采用不同设备的技术，对多种来源空间数据进行编辑处理与录入。空间数据获取方法主要有四种：利用扫描数字化地图进行空间数据自动或半自动采集；利用遥感影像提取空间数据来建立数据库；利用卫星定位系统和测量仪器进行外业数据采集；利用空间数据编辑处理功能以人机交互方式采集空间数据同时录入必要的属性数据。

3）主要空间数据的获取方法

A. 测量控制点

各级测量控制点均应采集，并作为实体点空间实体数字化。测量控制点的名称、等级、高程、比高、理论横坐标、理论纵坐标作为属性输入。测量控制点与山峰同名时，注记编码赋山峰注记编码，山峰名称不单独采集。独立地物作为控制点时，分别在相应要素层中采集控制点和独立地物。作为控制点采集时，在类型中加"独立地物"说明。

B. 居民地

采集要素有街区，依比例尺表示的突出房屋、高层房屋、独立房屋和破坏的房屋。街区中的突出房屋、高层房屋不区分性质，统一用街区符号表示。

选取的要素有居住区、独立房屋和窑洞。多个独立房屋构成的居民地，选择其主要位置（逻辑中心）的房屋赋地名，其他独立房屋不赋地名，有名称的居民地应采集，分散且无名称的独立房屋和窑洞可适当舍去。不依比例尺表示的独立房屋、突出房屋、小居住区及窑洞按有向点数字化。半依比例尺表示的独立房屋按线空间实体数字化。成排的窑洞按线空间实体数字化，窑洞符号在数字化前进方向的右侧。

依比例尺表示的独立房屋、突出房屋、高层房屋、街区按面空间实体数字化。街区式居民地采集外围轮廓线，赋街区边线属性，街区面域赋普通街区属性编码，街区中的广场空地面积大于 8 mm^2 应采集，街区边线可作为其范围线，以道路或街道为边线时，以图内面域强制闭合线使面域闭合。运动场、水域等面状要素在街区中应空出。街道或道路两侧均为街区时，街区边线不采集；街道或道路一侧有街区另一侧没有街区时，街区边线应在有街区一侧自行封闭；街道在交通层中采集。

C. 陆地交通

采集要素有标准轨复线铁路和单线铁路（含电气化铁路和高速铁路）、窄轨铁路、铁路车站、建设中的铁路、国道、省道、县乡公路及其他公路、建设中的各级公路、主要街道、地铁出入口、隧道、加油站、机场、能起降飞机的公路路段。选取的要素有次要街道、大车路、乡村路、小路、山隘、桥梁、渡口。公路属性应输入编码、名称、铺面类型、技术等级、国道编号、省道编号、路面宽度和铺面宽度等。

公路编号用大写字符半角输入，县及县以下公路可不输入名称和编号；公路名称和编码依据《国家干线公路线路名称和编码》和交通图现势资料确定。

两条以上公路汇合的重复路段，只表示高级道路的名称和编码，同级道路拷贝几何数据，分别表示各自的名称和编码。

公路交叉点和属性变换点（如水泥路面和沥青路面交界点）均为公路线空间实体的

分割结点,属性变换点位置应根据图上居民地和道路附属物等合理确定,一般以居民地或道路附属物作为属性变换点。

D. 境界与政区

采集的要素有已定国界、未定国界、省(含自治区、直辖市)界、市(含地级市、自治州、盟)界、县(含自治县、旗、自治旗、县级市)界、特别行政区界;县(含自治县、旗、自治旗、县级市)政区、特别行政区;界碑、界桩、界标。各级境界按连续的线空间实体数字化,一般应组成封闭的多边形。对延伸到海部的境界,拷贝海岸线数据使面域闭合,赋图内面域强制闭合线属性;延伸到图廓线的境界,以图廓强制闭合线闭合。若境界在海湾或河流入海口中部,汇合点应选择海岸线与境界线最接近之处,海岸线与境界线之间加图内面域强制闭合线,使其闭合。穿过海岸线延伸到海部的境界,作为线空间实体数字化,不必形成封闭面域。海洋中的分段国界,按图上的线段位置中心线数字化,不必形成封闭面域。境界以单线河、道路等线状地物为界时,拷贝相应线状地物坐标数据,赋相应境界代码。境界以河流中心线、主航道线或共有河为界时,按图形(或影像)中心线或主航道数字化,地图上沿河流两侧跳绘的境界不再数字化,并在境界类型说明中输入"中心线""主航道",或"共有河"。

E. 植被

选取的要素有植被:选取图上面积大于 1 cm^2 的套色植被。植被只输入类型属性。植被用航测方法更新边界,根据航片和地形图判定属性,新增加植被属性判读不清时,输入森林属性。地类界作为植被面域的分界线数字化时,必须赋地类界属性。植被范围线与地类界相交处均应作为结点,被其他线状地物(如河流、公路、铁路等)所取代的地类界,应从相应层拷贝其坐标到植被层,赋图内面域强制闭合线属性。植被面域不闭合的地方,应根据地类界(或其他线状地物)的延伸方向将其闭合。

2. 数据处理

空间数据处理主要包括对空间数据的编辑与处理、拓扑编辑与处理、坐标变换、图幅拼接处理、图形投影变换、图形的几何纠正及属性数据的录入。

微课 7-5　数据处理

空间数据编辑内容主要包括扫描影像图数据的编辑处理,包括彩色校正、几何纠正等;空间数据的精度检查、影像图数据的匹配、结点平差、图幅拼接、拐点匹配、行政界编辑、权属编辑、地类界编辑、数据的几何校正、投影变换、接边处理和要素分层等;属性数据的记录完整性和正确性检查与修改等;在数据编辑处理阶段,应该建立和完善图形数据与属性数据之间的对应连接关系。

1) 数据编辑与处理

分幅数字化完成后,作业员对完成的图幅进行检查,发现错误及时编辑改正。图形要素和注记中可能存在的错误类型主要有:

(1)线要素遗漏、采集不完整或重复。不完整的表现包括线要素未闭合到边界或者有间断。改正方法是补充采集遗漏的线要素、填补不完整的线画、删除重复的线画或者重复的部分。

(2)线要素的位置不正确。产生的原因可能是拷贝错了附近的一条线,或者手工绘错误。

(3)线要素的要素代码不正确。应改为正确的要素代码。

(4)变形。采用扫描数字化或手扶数字化时,图纸变形会导致数据误差。应采用控制点纠正变形。

(5)注记遗漏、重复或参照比例尺不正确。

(6)注记的要素代码不正确。应改为正确的要素代码。

(7)注记的字体、大小、颜色和间距不正确。

2)拓扑编辑与处理

在空间数据库中空间拓扑关系的核心是建立点(或称结点)、线(或称弧段)、面(或称多边形)的关联关系,这里归结为点、线拓扑关系的自动建立和多边形拓扑关系的自动建立。如何根据原始地理空间数据正确、自动、快速地建立地理实体之间的拓扑关系,是空间数据库管理系统的重要功能之一。所获取的点、线、面地理实体数据的空间关系建立,可采用手工编辑和自动生成两种方法。复杂的空间关系,一般采用人工输入方法;在二维平面上简单的点-线、线-面拓扑关系,可以基于数学算法计算机自动生成。

矢量化后的各图层,利用 GIS 软件提供的功能建立拓扑关系,在建立拓扑关系时会发现图形数据错误,要进行编辑、修改,再重新建立拓扑关系,这一过程可能做多次,直到数据正确。

A. 拓扑检查与编辑

空间客体除具有位置、形状等图形特征外,还有重要的空间关系特点,必须使用软件功能对空间对象的拓扑特征进行检查,消除不合理的悬挂弧段,对多边形边界进行闭合处理。

B. 多边形生成

地图数字化过程中通常不直接生成多边形,而是采集多边形的边界线,生成多边形要素层。在拓扑检查并闭合多边形边界线的基础上,可以使用软件功能由边界线生成多边形。生成多边形之前,应事先进行拓扑处理,纠正所有拓扑错误,以保证生成多边形的质量。通过拓扑编辑处理,消除所有不合理的出头或欠头的悬挂弧段,使多边形严格闭合,然后生成多边形。

C. 点-线拓扑关系生成

点-线拓扑关系是最常用的要素拓扑关系,如道路网络拓扑关系,也是建立线-多边形关系的基础。建立点-线关系常见的方法是结点匹配算法。首先根据地理空间数据的精度选择合适的匹配限差(如 0.1 m),计算机自动把满足匹配限差的线段首末点归结为一个点,然后建立点-线拓扑关系。

D. 线-多边形拓扑关系生成

多边形是地理空间数据中的基本图形类型,常用来描述面状分布的地理要素。平面上一条不相交的有向封闭线所形成的图形为多边形,该线即为多边形的边界。按左手法则,若边界的前进方向左侧为多边形区域,则该方向为多边形边界的正向。如果线的采集方向与多边形边界的正向一致,线段方向记为正,反之记为负。

E. 拓扑关系检查

由于空间位置数据采集误差和匹配失误(匹配限差选择不当),出现部分线段的首末点与其他线段无邻接关系，导致某些多边形不封闭。这些误差最有效的检查手段是图形可视化。“连通性搜索”可完成拓扑连接的初步或概略检查；“显示结点的度”可完成拓扑连接的精确检查；“指定点”“搜索最短路”可计算任意两点间最短路径，用以对照图形进行检查。利用可视化方法检查空间拓扑关系。

通过拓扑检查或其他检查方式发现的问题，要对相应的图形进行编辑和修改，修改后的图形必须重新进行拓扑。对拓扑的结果还需进行再次细致检查，此过程要反复多次，直至基本无问题。另外，还要通过图形编辑，如加内点、移内点等操作对照底图图像做进一步修饰，使图形达到既有精度又尽量美观的效果。

3) 坐标变换

纠正地图在进行数字化时产生的整体变形，或者要把数字化仪坐标、扫描影像坐标变换到投影坐标系，或两种不同的投影坐标系之间进行变换时，需要进行相应的坐标系统变换，这个过程统称为坐标几何变换。

坐标变换包括数字化仪坐标和扫描影像的坐标与大地坐标的变换，以及两个不同的大地坐标系的变换。

4) 图幅接边处理

在数字化地图时，有时由于图幅较大，或者使用的是小型的数字化仪，就需要分幅进行数字化操作。在地理信息的应用中，在数字化输入后，为了建立无缝图层，就需要将分幅的数字化地图进行合并，以保持图面数据空间连续。数据接边就是把被相邻图幅分割开的同一图形对象不同部分拼接成一个逻辑上完整的对象。

由于图幅的拼接总是在相邻两图幅之间进行的，要将相邻两图幅之间的数据集中起来，就要求相同实体间的线段或弧段的坐标数据相互衔接，在图形接边的同时要注意保持与属性数据的一致性。图幅接边处理主要有以下四个步骤：

(1) 逻辑一致性的处理。

由于人工操作的失误，两个相邻的图幅的空间数据库在结合处可能出现当一个地物在一幅图的数据文件中具有地物编码 A，而在另一幅图中的数据文件却具有地物编码 B，或者同一个地物在两个数据文件中具有不同的属性，被称为逻辑裂隙。此时，必须使用交互编辑方法，使两相邻图斑的属性相同，取得逻辑一致性。

(2) 识别和检索相邻图幅。

将待拼接的图幅数据按图幅进行编号，编号有两位，其中十位数指示图幅的横向顺序，个位数指示纵向顺序，并记录图幅的长宽标准尺寸。因此，当进行横向图幅拼接时，总是将十位数编号相同的图幅数据收集在一起；进行纵向图幅拼接时，将个位数编号相同的图幅数据收集在一起，如图 7-8 所示。

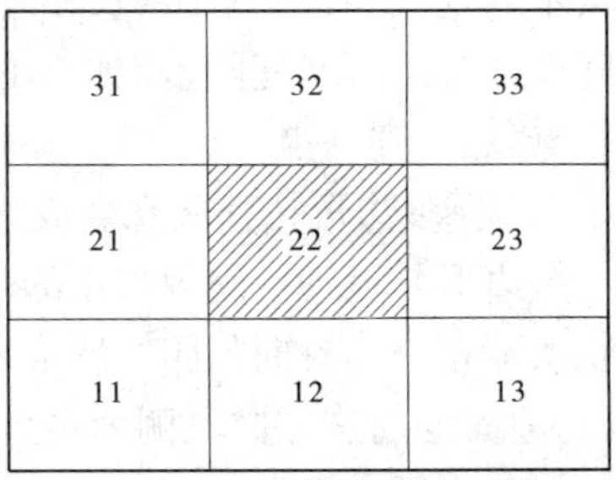

图 7-8　图幅编号及接图范围

另外，图幅数据的边缘匹配处理主要是针对跨越相邻图幅的弧段或弧而言的，为了减少数据容量，提高处理速度，一般只提取图幅边界 2 cm 范围内的数据作为匹配和处理的目标。同时，要求图幅内空间实体的坐标数据已经进行过投影转换。

(3)相邻图幅边界点坐标数据的匹配。

相邻图幅边界点坐标数据的匹配采用追踪拼接法。追踪拼接有四种情况,只要符合下列条件,两条线段或两条弧段即可匹配衔接:相邻图幅边界两条线段或弧段的左右码各自相同或相反;相邻图幅同名边界点坐标在某一允许范围内(如±0.5 mm)。

匹配衔接时是以一条弧段或线段为处理单元,因此当边界点位于两个结点之间时,需分别取出相关的两个结点,然后按照结点之间线段方向一致性原则进行数据的记录和存储。

(4)相同属性多边形公共边界的删除。

当图幅内图形数据完成拼接后,相邻图斑会有相同的属性。因此,应将相同属性的两个或多个相邻图斑合并成一个图斑,即消除公共边界,并对共同属性进行合并。

多边形公共边界的删除,可以通过构成每一面域的线段坐标链,删去其中共同的线段,然后建立合并多边形的线段链表。对于多边形的属性表,除多边形的面积和周长需要重新计算外,其余属性保留其中之一图斑的属性即可。

图幅接边要在限差范围内进行。以土地利用分幅为例,相同比例尺之间的数据接边,限差为图面单位的 1 cm 所代表的实地距离。不同比例尺的数据接边时需要根据不同的比例尺的接边限差来接边。

5)地图投影转换

空间数据库中的数据大多来自于各种类型的地图资料,这些不同的地图资料根据成图的目的与需要的不同采用不同的地图投影,同一工作区可能利用不同比例、不同投影的图件,在拼接图层之前应先进行投影转换,使最终形成的图层均投影到一个坐标系统。另外,图幅的投影不符合规定时也需进行投影变换。例如,按国家规范要求,县(市)级土地利用数据库的数据投影方式采用 3°分带的高斯投影。其中,当行政区域跨过两个以上 3°分带时需平移中央经线,取整得 3°分带的高斯投影。如果数据源的投影方式与要求不吻合,也需要进行投影转换。通过投影变换,用共同的地理坐标系统和直角坐标系统作为参照来记录存储各种信息要素的地理位置和属性,保证同一空间数据库内的信息数据能够实现交换、配准和共享。

投影转换的方法可以采用正解变换、反解变换和数值变换。

6)几何纠正

图形数据在进入地理数据库之前还需进行几何纠正,以纠正由纸张变形所引起的数字化数据的误差。几何纠正要以控制点的理论坐标和数字化坐标为依据来进行,最后应显示平差结果。现有的几种商业 GIS 软件一般都具有仿射变换/相似变换、二次变换等几何纠正功能。仿射变换是空间数据处理中使用最多的一种几何纠正方法。它的主要特性为:同时考虑到 x 和 y 方向上的变形,因此纠正后的坐标数据在不同方向上的长度比将发生变化。

7)属性数据录入

通常在数据分层和拓扑处理之后录入属性数据。对于多边形空间对象,显然只有在多边形生成之后才可能录入其属性数据。键入法和光学识别技术是属性录入的两种基本方法。键入法最常用,大多数属性数据都是手工录入的。属性数据一般采用批量录入的方式,分要素类批量录入该要素的各个实体的属性信息,然后使用关键字(如图斑编号)连接图形对象与属性记录,其作业效率相对较高。例如,对于土地利用数据库,在图斑多边形生成之后,以镇、街道办事处为单位,以外业调绘记录表为依据批量录入各个地类图斑的属性数据,然后使用关键字连接图形和属性信息。

3. 空间数据建库

以土地利用规划数据库为例,它以记录坐标的方式来表示点、线、面、体的位置及空间关系,包括空间数据库和属性数据库,两者可通过内部唯一的标识码进行连接。具体涉及土地利用规划数据库内容、存储方式、交换格式、土地利用规划信息的分类与代码、规划数据文件的命名规则、规划要素的分层、数据结构及元数据等方面。利用所选的 GIS 基础软件的数据库管理功能,将经过编辑处理的图形数据进行入库处理,建成数据库实体。数据库内容包括数据字典、数据索引、分层数据。其中,数据字典和数据索引是辅助数据,分层数据是主体。

建库过程可分为五个步骤:

(1)数据字典和数据索引的生成。数据字典是关于数据库中对相关属性字段名和字段值及数据描述等以统一规定的形式进行定义并建立的定义数据库。建立数据字典的目的是保证数据的规范性、高效性和可维护性,方便数据管理。数据字典也叫数据目录,它是数据库设计与管理的有力工具。

数据索引是指对土地利用数据库建立的空间索引,目的是提高数据检索的效率。数据索引可分为分幅索引和分行政区索引,以方便对各个图幅内数据检索和对各个行政区划单元的数据检索。

(2)图形与属性数据库的建立。把数据装入库,在装入数据之前要做许多准备工作,如对数据进行整理、分类、编码及格式转换等。装入的数据要确保其准确性和一致性。通过入库处理,将分层数据导入目标数据库中,根据数据库设计要求,按空间单元划分(分幅或者分行政单元)存储单元建立各个子数据库,或者将所有数据合并为一个存储单元建立无缝数据库。

(3)设立用户密码、规定用户使用权限。为保证数据的安全和保密,在建立数据库实体时,应当同时建立密码和设定权限,控制对数据库的读、写、修改等操作。

(4)软件系统与数据的融合检查。

装入数据库的数据要确保其准确性和一致性。数据入库以后,要进行严格的数据逻辑检查。若发现错误或矛盾之处,要即时记录并修改。因缺乏依据无法修改的要说明原因并提出解决方法。最好是把数据装入和调试运行结合起来,先装入少量数据,待调试运行基本确定后,再大批量装入数据。

(5)数据库系统试运行测试。装入数据后,要对空间数据库的实际应用程序进行运行,执行各功能模块的操作,对数据库系统的功能和性能进行全面测试,包括需要完成的各功能模块的功能、系统运行的稳定性、系统的响应时间、系统的安全性与完整性等。经调试运行,如果基本满足要求,则可投入实际运行。

【实践操作】

学习 ArcGIS 中点、线、面数据编辑的方法。

地理数据在创建、采集后，仍需要对其进行一些编辑工作，以保证数据质量。ArcMap 中的编辑操作需要在编辑会话中进行。在编辑会话期间，可以创建或修改矢量要素或表格属性信息。注意保存编辑内容，并在完成后结束编辑会话。

编辑器工具条（见图 7-9）提供基础的编辑工具，在编辑器中有开始编辑、停止编辑、保存编辑内容、移动、分割、平行复制、合并、裁剪等工具，工具条上有追踪、编辑折点、整型要素、裁剪面、分割工具、创建要素等工具。

图 7-9　编辑器工具条

高级编辑工具条（见图 7-10）包括复制、内圆角、延伸、修剪、线相交、拆分多部件等工具。

图 7-10　高级编辑工具条

编辑折点工具条（见图 7-11）包括修改草图折点、添加折点、删除折点、延续要素工具、按比例拉伸、完成草图、草图属性。

图 7-11　编辑折点工具条

（1）从叠置要素中选择要素（见图 7-12）。

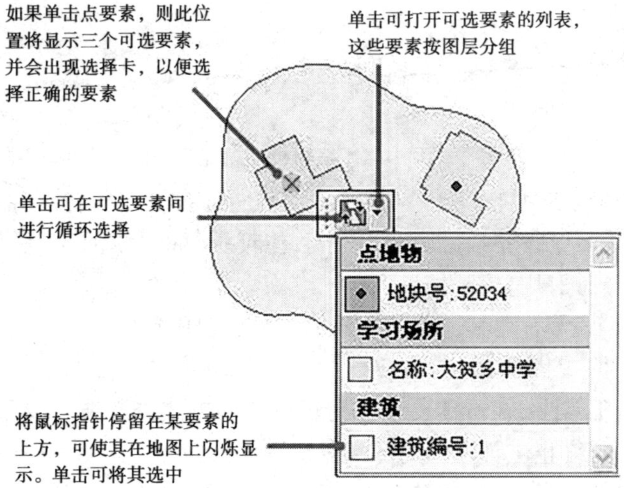

图 7-12　从叠置要素中选择要素

使用编辑工具选择要素时，如果在单击位置处存在多个可选要素，将显示一个“选项卡”，单击图标右侧的箭头可查看可供从中选择的要素列表，在列表中选择需要编辑的要素。

(2)防止要素在选择时无意移动。

使用编辑工具选择要素后，可将所选要素拖动到目标位置。为了防止要素的无意移动，可在编辑器→编辑选项→常规选项卡中设置黏滞移动容差（见图 7-13）。鼠标指针必须在屏幕上移动了这个容差距离时，所选要素才会实际发生移动。

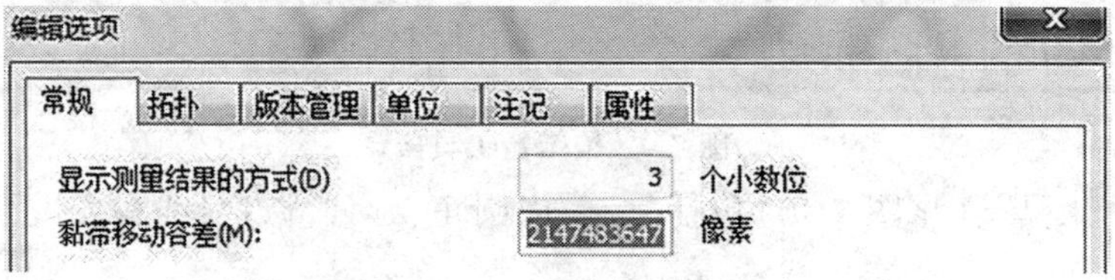

图 7-13　设置黏滞移动容差

(3)编辑折点。

线或面要素都由线段和折点构成，更改线、面要素的形状可以通过编辑折点功能（见图 7-14）实现，使用编辑工具选择线、面要素，点击编辑工具条的编辑折点工具，可以调出编辑折点工具条，进行折点的移动、添加、删除等操作。

修改草图折点工具：可用于选择折点和编辑线段，通过拖动可移动折点和线段。

添加折点：在想要插入折点的位置单击线段。

删除折点：使用工具单击要删除的折点，框选要删除的折点可删除多个折点。

按比例拉伸：移动折点时保持要素的常规形状。

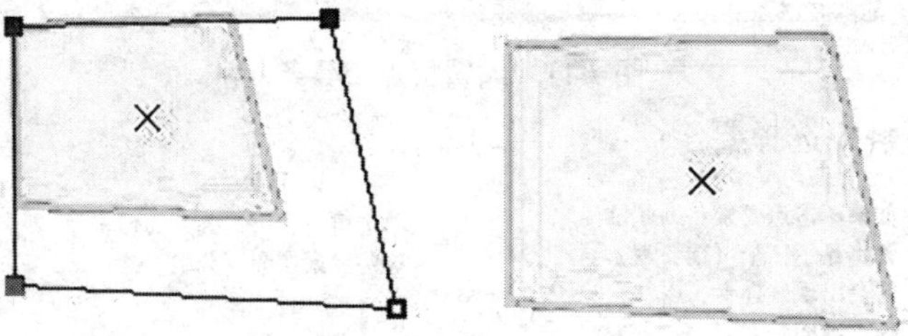

图 7-14　编辑折点功能

更改线方向（翻转线，见图 7-15）：翻转可反转所选线的方向，使草图的最后一个折点变为第一个折点，从而更改要素的方向。对于有向线（如单线河流、栏杆、斜坡等有方向的线要素）的编辑非常有用。

在编辑折点状态下，右键单击草图的任意部分，选择翻转即可。

(4)修整线或面（见图 7-16、图 7-17）。

通过整形要素工具，在所选要素上构建草图的方式修整线。要素可获取草图与要素相交的起始位置到终止位置之间的那部分草图的形状。

选择需要修整的要素→点击“整型要素”工具→绘制草图（草图必须与边相交两次或两次以上）→单击右键选择“完成草图”（或按 F2 键）。

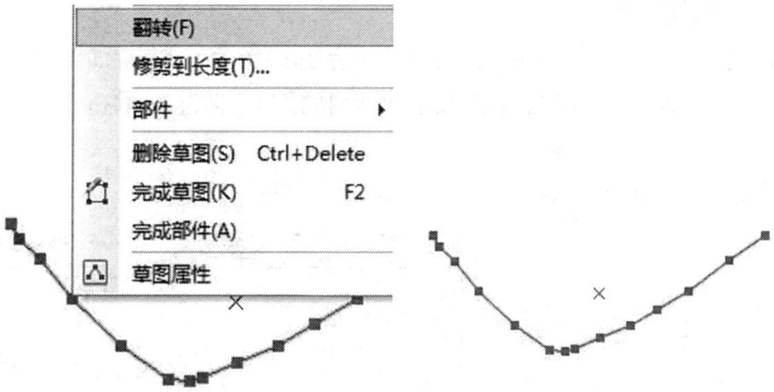

图 7-15　更改线方向功能

图 7-16　修整线功能

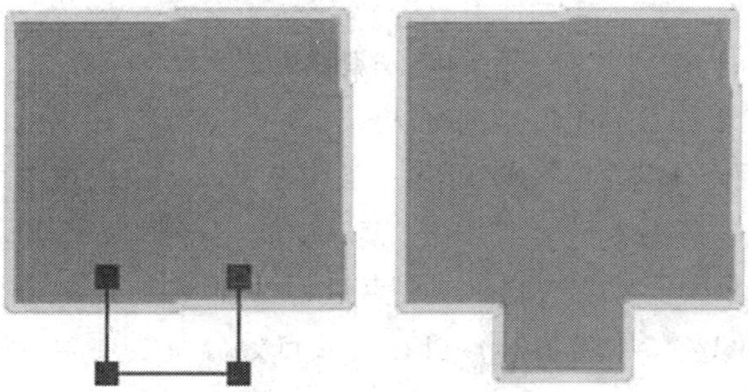

图 7-17　修整面功能

(5)裁剪面(见图 7-18)。

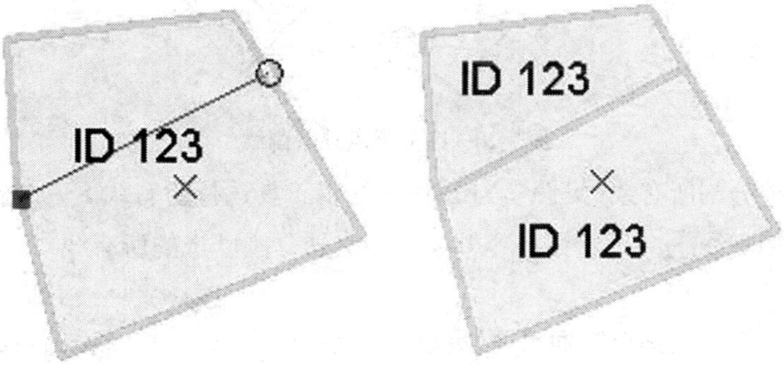

图 7-18　裁减面功能

使用“裁剪面”工具,绘制一条穿过面的线,可更新现有要素的形状,并使用要素类的默认属性值创建一个或多个新要素。分割面时,必须使线完全切断所选面,可以打开边

捕捉确保剪切操作成功完成。

选择需要裁剪的面→点击“裁剪面”工具→绘制一条完全切断面的线→单击右键选择完成草图(或按 F2 键)。如果需要修改线的形状,可以通过编辑折点或整形要素工具实现。

(6)分割线要素(见图 7-19)。

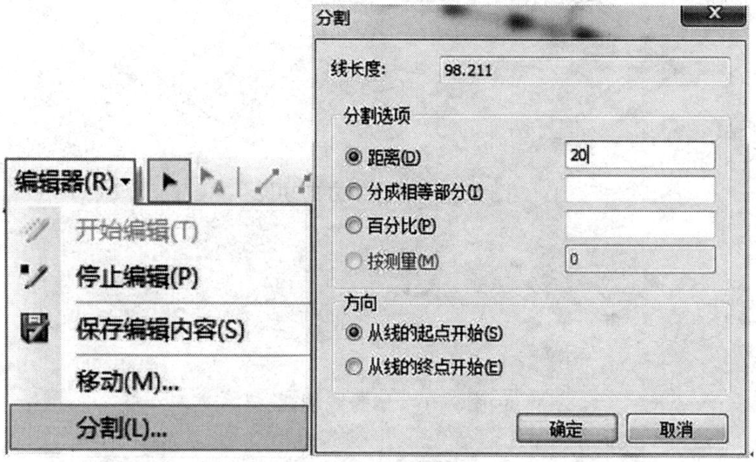

图 7-19　分割线功能

编辑工具提供了多种分割线要素的方法。

手动分割线:使用“分割”工具,可将一条线在鼠标点击的位置手动分割为两条线。

以指定距离或百分比分割线:“编辑器”菜单中的“分割”命令可通过使用指定的距离值、总长度的百分比或 m 值从线的起点或终点进行分割。

在交叉点处分割线(见图 7-20):可在交叉点处分割线要素,单击高级编辑工具条上的线相交工具→单击要相交的第一个要素→单击要相交的第二个要素→单击空白处。

图 7-20　在交叉点处分割线

在交叉点处分割所有线(见图 7-21):使用编辑工具选择所有线→使用高级编辑工具条中的打断相交线→设置拓扑容差→在相交处分割已选的所有线。

(7)复制要素。

将某图层的点、线、面要素通过复制操作,粘贴到目标图层中(见图 7-22)。

使用编辑工具选择要素→点击高级编辑工具条的复制线→在空白处单击鼠标左键选择目标图层。

使用编辑工具选择要素→右键选择复制,或按快捷键 Ctrl+C→在空白处点击鼠标右键选择粘贴→选择目标图层。

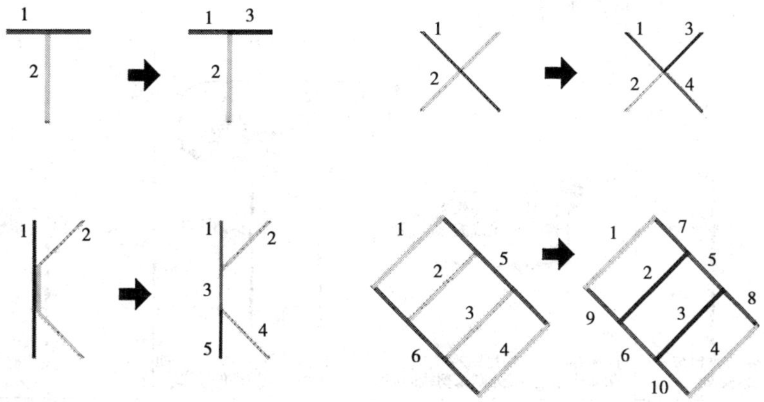

图 7-21　在交叉点处分割所有线

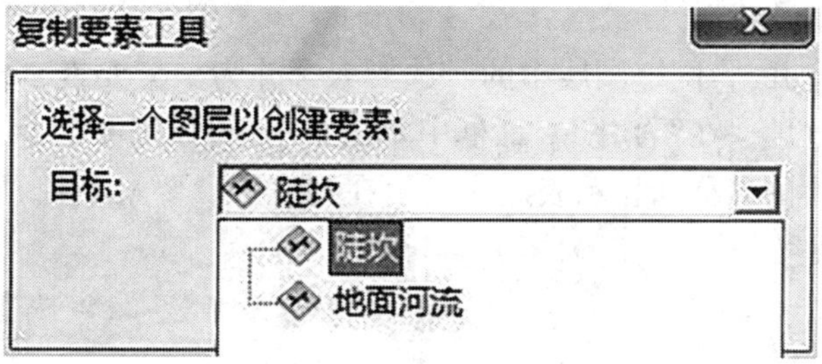

图 7-22　复制要素

(8)延伸线、裁剪线。

某些特殊情况下不能移动已绘制好的线要素,若要对其进行延伸和修剪,可通过延伸工具和修剪工具实现。

延伸线(见图 7-23):选择要将线延伸到的线段→单击高级编辑工具条上的“延伸”工具→单击要延伸的要素的端点。

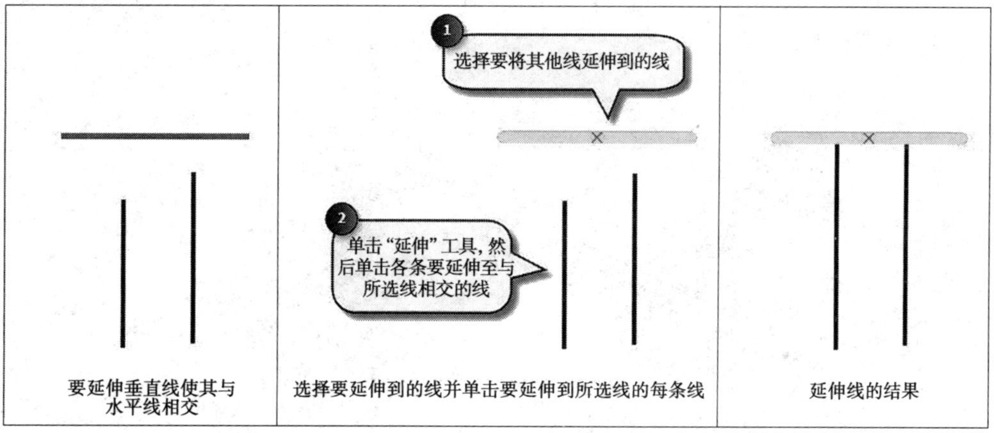

图 7-23　延伸要素

修剪线(见图 7-24):选择修剪线时所依据的线段→单击高级编辑工具条上的“修剪”

工具→单击要修剪的要素的末端。

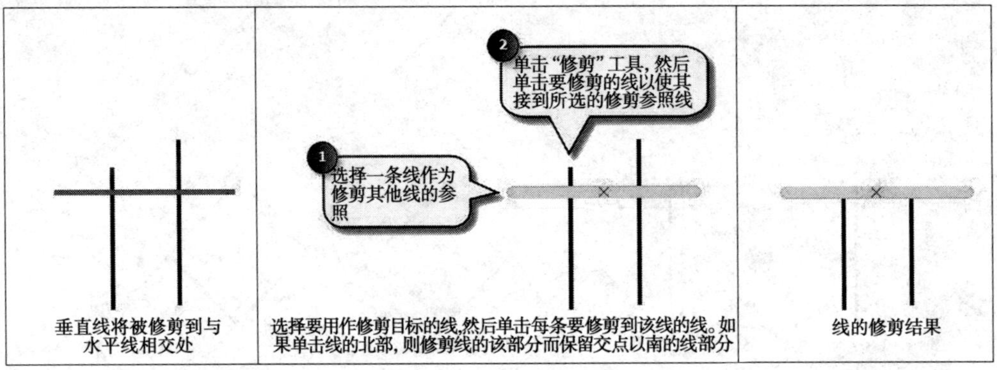

图 7-24 修剪要素

(9)合并(见图 7-25)。

使用编辑器→合并，将同一图层中的所选要素合并为一个要素，合并时，需选择操作期间要保留的要素属性。在“合并”对话框中单击某个条目时，要素会在地图上闪烁。要素将按照其所属图层的名称和显示表达式显示在列表中。要素不相邻时，合并后将创建多部分(multipart)要素。

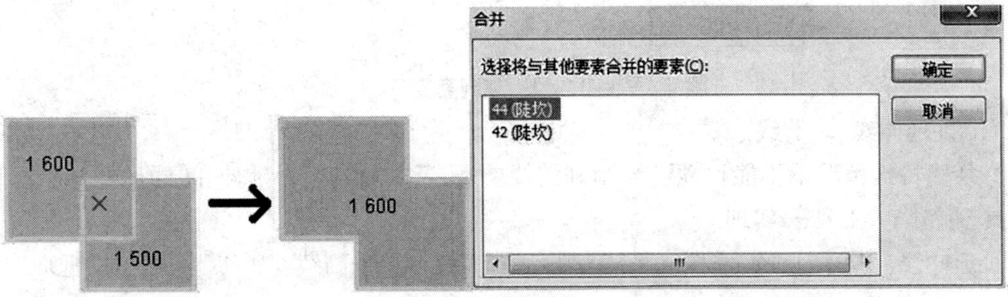

图 7-25 合并要素

(10)裁剪(见图 7-26)。

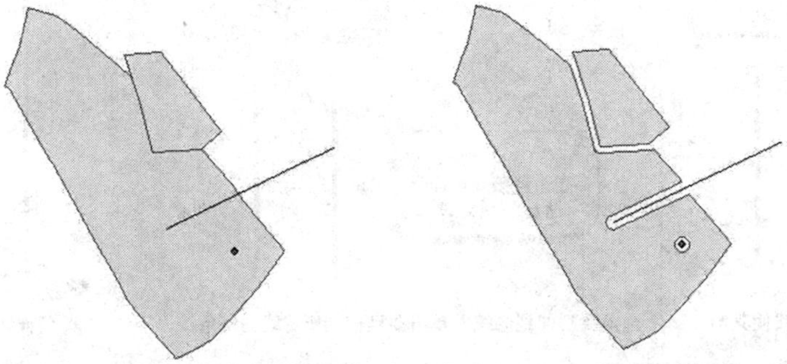

图 7-26 裁剪要素

使用编辑器→裁剪，可使用点、线、面要素，通过设置缓冲距离，将目标面要素进行裁剪。裁剪时可以选择“保留相交区域”或“丢弃相交区域”。

选择要用于裁剪的要素→单击编辑器菜单，选择裁剪→输入缓冲值(如果要裁剪面要素，可将该值保留为 0)→单击裁剪操作类型：是放弃还是保留相交区域→单击确定裁剪要素。

【作业】

1. 空间数据采集的原则有哪些？
2. 主要空间数据的获取方法有哪些？
3. 如何进行拓扑编辑与处理？

任务 4　空间数据库的维护

【任务概述】

对于已建设完成的空间数据库，后期需要对其进行不断地维护。通过学习，了解空间数据库维护的内容、类型、方法等。

【情景导入】

已经建成的自然资源数据库，如何对其进行维护？发生数据损坏如何处理？

【问题探究】

建立一个空间数据库是一项耗费大量人力、物力和财力的工作，都希望能应用得好，生命周期长一些。因而，必须不断地对它进行维护，即进行调整、修改和扩充。为做好数据库的维护工作，首先应做好以下几项工作：

(1)数据库使用单位应建立数据库系统更新和维护制度。

(2)应充分考虑数据库系统更新和维护的经费、人员的预算和投入。

(3)数据库系统运行条件尚不成熟时，可委托建库承担单位在一段时间内进行跟踪运行服务、系统维护及技术培训等工作。

1. 空间数据库维护的内容

微课 7-6　空间数据库的维护

系统维护包括以下几个方面的工作：

(1)程序的维护。

在系统维护阶段，会有一部分程序需要改动。根据运行记录，发现程序的错误时需要改正；或者随着用户对系统的熟悉，用户有更高的要求，部分程序需要改进；或者环境发生变化，部分程序需要修改。

(2)数据文件的维护。

业务发生了变化，从而需要建立新文件，或者对现有文件的结构进行修改。

(3)代码的维护。

随着环境的变化，旧的代码不能适应新的要求，必须进行改造，制定新的代码或修改旧的代码体系。代码维护的困难主要是新代码的贯彻，因此各个部门要有专人负责代码管理。

(4)数据库的转储和恢复。

数据库的转储和恢复是系统正式运行后最重要的维护工作之一。数据库管理员针对不同的应用要求制订不同的转储计划,定期对数据库和日志文件进行备份,以保证一旦发生故障,能利用数据库备份及日志文件备份,尽快将数据库恢复到某种一致性状态,并尽可能减少对数据库的破坏。

(5)数据库性能的监督、分析和改进。

在数据库运行过程中,监督系统运行,对监测数据进行分析,找出改进系统性能的方法是数据库管理员的又一重要任务。通过仔细地分析,判断系统是否处于最佳运行状态,如果不是,则需要通过调整某些参数来进一步改善数据库性能。

(6)机器、设备的维护。包括机器、设备的日常维护与管理。一旦发生小故障,要有专人进行修理,保证系统的正常运行。做好计算机病毒的预防与清除工作,有安全组织专门负责对计算机病毒的预防和清除工作。对外来的拷贝软件及软盘一律要在专用设备上进行病毒检测,消除病毒后才能使用,还应做好数据备份。新购机器或经维修后的机器,启用前须经病毒检查,做好数据备份后方可运行。需要定期用病毒检测软件检测计算机病毒,能清除的病毒要立即清除,不能清除的新病毒要报告有关部门,给以清除。

2. 空间数据库维护的类型

依据应用型地理信息系统需要维护的原因不同,系统维护工作可以分为四种类型。

(1)更正性维护。是指由于发现系统中的错误而引起的维护,工作内容包括诊断问题与修正错误。

(2)适应性维护。是指为了适应外界环境的变化而增加,或者修改系统部分功能的硬件系统更新,操作系统版本更新,应用范围扩大。为适应这些变化,应用型地理信息系统需要进行维护。

(3)完善性维护。是指为了改善系统功能或用户需要而增加新的功能的维护工作。系统经过一个时期的运行之后,某些地方效率需要提高,或者使用的方便性还可以提高,或增加某些安全措施等。这类工作占整个维护工作的绝大部分。

(4)预防性维护。是主动性的预防措施。对一些使用寿命较长,目前尚能正常运行,但可能要发生变化的部分进行维护,以适应将来的修改或调整。例如,将专用报表功能改成通用报表生成功能,以适应将来报表格式的变化。

3. 空间数据库的维护方法

空间数据库的重组织、重构造和系统的安全性与完整性控制等,就是重要的维护方法。

1)空间数据库的重组织

空间数据库的重组织指在不改变空间数据库原来的逻辑结构和物理结构的前提下,改变数据的存储位置,将数据予以重新组织和存放。因为一个空间数据库在长期的运行过程中,经常需要对数据记录进行插入、修改和删除操作,这就会降低存储效率,浪费存储空间,从而影响空间数据库系统的性能。所以,在空间数据库运行过程中,要定期对数据库中的数据重新进行组织。DBMS 一般都提供了数据库重组的应用程序。由于空间数据库重组要占用系统资源,故重组工作不能频繁进行。

2)空间数据库的重构造

空间数据库的重构造指局部改变空间数据库的逻辑结构和物理结构。这是因为系统的应用环境和用户需求的改变，需要对原来的系统进行修正和扩充，有必要部分地改变原来空间数据库的逻辑结构和物理结构，从而满足新的需要。数据库重构通过改写其概念模式(逻辑模式)的内模式(存储模式)进行。具体地说，对于关系型空间数据库系统，通过重新定义或修改表结构，或定义视图来完成重构；对非关系型空间数据库系统，改写后的逻辑模式和存储模式需重新编译，形成新的目标模式，原有数据要重新装入。空间数据库的重构，对延长应用系统的使用寿命非常重要，但只能对其逻辑结构和物理结构进行局部修改和扩充，如果修改和扩充的内容太多，那就要考虑开发新的应用系统。

3)空间数据库的安全性、完整性控制

一个运行良好的空间数据库必须保证数据库的安全性和完整性。空间数据库的完整性，是指数据的正确性、有效性和一致性，主要由后映像日志来完成，它是一个备份程序，当发生系统或介质故障时，利用它对数据库进行恢复。同样，由于应用环境的变化，数据库的完整性约束条件也会变化，所以需要数据库管理员不断修正，以满足用户需要。

【应用思考】

走访调研相关部门，查阅资料、文献，论述空间数据库维护的方法，发生数据损坏的处理方法。

【作业】

1. 什么是空间数据库的维护?

2. 空间数据库的维护类型有哪些?

3. 空间数据库的维护方法有哪些?

【思政小课堂】

2023 年 2 月，中共中央、国务院印发了《数字中国建设整体布局规划》(简称《规划》)。《规划》指出，建设数字中国是数字时代推进中国式现代化的重要引擎，是构筑国家竞争新优势的有力支撑。加快数字中国建设，对全面建设社会主义现代化国家、全面推进中华民族伟大复兴具有重要意义和深远影响。

《规划》明确，数字中国建设按照“2522”的整体框架进行布局。其中，全面赋能经济社会发展明确要求建设绿色智慧的数字生态文明。推动生态环境智慧治理，加快构建智慧高效的生态环境信息化体系，运用数字技术推动山水林田湖草沙一体化保护和系统治理，完善自然资源三维立体“一张图”和国土空间基础信息平台，构建以数字孪生流域为核心的智慧水利体系。加快数字化绿色化协同转型，倡导绿色智慧生活方式。

所以，数字经济成为当下驱动经济高质量发展的关键力量，数据成为数字经济发展的核心动力。空间信息数据库作为各种空间信息数据的集合，为数字中国建设起到了重要的支撑作用。当前以移动对象、空间与时空、遥感为代表的空间信息数据呈爆发式增长，成为新基建和数字化的重要基础。通过运用空间信息技术将地图、定位、人地大数据与业务数据及营运数据结合，可释放空间信息数据的创新活力，为数字中国建设高质量发展提供助力。

项目8　空间数据查询与分析

【项目概述】

空间数据的查询与分析是空间数据库的核心应用之一,它特有的对地理信息的提取、表现和传输功能,是解决涉及地理空间实际问题的重要手段。通过空间数据的查询与分析,可以提取和传输地理空间信息(特别是隐含信息),以辅助决策。本项目包括以下内容:

任务1　空间数据查询

任务2　扩展SQL查询

任务3　缓冲区与叠置分析

任务4　网络分析

【素质目标】

从数据库中查到有价值信息的过程中,引导学生进行有效、合法地查询信息。

在运用空间数据开展空间分析解决空间问题时,自觉树立空间数据的安全使用意识,从战略高度来看待空间数据安全,深入贯彻落实总体国家安全观,捍卫国家安全。

引导学生使用空间分析技术实现洪涝灾害影响范围的确认,从而进一步深刻领会和贯彻落实好习近平总书记关于自然灾害防治工作的重要指示批示精神,牢固树立灾害风险管理意识,不断提升综合防灾减灾能力。

任务1　空间数据查询

【任务概述】

空间数据库的主要应用之一就是对空间数据进行查询,为进行深层次分析,往往需要查询、定位空间对象,并用一些简单的量测值对地理分布或现象进行描述,以达到辅助决策功能。通过学习,了解空间数据查询的含义及基本方式。

【情景导入】

在已建成的自然资源数据库中,如何查询耕地的面积?

【问题探究】

空间数据查询是空间数据库的一项重要功能,查询是用户与系统交流的途径,它可以向人们提供与地理空间、时间相关的空间数据,或者是与其关联的属性数据。目前,大多数成熟的商品化空间数据库软件的查询功能都能完美地实现对空间实体的简单查找,如根据鼠标所指的空间位置,系统可查找出该位置的空间实体和空间范围(由若干个空间实体组成)以及它们的属性,并显示出该空间对象的属性列表,并可以进行有关统计分析。

1. 空间数据查询的含义

空间数据查询是指给出查询条件,然后系统经过空间量算,或在空间数据库和与其相联系的属性数据库中快速检索返回满足条件的内容。

查询是空间数据库用户最经常使用的功能,用户提出的很大一部分问题都可以通过查询的方式解决,查询的方法和查询的范围在很大程度上决定了空间数据库的应用程度和应用水平。

通过数据查询可以定位空间对象,提取对象信息,为地理信息系统的高层次空间分析奠定基础。

空间数据查询可以根据图形查询属性和根据属性条件查询相应的图形。空间数据库中数据查询包含图形和属性的双向查询以及基于时间要素的图形、属性联合查询。

2. 空间数据查询的方式

微课 8-1　查询方式

空间关系查询包括空间拓扑关系查询和缓冲区查询。空间关系查询有一些是通过拓扑数据结构直接查询得到的,有些是通过空间运算,特别是空间位置的关系运算得到的。

空间实体间存在着多种空间关系,包括拓扑、顺序、距离、方位等关系。通过空间关系查询和定位空间实体是空间数据库不同于一般数据库系统的功能之一。如用户希望查询出满足如下条件的旅游景点:

(1)在郑州三环以外。

(2)距离三环线不超过 10 km。

(3)景点选择区域是特定的多边形。

整个查询过程涉及空间顺序、方位关系:在郑州三环以外,距离三环线不超过 10 km;空间拓扑关系:特定的选择区域之内。

空间数据中简单的点、线、面相互关系的查询包括:

(1)面面查询。如与某个多边形相邻的多边形有哪些(与河南省相邻的省、市有哪些)。

(2)面线查询。如某个多边形的边界有哪些线(丹江口水库的边界)。

(3)面点查询。如某个多边形内有哪些点状地物(北京地区有哪些旅游景点)。

(4)线面查询。如某条线经过(穿过)的多边形有哪些,某条链的左、右多边形是哪些(京广铁路穿过哪些省、市)。

(5)线线查询。如与某条河流相连的支流有哪些(某条道路跨过哪些河流)。

(6)线点查询。如某条道路上有哪些桥梁(某条输电线上有哪些变电站)。

(7)点面查询。如某个点落在哪个多边形内(泰山位于哪个省内)。

(8)点线查询。如某个结点由哪些线相交而成(经过郑州的铁路线)。

1)邻接查询

第一类邻接查询是多边形邻接查询,如查询与面状地物 A 相邻的所有多边形。

该问题可用拓扑查询执行:

第一步:从多边形与弧段关联的表中,检索出该多边形关联的所有弧段。

第二步:从弧段关联的左右多边形的表中,检索出这些弧段所关联的多边形,即为与

A 相邻的多边形。

第二类邻接查询是线与线的邻接查询，例如查询所有与主河流 A 关联的支流。这一问题也可通过拓扑关系表查询得以完成。

第一步：从线状地物表中查找出组成线状地物 A 的所有弧段及关联的结点。

第二步：从结点表中查找出与这些结点相关联的弧段（线状目标）即为与 A 关联的支流。

邻接关系查询还可能涉及一个结点关联的线状目标和面状目标等。

2）包含关系查询

查询某一个面状地物所包含的某一类的空间对象。被包含的空间对象可能是点状地物、线状地物或面状地物。它实际上与前面所述的按多边形的定位查询相似。这种查询使用空间运算执行。

3）穿越查询

往往需要查询某一公路或某一河流穿越了哪些县、哪些乡，完成这一操作，即可使用穿越查询。

穿越查询一般采用空间运算方法执行。根据一个线状目标的空间坐标，计算出哪些面状地物或线状地物与它相交。

4）落入查询

有时我们需要了解一个空间对象落在哪个空间对象之内。例如，查询一个一等测量钢标落在哪个乡（镇）的地域内，以便找到相应行政机关给予保护。执行这一操作采用空间运算即可，即使用点在多边形内、线在多边形内，或面在多边形内的判别方法。

5）缓冲区查询

缓冲区查询与后面所述的缓冲区分析有一点差别，缓冲区查询不对原有图形进行切割，只是根据用户需要给定一个点缓冲、线缓冲或面缓冲的距离，从而形成一个缓冲区多边形，再根据前面所述的多边形检索的原理，检索出该缓冲区多边形内的空间地物。如查找道路沿线 100 m 范围内的邮局。

3. 空间定位查询

空间定位查询是指给定一个点或一个几何图形，检索出该图形范围内的空间对象以及相应的属性。

微课 8-2　定位查询

1）按点查询

给定一个鼠标点位，检索出离它最近的空间对象，并显示它的属性，回答它是什么，它的属性是什么。

2）按矩形查询

给定一个矩形窗口，查询出该窗口内某一类地物的所有对象。如果需要，显示出每个对象的属性表。在这种查询中往往需要考虑检索是包含在该窗口内的地物，还是只要该窗口涉及的地物，无论是被包含的还是穿过的都被检索出来。这种检索过程异常复杂，它首先需要根据空间索引，检索到哪些空间对象可能位于该窗口内，然后根据点在矩形内、线在矩形内、多边形位于矩形内的判别计算，检索出所有落入检索窗口内的目标。

3)按圆查询

给定一个圆或椭圆,检索出该圆或椭圆范围内的某个类或某一层的空间对象,其实现方法与按矩形查询类似。

4)按多边形查询

用鼠标给定一个多边形,或者在图上选定一个多边形对象,检索出位于该多边形内的某一类或某一层的空间地物,这一操作的工作原理与按矩形查询相似,但是它比前者要复杂得多,它涉及点在多边形内、线在多边形内、多边形在多边形内的判别计算,这一操作也非常有用,用户需要经常查询某一面状地物,特别是行政区所涉及的某类地物,例如查询通过湖北省的主要公路。

4. 属性查询

属性查询常用的方法是SQL查询,空间数据库都支持标准的SQL查询,并设计了比较友好的用户界面,交互选择和输入Select语句有关的内容,就完全代替了完整的Select语句。

在输入Select语句有关的内容和条件以后,系统转化为标准的关系数据库SQL查询语言,由数据库管理系统执行或由某种计算机语言执行,查询得到满足条件的空间对象。得到一组空间对象的标识以后,在图形文件中找到并选中被查询的空间地物。例如,查询我国2020年男性人口大于3千万的省、市。

5. 查询结果显示

空间数据查询不仅能给出查询到的数据,还应以最有效的方式将空间数据显示给用户。对于查询到的地理现象的属性数据,能以表格、统计图表的形式显示,或根据用户的要求来确定。空间数据的最佳表示方式是地图,因而空间数据查询的结果最好以专题地图的形式表示出来。

【实践操作】

在ArcGIS软件中,查找(find)是最简单的由属性查询图形的操作,它不需要构造复杂的SQL命令,仅需选择一个属性表,给定一个属性值。找出对应的属性记录和空间图形,这一步操作是先执行数据库查询语言,找到满足条件的数据库记录,得到它的目标标识,再通过目标标识在图形数据文件中找到对应的空间对象。查找的另外一种方式是当屏幕上已显示一个属性表时,用户根据属性表的记录内容,用鼠标在表中任意点取某一个或某几个记录,图形界面即特殊显示(如闪烁或特殊颜色)被选取的空间对象。

在基础工具条上,单击识别工具→单击数据框中的某个位置以识别该位置处的要素,属性显示在识别窗口中。或者,也可通过框选来识别一组要素,如图8-1所示。

可使用右键单击要素以闪烁、缩放至、平移至该要素,或执行创建书签、打开属性表、查看图层属性等操作。

在使用识别工具时,默认情况下,它会识别地图中的最顶部图层。使用位于识别窗口顶部的识别范围列表,可选择要识别的特定图层。

最顶部图层:在内容列表绘制顺序最高且当前可见的图层中,识别一个或多个要素的属性。此选项不识别在内容列表中处于关闭状态或因地图比例问题当前没有绘制的图层中的要素。在此设置下,不会获得在该要素下绘制的其他图层中的要素属性。

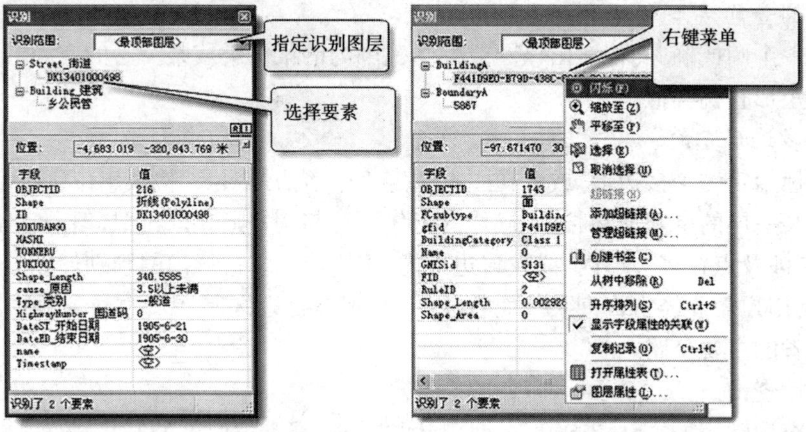

图 8-1　识别窗口

可见图层:识别地图中当前可见的要素的属性。

可选图层:识别可选图层中的要素的属性。在内容列表的按选择列出视图中管理可选图层列表。

所有图层:无论各地图图层当前是否处于显示状态,“识别”工具都将在数据框中显示所有地图图层的要素属性。

图层:选择地图中的特定图层。如果选择了特定图层,即使该图层当前在内容列表中处于关闭状态或因地图比例问题当前没有绘制,其属性仍可识别。

利用按位置选择工具,可以根据要素相对于另一图层要素的位置来进行选择,通过选择→按位置选择打开对话框。以地形数据示例:选择距田埂 10 m 范围内的高程点。

在目标图层中选择“高程点”,在源图层中选择“田埂”,在目标图层要素的空间选择方法中选择“与源图层要素相交”,在应用搜索距离中输入“10”,单位选择“米”,点击“确定”,即可选择距田埂 10 m 范围内的高程点,如图 8-2 所示。

图 8-2　按位置选择

【作业】

1. 什么是空间数据查询?

2. 空间数据查询有哪些方式?

3. 空间关系查询包含哪些内容?

任务 2　扩展 SQL 查询

【任务概述】

可以使用 SQL 语句对空间数据进行查询,支持对空间数据进行查询的 SQL 语句通常称为扩展 SQL 语句或空间 SQL 语句。通过学习,了解扩展 SQL 语句的基本操作和语法。

【情景导入】

在已建成的自然资源数据库中,如何查询某河流穿越了哪些村庄?

【问题探究】

虽然 SQL 是功能强大的查询处理语言,但它还是有不足之处的,其中最主要的一点是,它们通常只提供简单的数据类型:整型、日期型、字符串型等。空间数据库(SDB)的应用必须能处理像点、线和多边形这样的复杂的数据类型,为此数据库厂商采取了两种对策:一种是采用 blob 数据类型来存储空间信息;另一个是建立一种混合系统,即通过 GIS 软件把空间属性存储在操作系统的文件中。然而,SQL 不能处理以 blob 形式存储的数据,而把处理 blob 形式数据的任务交给了应用程序,这种解决方案较为低效,因为数据必须依赖于宿主语言的应用程序代码。在混合系统中,空间属性存储在一个单独的操作系统文件中,这样就无法利用传统数据库服务,如查询语言、并发控制以及索引支持。

面向对象系统对扩展 DBMS 的功能来支持空间(复杂)对象有重大的影响。这种程序扩展了关系数据库的面向对象特性,最终产生对象关系数据库管理系统(OR-DBMS)的通用框架。OR-DBMS 的关键特性是它支持 SQL 的最新版本,这一版本支持用户自定义类型(就像 Java 或者 C++)。使用 SQL 最新标准,可以用它来操纵和获取空间数据。

空间 SQL 的基本要求是,采用更贴近人们对空间理解的概念,为空间数据提供更高层次的抽象。这可以通过引入面向对象中用户自定义 ADT(抽象数据模型,Abstract Data Type)的思想来实现。ADT 中,用户可以自定义类型和相关的联系。例如,若要把地块以多边形方式存储在数据库中,则相应的 ADT 可以是 polygon 类型和某个关联函数(方法),比如 adjacent 组成。adjacent 函数用于多个地块,判断它们之间是否有共同的边界。而用抽象(abstract)一词是因为用户无法知道实现这些关联函数的细节,他们只需关心接口,即了解哪些函数可用以及这些函数的输入参数和输出结果的数据类型。

1. OGIS 标准的 SQL 扩展

1)扩展 SQL 的基本操作

OGIS 是由一些主要软件供应商组成的联盟,它负责制定与 GIS 互操作相关的行业标准。OGIS 的空间数据模型可以嵌入到各种编程语言中,例如 C、Java、SQL 等,本任务主要介绍 SQL 的嵌入。

微课 8-3　扩展 SQL 查询

OGIS 是基于几何数据模型之上的。该数据模型包括一个基类 GEOMETRY,这个基类是非实例化的(不能把对象定义为 GEOMETRY 的一个实例),但它规定了一个适用于其子类的空间参照系统。有四个主要的子类是从 GEOMETRY 这个超类派生出来的,这四个子类是 Point、Curve、Surface 和 Geometry Collection,每个类还关联了一组操作,这组操作作用于类的实例。

在 OGIS 标准中,所指定的操作可分成三类:

(1)用于所有几何类型的基本操作。例如,SpatialReference( )方法返回所定义对象几何体采用的基础坐标系统。常见的参照系统的例子包括:人们熟悉的经纬度(Latitude and Longitude)系统和用得最多的统一横轴墨卡托(Universal Traversal Mercator,UTM)。

(2)用于空间对象间拓扑关系的操作测试。例如,overlap 判断两个对象内部是否有一个非空的交集。

(3)用于空间分析的一般操作。例如 distance 返回两个空间对象之间的最短距离。

SQL 的 OGIS 标准定义的一些操作,包括 6 个用于所有几何类型的基本操作、8 个用于空间对象之间拓扑关系的操作测试和 7 个用于空间分析的一般操作:

(1)用于所有几何类型的基本操作。

SpatialReference( ):返回几何体的基本坐标系统;

Envelope( ):返回包含几何体的最小外接矩形;

Export( ):返回以其他形式表示的几何体;

IsEmpty( ):若几何体为空集,则返回真;

IsSimple( ):若几何体为简单的(不自交的),则返回真;

Boundary( ):返回几何体的边界。

(2)用于空间对象之间拓扑关系的操作测试。

Equal:相等——若 2 个几何体的内部和边界在空间上都相等,则返回真;

Disjoint:相离——若 2 个几何体的内部和边界都不相交,则返回真;

Intersect:交叠——若 2 个几何体相交,则返回真;

Touch:相接——若 2 个面仅边界相交,而内部不相交,则返回真;

Cross:横过——若一条线和面的内部相交,则返回真;

Within:在内部——若给定的几何体的内部不与另一个几何体的外部相交,则返回真;

Contains:包含——若给定的几何体包含另一个几何体,则返回真;

Overlap:覆盖/被覆盖——若 2 个几何体的内部有非空交集,则返回真。

(3)用于空间分析的一般操作。

Distance:求距离——返回 2 个几何体之间的最短距离;

Buffer:求缓冲区——返回到给定几何体距离小于或等于指定值的几何体的点的集合;

ConvexHull:求最小闭包——返回几何体的最小闭包;

Intersection:集合交——返回 2 个几何体的交集构成的几何体;

Union:集合并——返回 2 个几何体的并集构成的几何体;

Difference:集合差——返回几何体与给定几何体不相交的部分;

SymmDiff:返回 2 个几何体与对方互不相交的部分。

2) OGIS 标准的局限性

OGIS 规范仅局限用于空间的对象模型,从前面的学习中可以看出,空间信息有时可以很自然地映射到基于场的模型,有时则不可以。

即使在对象模型中,对于简单的“选择-投影-连接”查询来说,OGIS 的操作也有局限性。用 GROUP BY 和 HAVING 子句来支持空间聚集查询确实会出问题。最后,OGIS 标准过于关注基本拓扑的和空间度量的关系,而忽略了对整个度量操作的类的支持,也就是说,它不支持那些基于方位(例如,北、南、左、前等)词的操作。OGIS 标准还不支持动态的、基于形状以及基于可见性的操作。

2. 空间查询示例

以 World 数据库中的 3 张表,Country 表(国家)、City 表(城市)和 River 表(河流)(见表 8-1~表 8-3)为例,进行扩展的 SQL 查询。其中,Shape 表示形状,是一种扩展的属性字段,Polygon 表示多边形,Point 表示点,LineString 表示线。

表 8-1 Country 表

Name	Cont	Pop(millions)	GDP(billions)	Life-Exp	Shape
Canada	NAM	30.1	658.0	77.08	PolygonID-1
Mexico	NAM	107.5	694.3	69.36	PolygonID-2
Brazil	SAM	183.3	1 004.0	65.60	PolygonID-3
Cuba	NAM	11.7	16.9	75.95	PolygonID-4
USA	NAM	270.0	8 003.0	75.75	PolygonID-5
Argentina	SAM	36.3	348.2	70.75	PolygonID-6

表 8-2 City 表

Name	Country	Pop(millions)	Capital	Shape
Havana	Cuba	2.1	Y	PointID-1
Washington, D.C.	USA	3.2	Y	PointID-2
Monterrey	Mexico	2.0	N	PointD-3
Toronto	Canada	3.4	N	PointID-4
Brasilia	Brazil	1.5	Y	PointID-5
Rosario	Argentina	1.1	N	PointID-6
Ottawa	Canada	0.8	Y	PointID-7
Mexico City	Mexico	14.1	Y	PointID-8
Buenos Aires	Argentina	10.75	Y	PointID-9

表 8-3 River 表

Name	Origion	Length(kilometers)	Shape
Rio Parana	Brizal	2 600	LineStringID-1
St. Lawrence	USA	1 200	LineStringID-2
Rio Grande	USA	3 000	LineStringID-3
Mississippi	USA	6 000	LineStringID-4

[查询示例 1] 列出 Country 表中所有与美国相邻的国家名字。

```
SELECT    C1. Name AS'Neighbors of USA'
FROM      Country C1, Country C2
WHERE     Touch(C1. Shape, C2. Shape) = 1 AND
                   C2. Name ='USA'
```

注释:谓词 Touch 检测两个几何对象是否彼此相邻而又不交叠,这是一个用于判断相邻几何对象的很有用的操作。Touch 操作是 OGIS 标准所定义的八个拓扑谓词中的一个。拓扑运算的良好性质之一是在许多几何变换下具有不变性。特别地,为 World 数据库选择的坐标系不会影响拓扑运算的结果。

[查询示例 2] 列出 River 表中河流流经的国家名字。

```
SELECT    R. Name, C. Name
FROM      River R, Country C
WHERE     Cross(R. Shape, C. Shape) = 1
```

注释:Cross 也是一个拓扑谓词,它常常用于判断线要素(LineString)与面要素(Polygon)之间(如本例情况)或一对线要素(LineString)之间是否相交。

[查询示例 3] 对于 River 表中列出的河流,在 City 表中找到距其最近的城市。

```
SELECT    C1. Name, R1. Name
FROM      City C1, River R1
WHERE     Distance(C1. Shape, R1. Shape) <
                   ALL(SELECT   Distance(C2. Shape, R1. Shape)
                   FROM         City C2
                   WHERE        C1. Name <> C2. Name)
```

注释:Distance 是一个返回实数值的二元运算,它可作用于任何几何对象的组合上。在本例中有两处使用到这个运算,WHERE 子句和子查询中的 SELECT 子句。

[查询示例 4] 列出距圣劳伦斯河方圆 300 km 的城市。

```
SELECT    Ci. Name
FROM      City Ci, River R
WHERE     Overlap(Ci. Shape, Buffer(R. Shape, 300)) = 1  AND
                   R. Name = 'St. Lawrence'
```

注释:一个几何对象的 Buffer(缓冲区)是指以该对象为中心并由 Buffer 运算的参数作为尺寸的几何区域,本例中,查询指定了 Buffer 区域的大小。很多 GIS 应用都采用 Buffer 运算,包括洪水泛区管理以及城市与乡村划分法则。

[查询示例 5]　列出 Country 表中每个国家的名字、人口和国土面积。

```
SELECT   C.Name, C.Pop, Area(C.Shape) AS'Area'
FROM     Country C
```

注释:这条查询语句说明了 Area 函数的用途,该函数只适用于 Polygon(多边形)和 MultiPolygon(多个多边形)这两种几何类型。面积的计算显然取决于 World 数据库所采用的坐标系。例如,如果 Country 元组的形状是以经纬度形式给出的,那么在计算面积之前要做一个中间坐标系变换。对于 Distance 和 Length 两个函数也要注意类似问题。

[查询示例 6]　求出河流在流经的各国家境内的长度。

```
SELECT   R.Name, C.Name, Length(Intersection(R.Shape, C.Shape)) AS 'Length'
FROM     River R, Country C
WHERE    Cross(R.Shape, C.Shape) = 1
```

注释:二元运算 Intersection 的返回值是一个几何类型。Intersection 运算与 Intersects 函数不同,后者是一个拓扑谓词,用于判断两个几何体是否相交。LineString 和 Polygon 的 Intersection 可以是 Point 类型或 LineString 类型。在本例中,如果一条河流的确流经一个国家,则结果将是一条 LineString。这样,Length 函数将返回该河流流经每个国家时的非零长度。

[查询示例 7]　列出每个国家的 GDP 及其首都到赤道的距离。

```
SELECT   Co.Name, Co.GDP, Distance(Point(0, Ci.Shape.y), Ci.Shape AS'Distance'
FROM     Country Co, City Ci
WHERE    Co.Name = Ci.Country   AND
           Ci.Capital ='Y'
```

注释:查找数据库中各数据集之间的隐含关系已经超出了标准数据库的功能范围。现在的 DBMS 都适合进行联机事务处理(on-line transaction processing,OLTP),而本例中的查询则属于联机分析处理(on-line analytical processing,OLAP)范畴。OLAP 归属于数据挖掘领域,现在能做的是列出所有的首都并分别求出它们到赤道的距离。Point(0,Ci.Shape.y)是赤道上的一个与 CiName 的首都实例有相同经度的点。

[查询示例 8]　按邻国多少列出所有国家。

```
SELECT      Co.Name, Count(Co1.Name)
FROM        Country Co, Country Co1
WHERE       Touch(Co.Shape, Co1.Shape)
GROUP BY    Co.Name
ORDER BY    Count(Co1.Name)
```

注释:在这个查询中,所有至少有一个邻国的国家将根据其邻国的个数进行排序。

[查询示例 9] 列出只有 1 个邻国的国家。

```
SELECT      Co. Name
FROM        Country Co, Country Co1
WHERE       Touch(Co. Shape, Co1. Shape)
GROUP BY    Co. Name
HAVING      Count(Co1. Name) = 1
SELECT      Co. Name
FROM        Country Co
WHERE       Co. Name IN
             (SELECT   Co. Name
              FROM     Country Co, Country Co1
              WHERE    Touch(Co. Shape, Co1. Shape)
              GROUP BY  Co. Name
              HAVING    Count( * ) = 1)
```

注释:这里,我们在 FROM 子句中用到了一个嵌套查询,FROM 子句的查询结果是一个表,它由互为邻国的国家对组成。GROUP BY 子句根据国家的名字对该结果表进行分组。最后,HAVING 子句选择出只有一个邻国的国家,它的作用类似于 WHERE 子句,所不同的是,在 HAVING 子句中必须包含像 count、sum、max 和 min 这样的聚集函数。

[查询示例 10] 哪个国家的邻国最多。

```
CREAT VIEW Neighbor AS
SELECT      Co. Name, Count(Co1. Name) AS'Num_neighbors'
FROM        Country Co, Country Co1
WHERE       Touch(Co. Shape, Co1. Shape)
GROUP BY    Co. Name
SELECT      Co. Name, Num_neighbors
FROM        Neighbor
WHERE       Num_neighbors = (SELECT Max(Num_neighbors)
            FROM Neighbor)
```

注释:这条查询说明视图在简化复杂查询时的作用。第一个查询(视图)计算每一个国家的邻国数,第二个查询从 Neighbor 视图中选出邻国数最大的国家。这个视图创建了一个虚拟表,该虚拟表可以像普通表一样用于后续的查询。

3. 对象-关系 SQL

OGIS 标准指定了数据类型及其相关的运算,它们对测绘地理信息行业这样的空间应用来说是必不可少的。例如,Point 数据类型的一个重要运算是 Distance,它负责求出两个点之间的距离。而 Length 运算用在 Point 数据类型时从语义上看就不正确了。这和 Concatenation(串联)运算更适用于 Character(字符)型数据而非 Integer(整型)的争论很相似。

在关系数据库中，所有数据类型都是固定的，而对于对象关系数据库或面向对象数据库来说，就不存在这种限制，因为这些数据库支持用户自定义数据类型。这种特性显然是一个优点，尤其是处理空间数据这类非传统数据库应用时更加有用。不过从另一方面看，数据库应用开发人员在构建符合语法和语义的数据类型方面的负担则更重了。为了减轻开发人员的负担，商业数据库厂商推出了特殊应用的“软件包”，它给数据库用户提供无缝接口。例如，Oracle 就有专为空间数据库领域开发的软件包——Spatial Data Cartridge。

【实践操作】

按属性选择属于一种 SQL 选择。SQL 是用于对存放在计算机数据库中的数据进行组织、管理和检索的工具。实际上，SQL 是用于特定类型的数据库——关系数据库的高级语言，并随着关系数据库模型而得到普及。

一般的 GIS 软件都设计了比较好的用户界面，交互选择和输入上面 Select 语句有关的内容，代替键入完整的 Select 语句。

在输入 Select 语句有关的内容和条件以后，系统转化为标准的关系数据库 SQL 查询语言，由数据库管理系统（ODBC）执行或由某种计算机语言执行，查询得到满足条件的空间对象。得到一组空间对象的标识以后，在图形文件中找到并选中被查询的空间地物。

例如，在面要素中选择名称为旱地的要素，打开选择→按属性选择对话框，在图层中选择面要素，表达式中依次双击“名称”→单击“=”→单击“获取唯一值”→双击“旱地”，得到“[名称] =“旱地”的表达式，点击“确定”即得到选择结果，如图 8-3 所示。

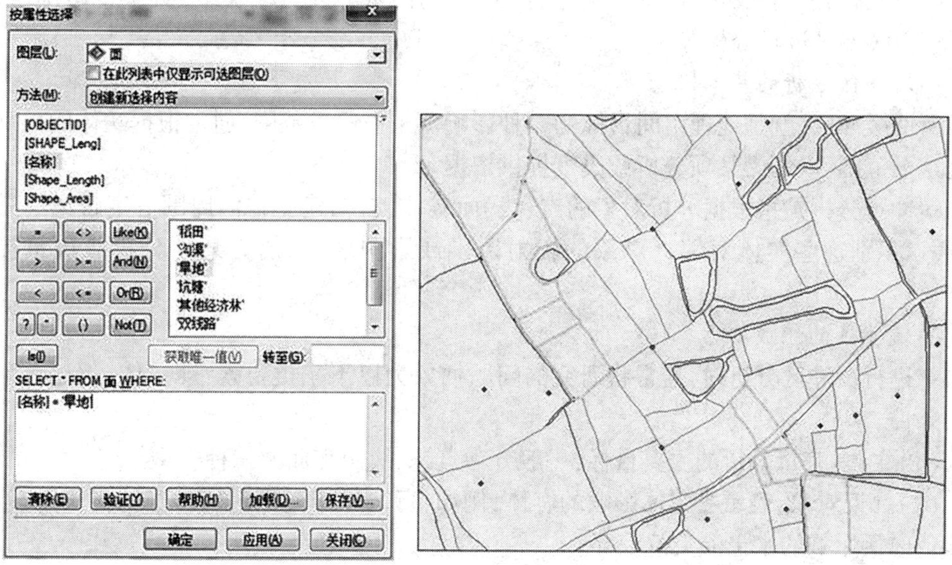

图 8-3　按属性选择

【作业】

1. 什么是扩展 SQL 查询？
2. 扩展 SQL 语句有哪些常用的操作词？

任务 3　缓冲区分析与叠置分析

【任务概述】

缓冲区分析是用来确定不同地理要素的空间邻近性或接近程度的一种分析方法，叠置分析是根据空间数据叠加后产生的结果进而分析得到有用的信息。在空间数据分析中，缓冲区分析与叠置分析通常一起使用，完成空间数据的分析任务。通过学习，了解缓冲区分析和叠置分析的基本概念和操作方法。

【情景导入】

在已建成的自然资源数据库中，如果河流宽度拓宽 10 m（如发生洪涝灾害），将影响哪些房屋？

【问题探究】

1. 缓冲区分析

缓冲区分析属于邻域分析的一种，是为了识别某一地理实体对周围地物的影响而在其周围建立的一定宽度的多边形区域。

微课 8-4　缓冲区

例如，某地区有危险品仓库，要分析一旦仓库爆炸所涉及的范围，就需要进行点缓冲区分析；如果要分析因道路拓宽而需拆除的建筑物和需搬迁的居民，则需进行线缓冲区分析；而在对野生动物栖息地的评价中，动物的活动区域往往是在距它们生存所需的水源或栖息地一定距离的范围内，为此可用面缓冲区进行分析等。

1）缓冲区分析的基本概念

所谓缓冲区，就是地理空间目标的一种影响范围或服务范围，通常根据实体的类别来确定这个范围，以便为某项分析或决策提供依据。

缓冲区分析是指根据分析对象的点、线、面实体，自动建立它们周围一定距离的带状区，用以识别这些实体对邻近对象的辐射范围或影响度，以便为某项分析或决策提供依据。

2）缓冲区的组成要素

在进行缓冲区分析时，通常将研究的问题抽象为以下三类要素，即主体、邻近对象和作用条件。

（1）主体：表示分析的主要目标，一般分为点源、线源和面源三种类型。

（2）邻近对象：表示受主体影响的客体，例如，行政界线变更时所涉及的居民区、森林遭砍伐时所影响的水土流失范围等。

（3）作用条件：表示主体对邻近对象施加作用的影响条件或强度。

3）缓冲区分析方法

根据主体的类型，把缓冲区分析划分为三种方法，分别为点缓冲区分析、线缓冲区分析和面缓冲区分析。

（1）点缓冲区分析。

点缓冲区是选择单个点、一组点、一类点状要素或一层点状要素，按照给定的缓冲条件建立缓冲区，如图 8-4 所示。不同的缓冲条件下，单个或多个点状要素建立的缓冲区不同。

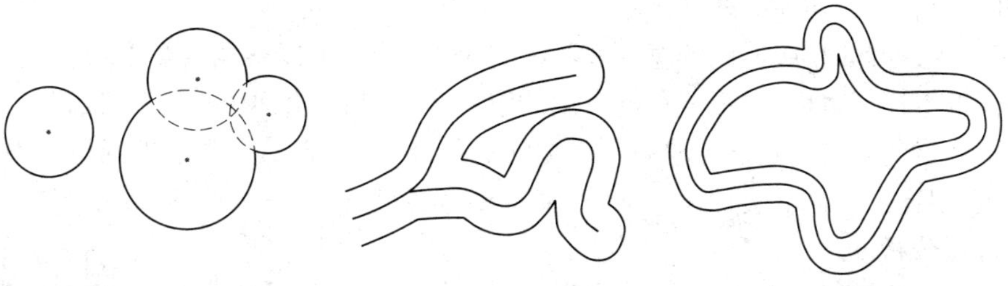

(a)点的缓冲　(b)线的缓冲　(c)面的缓冲

图 8-4　缓冲区示意图

点缓冲区分析方法的应用是非常广泛的，例如，要调查某地区的现有的小学能否满足社区需求，可运用点缓冲区分析方法确定各小学的服务范围，分析它们的重叠离散程度，若重叠太大，则说明小学分布可能不合理；若离散太大，则需在服务空白区新建小学。

(2)线缓冲区分析。

线缓冲区是选择一类或一组线状要素，按照给定的缓冲条件建立缓冲区结果。

线缓冲区分析方法主要应用于线状地物如道路和河流对周围影响的分析。例如，为了防止水土流失，河流两侧一定范围内的森林禁止砍伐，这个范围的确定可运用线缓冲区分析。

(3)面缓冲区分析。

面缓冲区是选择一类或一组面状要素，按照给定的缓冲条件建立缓冲区。面缓冲区由于自身缓冲区建立的原因，存在内缓冲区和外缓冲区之分。外缓冲区是仅在面状地物的外围形成缓冲区；内缓冲区则在面状地物的内侧形成缓冲区，同时可以在面状地物的边界两侧形成缓冲区。

4)缓冲区的建立

本书中，缓冲区的概念与计算机技术中的缓冲区概念无关，而是指在点、线、面实体的周围，自动建立的一定宽度的多边形。

点的缓冲区建立时，只需要给定半径绘圆即可。面的缓冲区只朝一个方向，而线的缓冲区需在线的左右配置。下面简要介绍线的缓冲区的建立思路。

在建立线缓冲区的时候，只需在线的两边按一定的距离绘平行线，并在线的端点处绘半圆，就可连成线的缓冲区。对一条线所建的缓冲区有可能重叠，如图 8-5 所示。这时需把重叠的部分去除。基本思路是，对缓冲区边界求交，并判断每个交点是出点还是入点，以决定交点之间的线段保留或删除。这样就可得到岛状的缓冲区。

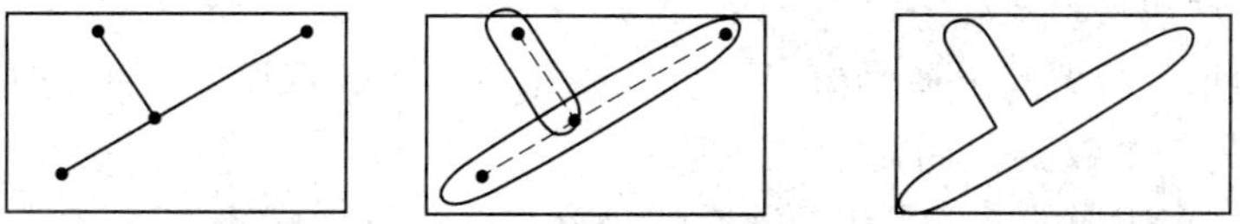

(a)输入图层　(b)进行缓冲区操作　(c)缓冲区操作的结果

图 8-5　线缓冲区的建立过程

在对多条线建立缓冲区时,可能会出现缓冲区之间的重叠。这时需把缓冲区内部的线段删除,以合并成连通的缓冲区。

在建立缓冲区时,缓冲区的宽度并不一定是相同的,可以根据要素的不同属性特征,规定不同的缓冲区宽度,以形成可变宽度的缓冲区。例如,沿河流绘出的环境敏感区的宽度应根据河流的类型而定。这样就可根据河流属性表,确定不同类型的河流所对应的缓冲区宽度,以产生所需的缓冲区。

2. 叠置分析

叠置分析是针对空间数据的一项非常重要的空间分析功能。例如:我们经常需要了解一个乡的森林覆盖面积、一个县的公路里程、一个地区的河流密度等。要得到这些结果,不能仅靠空间查询,而需要将空间目标进行切割,必要时,重建拓扑关系,以致确切地统计出乡的森林覆盖面积、县的公路里程、地区的河流密度等属性值。

微课 8-5　叠置

1)叠置分析概念

叠置分析是指在统一空间参照系统条件下,每次将同一地区两个地理对象的图层进行叠合,以产生空间区域的多重属性特征,或建立地理对象之间的空间对应关系。叠置分析是地理信息系统最常用的提取空间隐含信息的手段之一。

空间叠置至少涉及两个图层,其中至少有一个图层是多边形图层,称为基本图层;另一个图层可能是点、线或多边形。空间叠置分析往往涉及逻辑交、逻辑并。

2)点与多边形的叠置

点与多边形的叠置是确定一幅图(或数据层)上的点落在另一幅图(或数据层)的哪个多边形中,这样就可给相应的点增加新的属性内容,如图 8-6 所示。例如,一幅图表示水井的位置,另一幅图表示城市功能分区。两幅图叠置后可得出每个城市功能区(如居住区)有多少水井,也可以知道每口水井是位于城市的什么功能区。

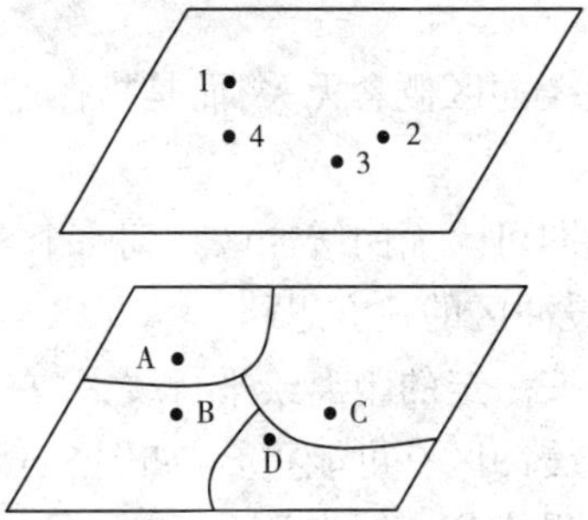

Point	V1	V2	V3	Poly	V6
1				A	
2				C	
3				D	
4				B	

图 8-6　点与多边形的叠置

3)线与多边形的叠置

线与多边形的叠置与上述类似,是把一幅图(或一个数据层)中的多边形的特征加到另一幅图(或另一个数据层)的线上。

同样,线与多边形的叠置首先要比较线坐标与多边形坐标的关系,判断哪一条线落在哪一个或哪些多边形内,由于一条线常常跨越多个多边形,因此必须首先计算线与多边形的交点,将原线分割为两个或两个以上落入不同多边形的新弧段。然后重建线的属性表,表中既包含每条新弧段原来所属的线的所有属性，也包含新添加的、它所落入的多边形标识序号，以及该多边形的某些附加属性。例如，河流网络与乡镇区划图进行叠置分析，这样河流网络图层中的各个河流的线属性表，将不仅包含原河流的信息，还含有该河流所在行政区的标号和其他信息，可以依此得到任意省、市内的河流的分布密度和长度等。

例如，道路图与政区图叠置，可得到每个政区中各种等级道路的里程。线与多边形叠置的算法实际就是线的多边形裁剪算法，如图 8-7 所示。

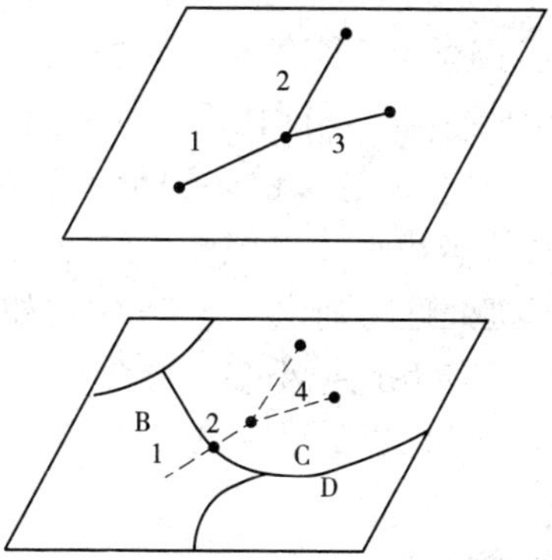

Line ID	Old LOID	Poly
1	1	B
2	1	C
3	2	C
4	3	C

图 8-7　线与多边形的叠置

4）多边形与多边形的叠置

多边形与多边形的叠置是指不同图幅或不同图层多边形要素之间的叠置，通常分为合成叠置[见图 8-8(a)]和统计叠置[见图 8-8(b)]。

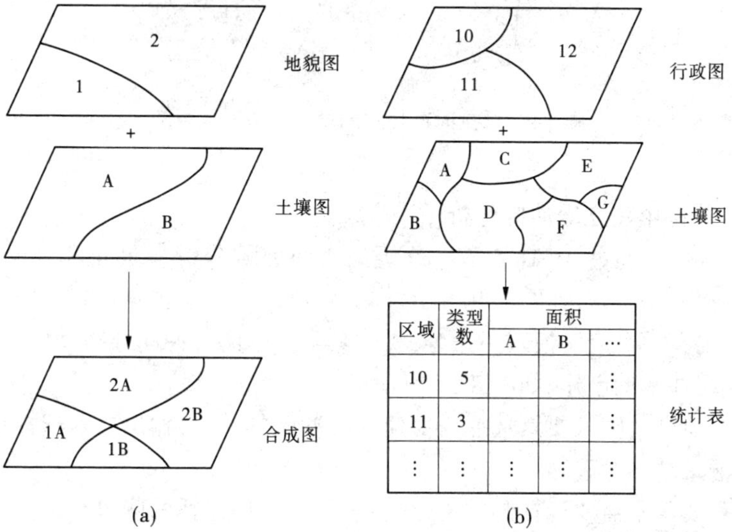

区域	类型数	面积		
		A	B	…
10	5			⋮
11	3			⋮
⋮	⋮	⋮	⋮	⋮

图 8-8　合成叠置与统计叠置

合成叠置是指通过叠置形成新的多边形，使新多边形具有多重属性，即需进行不同多边形的属性合并。属性合并的方法可以是简单的加、减、乘、除，也可以取平均值、最大最小值，或取逻辑运算的结果等。

统计叠置是指确定一个多边形中含有其他多边形的属性类型的面积等，即把其他图上的多边形的属性信息提取到本多边形中来。

例如，土壤类型图与城市功能分区图叠置，可得出商业区中具有不稳定土壤结构的地区有哪些。

多边形与多边形叠置算法的核心是多边形对多边形的裁剪。它需要将两层多边形的边界全部进行边界求交的运算和切割。然后根据切割的弧段重建拓扑关系，最后判断新叠置的多边形分别落在原始多边形层的哪个多边形内，建立起叠置多边形与原多边形的关系，如有必要再抽取属性。下面用框图讨论多边形与多边形叠置的过程。

进行多边形叠置的往往是不同类型的地图，甚至是不同比例尺的地图，因此同一条边界的数据往往不同，这时在叠置时就会产生一系列无意义的多边形或裂隙，如图 8-9 所示。而且边界位置越精确，越容易产生无意义的多边形或裂隙。手工方法叠置时可用制图综合来处理无意义的多边形或裂隙，而计算机处理时则比较复杂，常用如下三种方法：

(1)在屏幕上显示多边形叠加的情况。人机交互地把小多边形合并到大多边形中。

(2)确定无意义多边形的面积临界值，把小于临界值的多边形合并到相邻的大多边形中。

(3)先拟合出一条新的边界线，然后进行叠置操作。

但无论采用哪种方法来处理无意义多边形，都会产生误差。

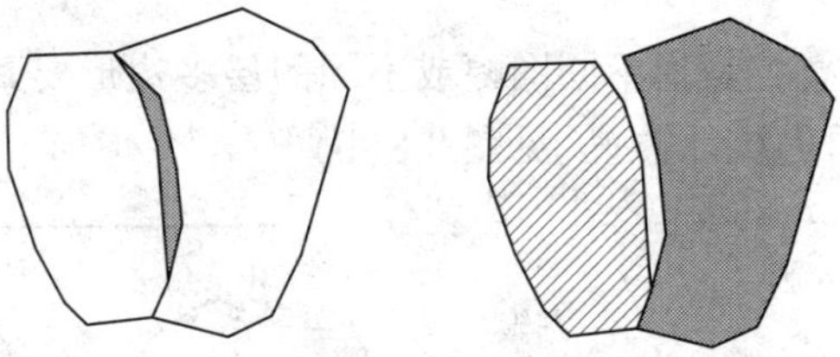

图 8-9　叠置时产生的无意义多边形或裂隙

【实践操作】

1. ArcGIS 软件中建立缓冲区分析

建立缓冲区可以通过 ArcToolbox→分析工具→邻域分析→缓冲区实现，或通过菜单栏地理处理→缓冲区实现，如图 8-10 所示。

或通过自定义→自定义模式→命令，将工具类别中的缓冲向导拖动到工具条中，点击缓冲向导实现缓冲区的创建，如图 8-11 所示。

在缓冲区工具中，输入要素选择需要建立缓冲区的要素，输出要素选择存储的位置和名称，距离中输入缓冲距离。

侧类型：点要素不需要选择侧类型，线要素的侧类型包括两侧(FULL)、左侧(LEFT)、右侧(RIGHT)，面要素的侧类型还包括仅外侧(OUTSIDE_ONLY)，指仅在输入面的外部生成缓冲区。

末端类型：仅针对线要素，ROUND 指缓冲区的末端为圆形，即半圆形。FLAT 指缓冲区的末端很平整或者为方形，并且在输入线要素的端点处终止。

融合类型：NONE 指无论如何重叠，均保持每个要素的独立缓冲区。ALL 指将所有缓

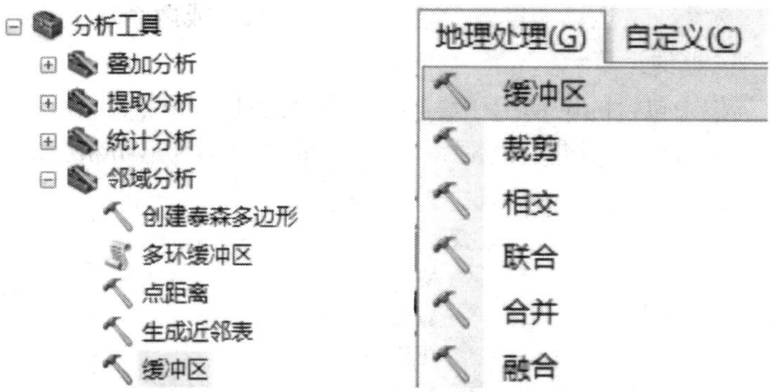

图 8-10　缓冲区分析功能

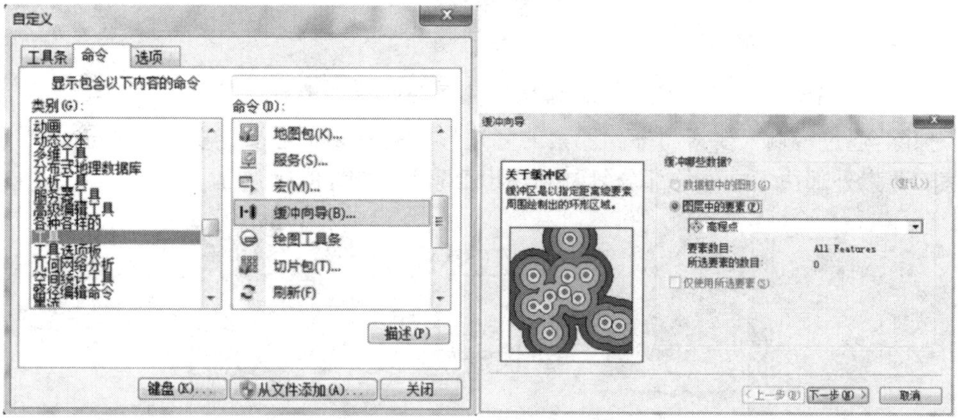

图 8-11　自定义缓冲区功能

冲区融合为单个要素，从而移除所有重叠。LIST 指融合共享所列字段（传递自输入要素）属性值的所有缓冲区，如图 8-12 所示。

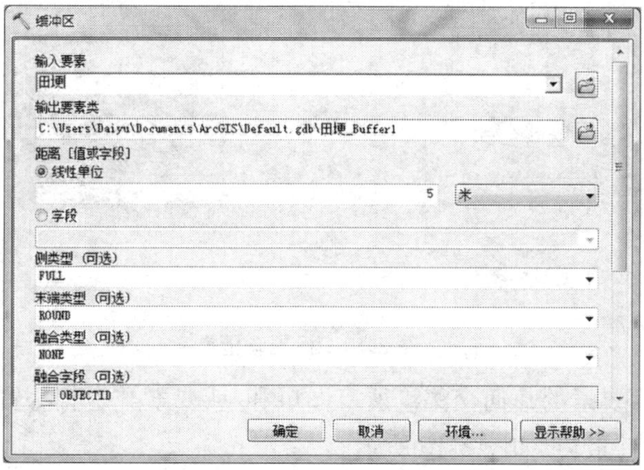

图 8-12　缓冲区设置

2. ArcGIS 软件中建立叠置分析

叠置分析的目的是在空间位置上，分析具有一定关联的空间对象的空间特征和专属属性之间的相互关系。从运算角度看,叠置分析是指两个或两个以上地理要素图层进行空间逻辑的交、并、差的运算。

“叠加”工具集中包含的工具用于叠加多个要素类以合并、擦除、修改或更新空间要素,从而生成新要素类。工具集在 ArcToolbox→分析工具→邻域分析,如图 8-13 所示。

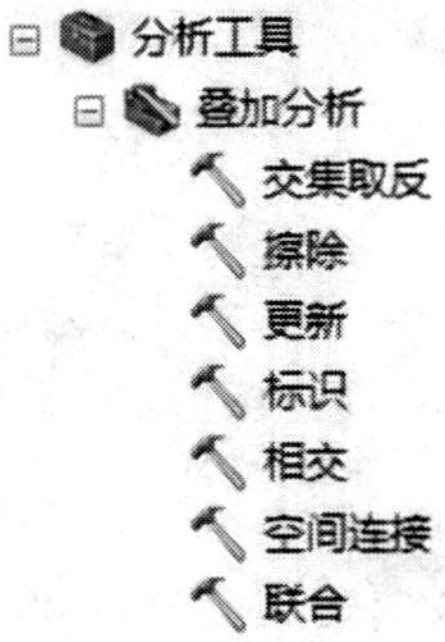

图 8-13　叠加分析

擦除:通过将输入要素与擦除要素的多边形相叠加来创建要素类。只将输入要素处于擦除要素外部边界之外的部分复制到输出要素类,如图 8-14 所示。

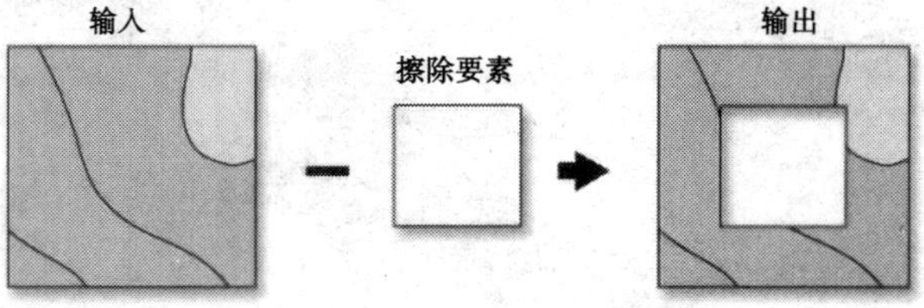

图 8-14　擦除功能

标识:计算输入要素和标识要素的几何交集。与标识要素重叠的输入要素或输入要素的一部分将获得这些标识要素的属性,如图 8-15 所示。

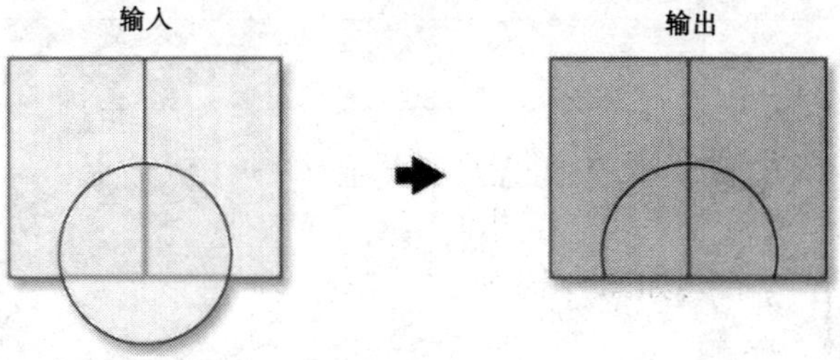

图 8-15　标识功能

相交:计算输入要素的几何交集。所有图层和/或要素类中相叠置的要素或要素的各部分将被写入输出要素类,如图 8-16 所示。

空间连接:根据空间关系将一个要素类的属性连接到另一个要素类的属性。目标要素和来自连接要素的被连接属性写入输出要素类。

交集取反:输入要素和更新要素中不叠置的要素或要素的各部分将被写入输出要素类,如图 8-17 所示。

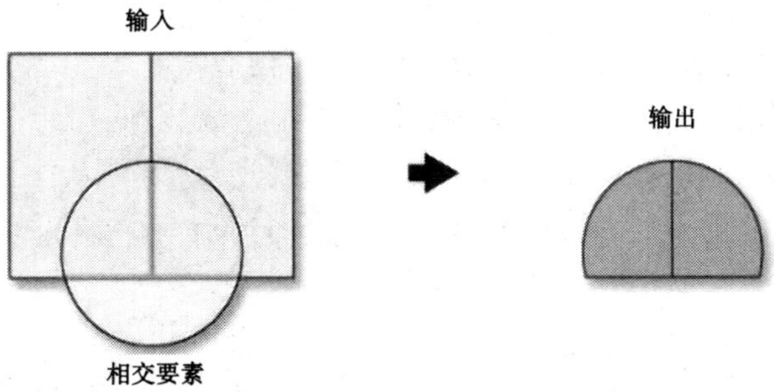

图8-16　相交功能

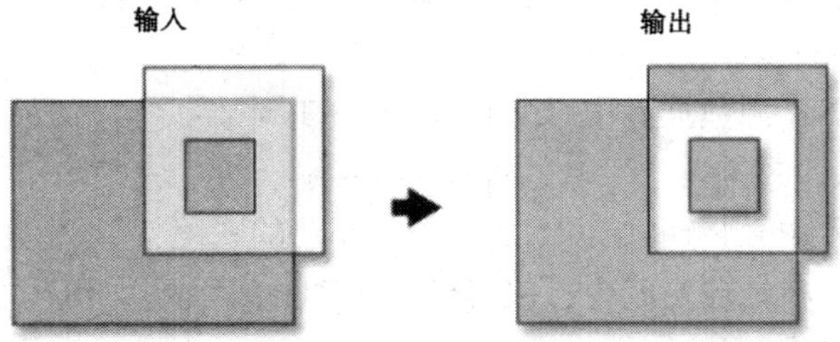

图8-17　交集取反功能

联合:计算输入要素的几何并集。将所有要素及其属性都写入输出要素类,如图8-18所示。

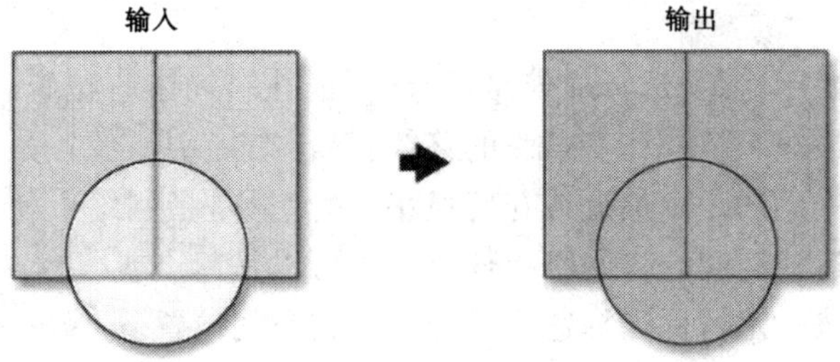

图8-18　联合功能

更新:计算输入要素和更新要素的几何交集。输入要素的属性和几何根据输出要素类中的更新要素来进行更新,如图8-19所示。

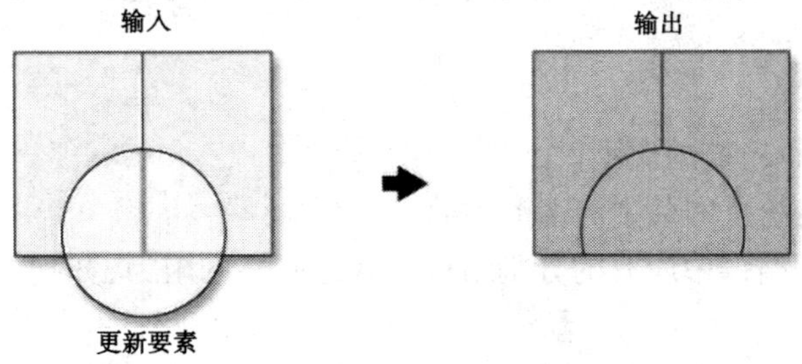

图8-19　更新功能

【作业】

1. 什么是缓冲区分析？点、线、面的缓冲区如何构造？

2. 什么是叠置分析？结合实际，举例说明。

任务 4　网络分析

【任务概述】

网络分析是空间数据分析中的一项重要的空间分析功能，主要包括最优路径选择、连通分析、网络流量分析、时间和距离计算等。在军事行动中选择越野机动路线就是一种网络分析的具体应用。通过学习，了解网络的基本构成、网络分析的功能和算法。

【情景导入】

在已建成的自然资源数据库中，如何查询某村庄到某乡(镇)的最快路线？

【问题探究】

网络是现实世界中，由链和结点组成的带有环路的系统，通常用来描述某种资源或物质在空间中的运动。在地理空间中，许多自然、人工的线状地物相互之间构成网络，如道路网、地下管线网、电网、河流网等。

网络分析是指依据网络拓扑关系，通过考察网络元素的空间及属性数据，以数学理论模型为基础，对网络的性能特征进行多方面研究的一种分析计算。或是研究一项网络工程如何安排，并使其运行效果最好，如一定资源的最佳分配，从一地到另一地的运输费用最低等。

网络分析的主要用途是：选择最佳路径，选择最佳布局中心位置。所谓最佳路径，是指从始点到终点的最短距离或花费最少的路线；最佳布局中心位置是指各中心所覆盖范围内任意一个点到中心的距离最近或花费最小；网流量是指网络上从起点到终点的某个函数，如运输价格、运输时间等。网络上任意点都可以是起点或终点。其基本思想在于人类活动总是趋向于按一定目标选择达到最佳效果的空间位置。

1. 网络数据结构

1) 网络数据结构的基本组成

(1)链(Link)。

网络中流动的管线，如街道、河流、水管等，其状态属性包括阻力和需求。

微课 8-6　网络分析基本概念

(2)结点(Node)。

结点有下面几种特殊的类型。

障碍(Barrier)：禁止网络中链上流动的点。

拐点：出现在网络链中所有的分割结点上状态属性的阻力，如拐弯的时间和限制(如不允许左拐)。

中心：是接受或分配资源的位置，如水库、商业中心、电站等。其状态属性包括资源容量，如总的资源量；阻力限额，如中心与链之间的最大距离或时间限制。

站点：在路径选择中资源增减的站点，如库房、汽车站等，其状态属性有要被运输的资源需求,如产品数。

空间网络的基本组成见图 8-20。

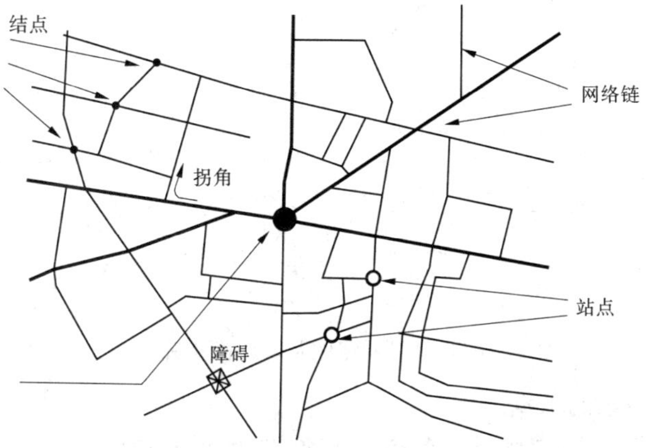

图 8-20 空间网络的基本组成

2)网络中的属性

每种网络要素都有许多相联系的属性,如道路宽度、名称等。在网络分析中有非常重要的 3 个属性。

(1)阻碍强度。指资源在网络中运移时所受阻力的大小,如花费的时间、费用等。它用于描述链、拐弯、资源中心、站点所具有的属性。

(2)资源需求量。指网络中与弧段和停靠点相联系的资源的数量。如在供水网络中每条沟渠所载的水量、在城市网络中沿每条街道所住的学生数、在停靠站点装卸货物的件数等。

(3)资源容量。指网络中心为了满足各弧段的需求,能够容纳或提供的资源总数量。如学校的容量指学校能注册的学生总数、停车场能停放机动车辆的空间、水库的总容量。

2. 主要网络分析功能

1)路径分析

A. 最短路径分析含义

最短路径分析是指在网络中从起点经一系列特定的结点至终点的资源运移的最佳路线,即阻力最小的路径。

在最短路径选择中,两点之间的距离可以定义为实际的距离,也可定义为两点间的时间、运费、流量等,换句话说,可定义为使用这条边所需付出的代价。因此,可以对不同的专题内容进行最短路径分析。

微课 8-7 最短路径

B. 最短路径核心算法

求两点间的权数最小路径,常用的算法是狄克斯特拉(Dijkstra)在 1959 年提出的,被公认为是最好的算法之一。

(1)距离矩阵的计算。

为了求出最短路径,需先计算任意两点间的距离,并形成距离矩阵。计算时,如果两点间没有直接可通的路,距离为∞,如图 8-21 所示。

有向图

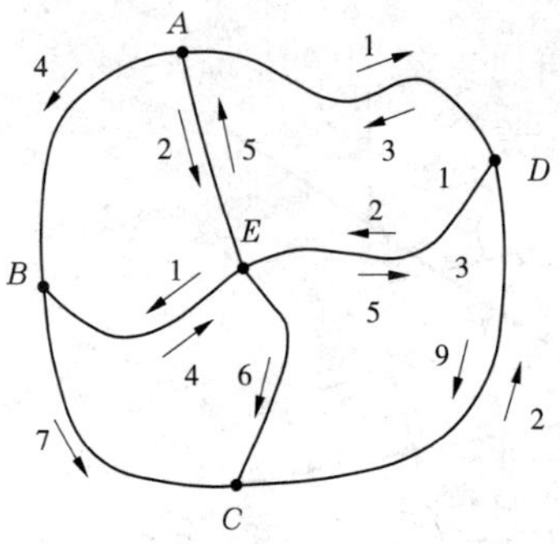

距离矩阵

	A	B	C	D	E
A	0	4	∞	1	2
B	∞	0	7	∞	4
C	∞	∞	0	2	∞
D	3	∞	9	0	2
E	5	1	6	5	0

图 8-21　网络图及其距离矩阵

(2)最短路径搜索的依据。

网络图中的最短路径应该是一条简单路径,即是一条不与自身相交的路径。

最短路径搜索的基本依据是:若从起点 S 到终点 T 有一条最短路径,则该路径上的任何点到起点 S 的距离都是最短的。

(3)最短路径搜索的算法。

Dijkstra 算法;该方法适合于求解某个起点(起点/源点)到网络中的其他各个结点的最短路径。但该方法仅适用于所有连接边的权数都大于 0 的网络。如图 8-21 求解起点 A 到终点 C 的最短路径。

Dijkstra 算法的思路是:对图中的结点,从起点开始不断地进行标记。标记值为从给定起点到该点的最短路径长。直到标记到终点,停止标记。

注意:标记点的方法。

不断地搜索沿着标记过的点所对应的最短路径到所有未标记点的可直接连通路径,然后取路径距离最短的点,对取得最小值的点做标记,并记该最小值为该点的标记值。

如此循环进行,直到标记点为终点,算法结束。

若最小值为∞,则说明起点 S 到未标记的其他点都没有路,算法终止;否则继续。

下面列出的是图 8-21 中各点最短路径:

A 到 B	最短路径 $A \to E \to B$	最短距离为 3
A 到 C	最短路径 $A \to E \to C$	最短距离为 8
A 到 D	最短路径 $A \to D$	最短距离为 1
A 到 E	最短路径 $A \to E$	最短距离为 2

2)连通分析——最小生成树

A. 最小生成树的含义

如果一个图中,任意两个结点之间都存在一条路则称为连通图。若一个连通图中不存在任何回路,则称为树。一个连通的赋权图可能有很多的生成树。若生成树是图的极小连通子图,则称为最小生成树。

生成树 T 的权数:设 T 为图 G 的一个生成树,若把 T 中各边的权数相加,则这个和数称为生成树 T 的权数。在 G 的所有生成树中,权数最小的生成树称为 G 的最小生成树。

B. 最小生成树的应用

在实际应用中，常有类似在 n 个城市间建立通信线路这样的连通分析问题。这可用图来表示，图的顶点表示城市，边表示两城市间的线路，边上所赋的权值表示代价。对 n 个顶点的图可以建立许多生成树，每一棵树可以是一个通信网。若要使通信网的造价最低，就需要构造图的最小生成树。

C. 构造最小生成树的依据

(1)在网中选择 $n-1$ 条边连接网的 n 个顶点。

(2)尽可能选取权值为最小的边。

D. 构造最小生成树的克罗斯克尔算法（Kruskal，也叫"避圈"法）

设图 G 是由 m 个节点构成的连通赋权图，则构造最小生成树的步骤如下：

(1)先把图 G 中的各边按权数从小到大重新排列，并取权数最小的一条边为 T 中的边。

(2)在剩下的边中，按顺序取下一条边。若该边与 T 中已有的边构成回路，则舍去该边，否则选进 T 中。

(3)重复步骤(2)，直到有 $m-1$ 条边被选进 T 中，这 $m-1$ 条边就是 G 的最小生成树。

【例 8-1】 设有如图 8-22 所示的图，图的每条边上标有权数。为了使权数的总和为最小，应该从权数最小的边选起。在此，选边(2,3)；去掉该边后，在图中取权数最小的边，此时可选(2,4)或(3,4)，设取(2,4)；去掉(2,4)边，下一条权数最小的边为(3,4)，但使用边(3,4)后会出现回路，故不可取，应去掉边(3,4)；下一条权数最小的边为(2,6)；依上述方法重复，可形成图 8-22 所示的最小生成树之一。如果前面不取(2,4)，而取(3,4)，则形成最小生成树之二。

3)资源分配

资源分配就是为网络中的网线寻找最近（这里的远近是按权值或称阻碍强度的大小来确定的）的中心（资源发散地）。例如，资源分配能为城市中的每一条街道确定最近的消防站，为一条街道上的学生确定最近的学校，为水库提供其供水区。资源分配模拟资源是如何在中心（学校、消防站、水库等）和它周围的网线（街道、水路等）间流动的。

资源分配根据中心容量及网线的需求将网线分配给中心，分配是沿最佳路径进行的。若网线被分配给某个中心，该中心拥有的资源量就依据网线的需求而缩减，若中心的资源耗尽，分配就停止。

4)最佳选址

选址功能是指在一定约束条件下、在某一指定区域内选择设施的最佳位置，它本质上是资源分配分析的延伸，例如，连锁超市、邮筒、消防站、飞机场、仓库等的最佳位置的确定。在网络分析中的选址问题一般限定设施必须位于某个结点或某条链上，或者限定在若干候选地点中选择位置。

5)地址匹配

地址匹配实质是对地理位置的查询，它涉及地址的编码。地址匹配与其他网络分析功能结合起来，可以满足实际工作中非常复杂的分析要求。所需输入的数据，包括地址表和含地址范围的街道网络及待查询地址的属性值。这种查询也经常用于公用事业管理、

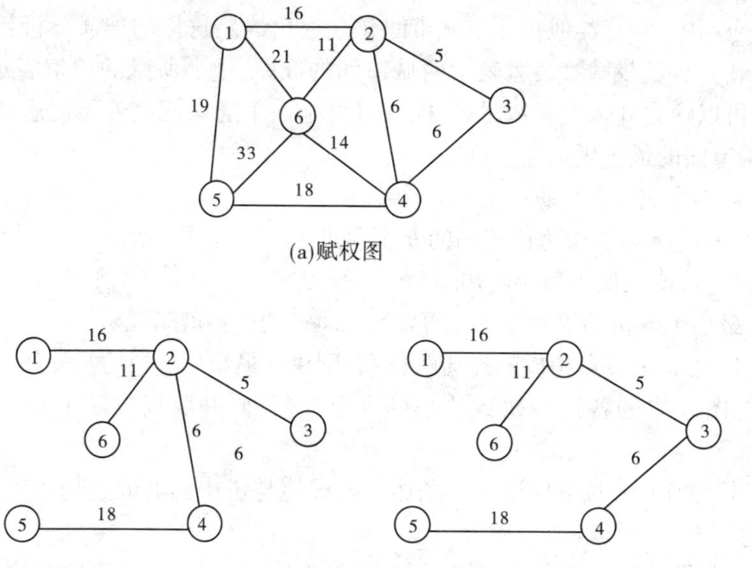
(a)赋权图

(b)最小生成树之一　　　　　　(c)最小生成树之二

图 8-22　最小生成树

事故分析等方面，如邮政、通信、供水、供电、治安、消防、医疗等领域。

【实践操作】

学习 ArcGIS 下进行道路网络分析(最佳路径分析)的技术方法。

(1)打开练习数据。

(2)在工具条空白处单击鼠标右键，将 Network Analyst 选项打钩，主窗口弹出 Network Analyst 工具条。

点击工具条上的 Network Analyst 窗口，将网络分析窗口打开，如图 8-23 所示。

图 8-23　网络分析工具条

(3)创建路径分析图层。

在网络分析工具栏 Network Analyst 上点击下拉菜单 Network Analyst▾，点击“新建路径”菜单项，如图 8-24 所示。

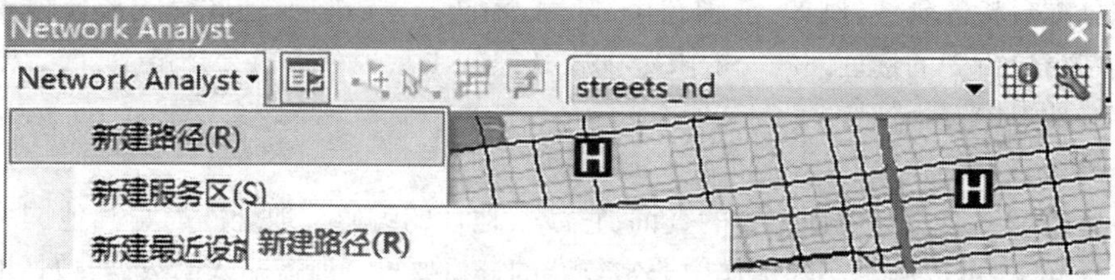

图 8-24　新建路径

此时,在网络分析窗口中包含一个空的列表,显示停靠点、路径、点障碍、线障碍、面障碍的相关信息。同时,在内容列表面板上添加了新建的一个路径分析图层“路径”组合,如图 8-25 与图 8-26 所示。

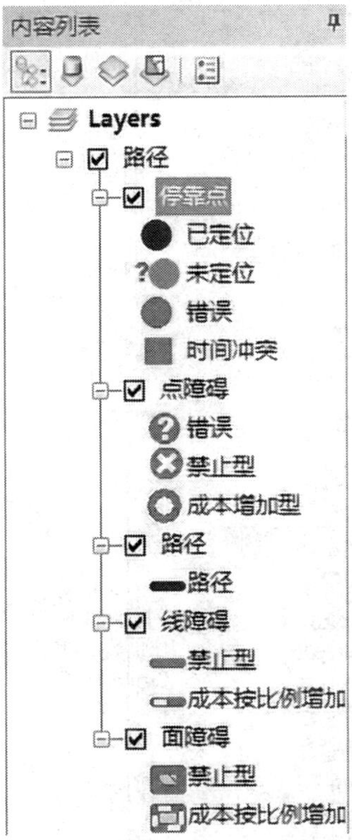

图 8-25　网络图层显示

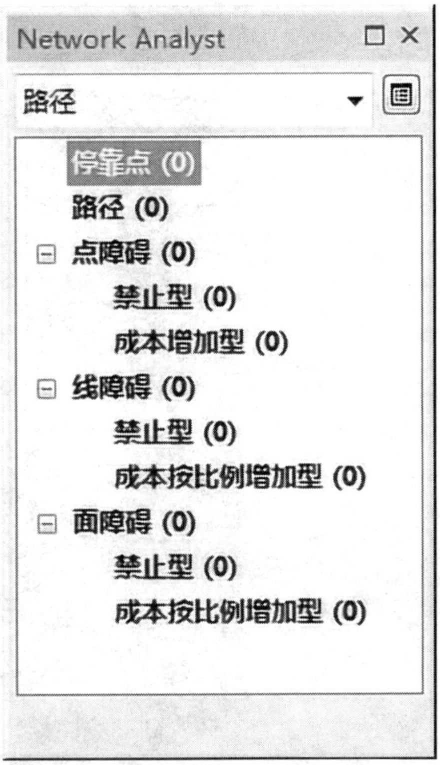

图 8-26　路径显示方式

(4)添加停靠点。

通过以下步骤添加停靠点,最佳路径分析将找到最佳的经停顺序以计算并得到最佳路径。

第 1 步:在网络分析窗口中选择“停靠点(0)”。

第 2 步:在网络分析工具栏上点击“创建网络位置工具”。

第 3 步:在地图的街道网络图层的任意位置上点击以定义一个新的停靠点。

程序将在街道网络上自动地计算并得到一个距离给定位置最近的停靠点,已定义的停靠点会以特别的符号进行显示。停靠点会保持被选中的状态,除非它被明确地反选(Unselected)或者又新增了一个另外的停靠点。停靠点所在的位置会同时显示一个数字“1”,数字表示经停的顺序,如图 8-27 所示。

第 4 步:再添加 4 个停靠点。新增加的停靠点的编号为 2、3、4、5。经停的顺序可以在网络分析窗口中更改。第一个停靠点被认定为出发点,最后一个停靠点被认定为是目的地,如图 8-28 所示。

(5)设置分析选项。

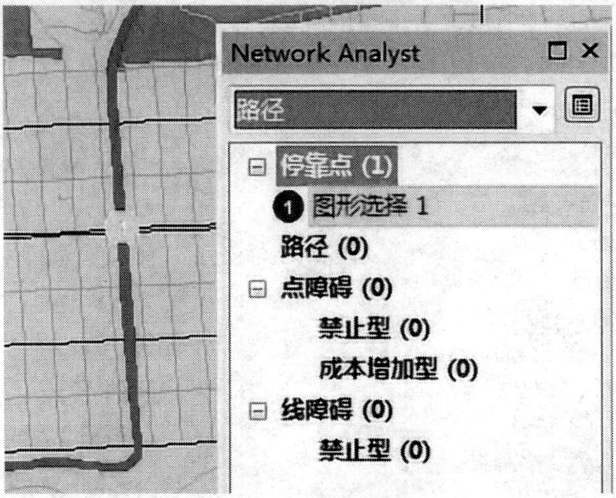

图 8-27 添加停靠点

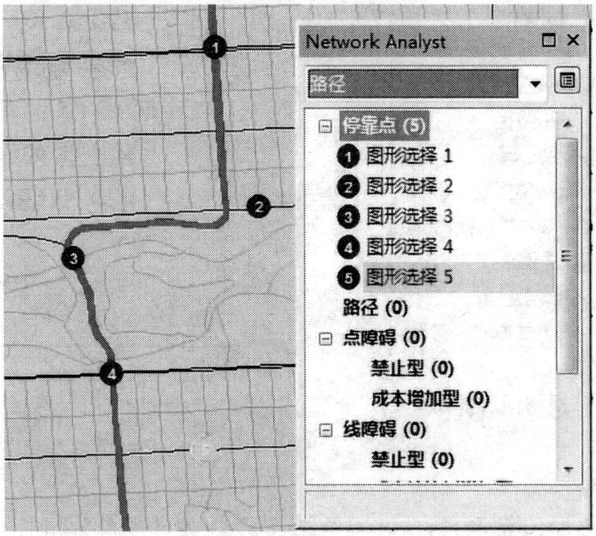

图 8-28 添加目的地

以下操作基于规则(单向行驶规划必须遵守,任意路口可以调头)计算最省时间的线路。

第 1 步:在网络分析窗口中点击分析图层属性按钮 ,打开“图层属性”设置对话框,选择“分析设置”选项卡,并进行设置,如图 8-29 所示。

第 2 步:在“累积”选项卡中,将累积属性“米”和“分钟”都勾选,点击“确定”,如图 8-30 所示。

(6)运行最佳路径分析得到分析结果。

在网络分析工具栏上点击“求解”按钮 。分析结果——最佳路径线状要素图层,将在地图中显示,在“网络分析窗口”中“路径”目录下也会同时显示,如图 8-31 所示。

该路线即为经历 5 个停靠点的最佳路径。

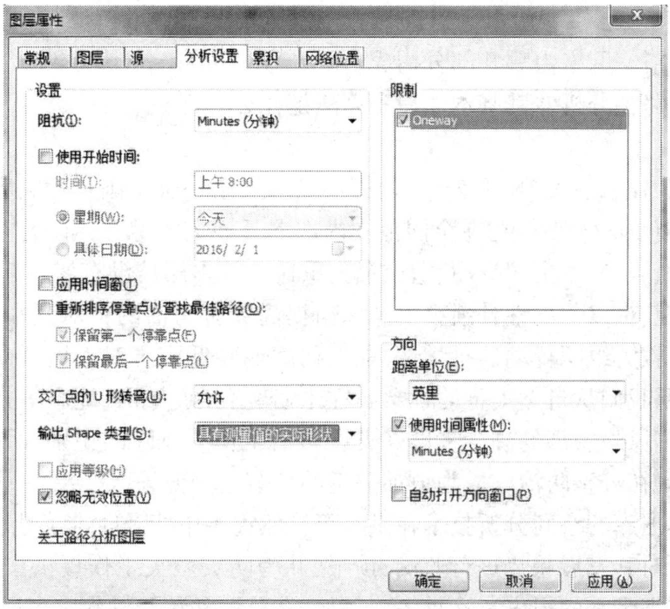

图 8-29　设置分析选项

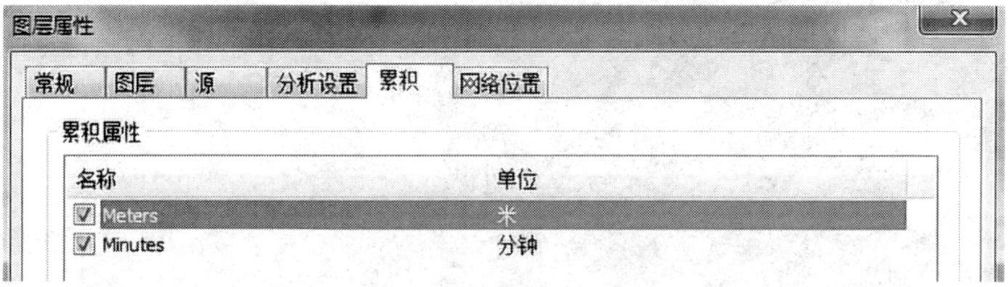

图 8-30　设置分析单位

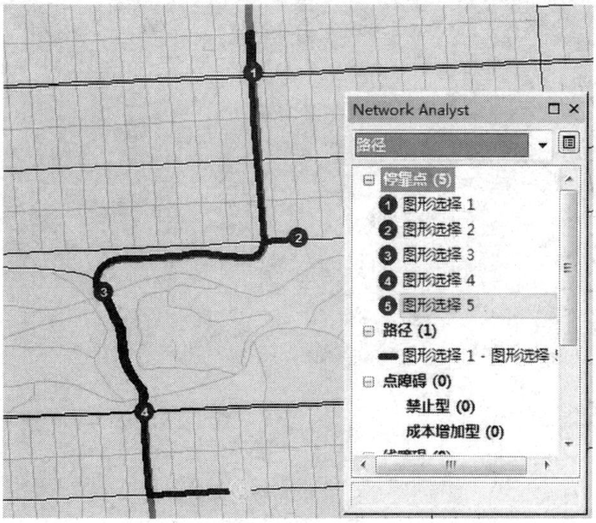

图 8-31　最佳路径结果

【作业】

1. 什么是网络？网络由哪几部分构成？

2. 什么最短路径分析？其基本原理和算法是什么？

【思政小课堂】

2020 年 5 月 31 日，国务院办公厅印发《关于开展第一次全国自然灾害综合风险普查的通知》（国办发〔2022〕12 号），在全国范围内部署开展灾害综合风险普查工作。我国灾害种类多、分布地域广、发生频率高、造成损失重这一基本国情没有变。近年来，各类灾害的突发性、异常性、难以预见性日渐突出。如何提高灾害防治的针对性和有效性，特别是提高防灾、减灾、救灾组织行动的科学性，最大程度地降低灾害对人民群众生命财产安全的危害，这就需要我们从自然灾害的社会属性来研究台风、暴雨、地震等自然现象带来的灾害风险，以灾害风险管理的理念来做好灾害防治工作。风险的识别和评估作为风险管理最基础的工作，在灾害防治中成为愈加关键的环节。

基于空间数据库的空间分析技术在洪水等自然灾害中能及时准确地获取灾害的空间信息、影响范围，对其发展趋势进行监测、预报，并为防灾救灾工作提供信息支持，对于尽可能减少洪涝灾害带来的损失意义重大。例如，在监测和预警洪水灾害过程中，及时掌握水资源环境的变化，对资源环境的监测、洪灾的预防、灾后救援等均具有重大的现实意义，从而更好地保障人民群众生命财产安全，更好地保障经济社会高质量发展。

项目9　教学管理数据库建设实训

【项目概述】

关系型数据库以行和列的形式存储数据，是一种常用的数据库模型。Access 数据库软件简洁、轻巧，方便用户使用，用户可以通过图形化界面管理数据。通过实训项目，掌握使用 Access 软件建立、使用关系数据库的基本操作。本项目包含2个任务：

任务1　创建数据库和数据表

任务2　数据查询

任务1　创建数据库和数据表

一、实验目的

(1)掌握数据库的创建及其他简单操作。

(2)熟练掌握数据表建立、数据表维护、数据表的操作。

二、实验内容与要求

(1)数据库的创建、打开、关闭。

(2)数据表的创建：建立表结构、设置字段属性、建立表之间的关系、数据的输入。

(3)数据表维护：打开表、关闭表、调整表外观、修改表结构、编辑表内容。

(4)数据表的操作：查找替换数据、排序记录、筛选记录。

三、实验步骤

【案例一】　创建数据库

创建空数据库

要求：建立“教学管理.accdb”数据库，并将建好的数据库文件保存在“E:\实验一”文件夹中(或其他文件夹)。

操作步骤：

(1)在 Access 2020 启动窗口中，在中间窗格的上方，单击“空数据库”，在右侧窗格的文件名文本框中，给出一个默认的文件名“Database1.accdb”。把它修改为“教学管理”，如图9-1所示。

(2)单击按钮，在打开的“文件新建数据库”对话框中，选择数据库的保存位置，在“E\实验一”文件夹中，单击“确定”按钮，如图9-2所示。

(3)返回到 Access 启动界面，显示将要创建的数据库的名称和保存位置，如果用户未提供文件扩展名，Access 将自动添加上。

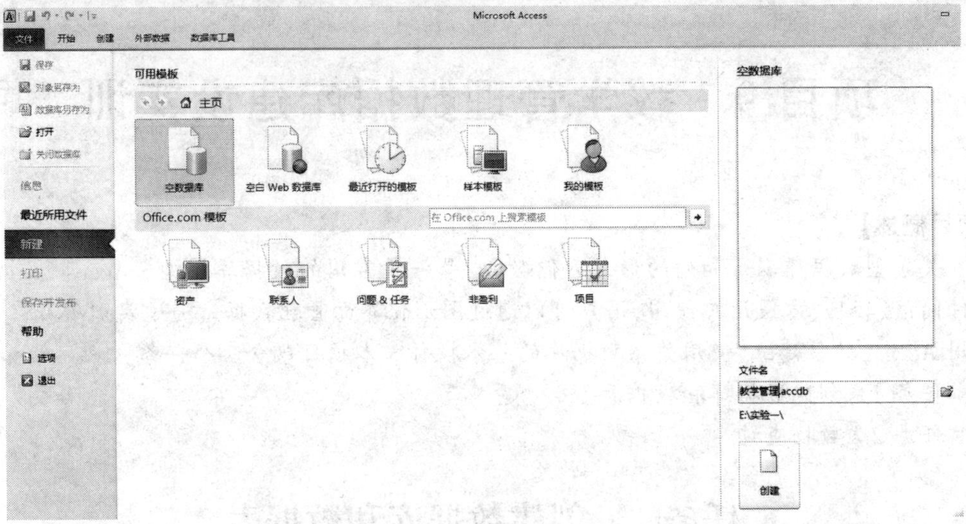

图 9-1　创建教学管理数据库

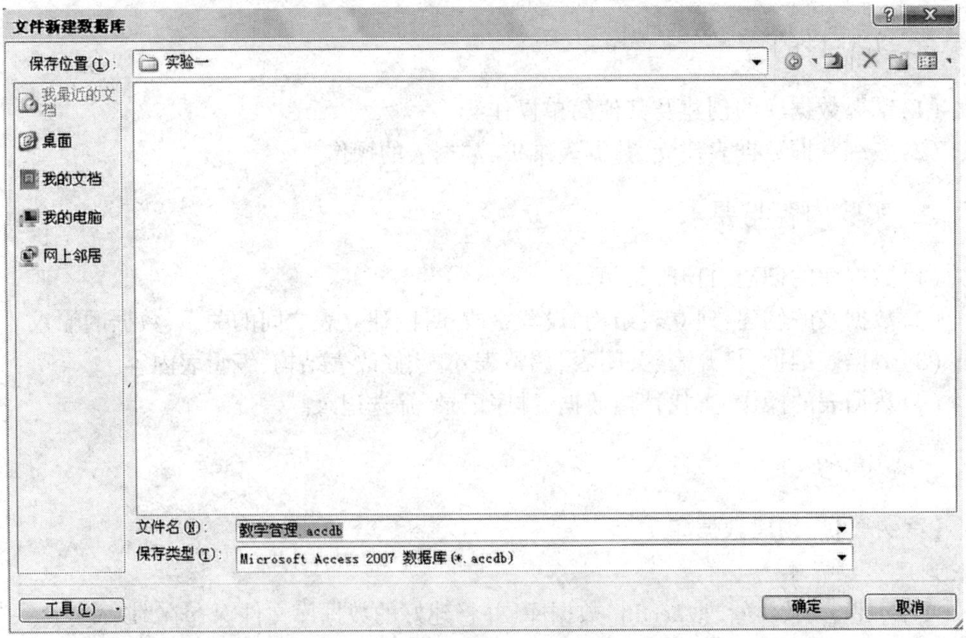

图 9-2　"文件新建数据库"对话框

(4)在右侧窗格下面,单击"创建"命令按钮,如图 9-1 所示。

(5)创建空白数据库,自动创建了一个名称为表 1 的数据表,并以数据表视图方式打开这个表 1,如图 9-3 所示。

(6)这时,光标将位于"添加新字段"列中的第一个空单元格中,现在就可以输入添加数据,或者从另一数据源粘贴数据。

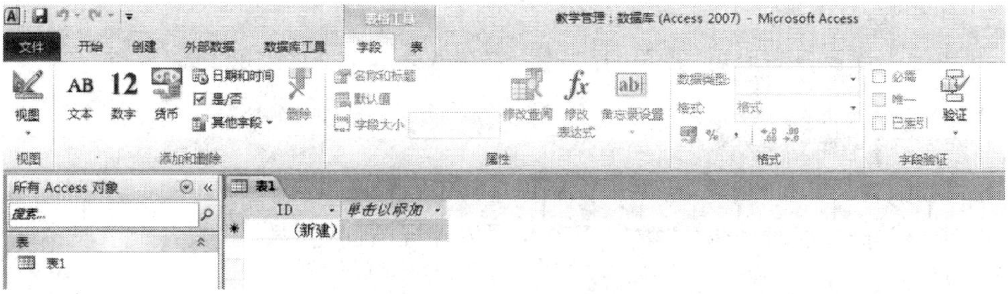

图 9-3　表 1 的数据表视图

【案例二】 数据库的打开和关闭

1. 打开数据库

要求：以独占方式打开“教学管理. accdb”数据库。

操作步骤：

(1) 选择“文件”→“打开”，弹出“打开”对话框。

(2) 在“打开”对话框的“查找范围”中选择“E：\实验一”文件夹，在文件列表中选“教学管理. accdb”，然后单击“打开”按钮右边的箭头，选择“以独占方式打开”，如图 9-4 所示。

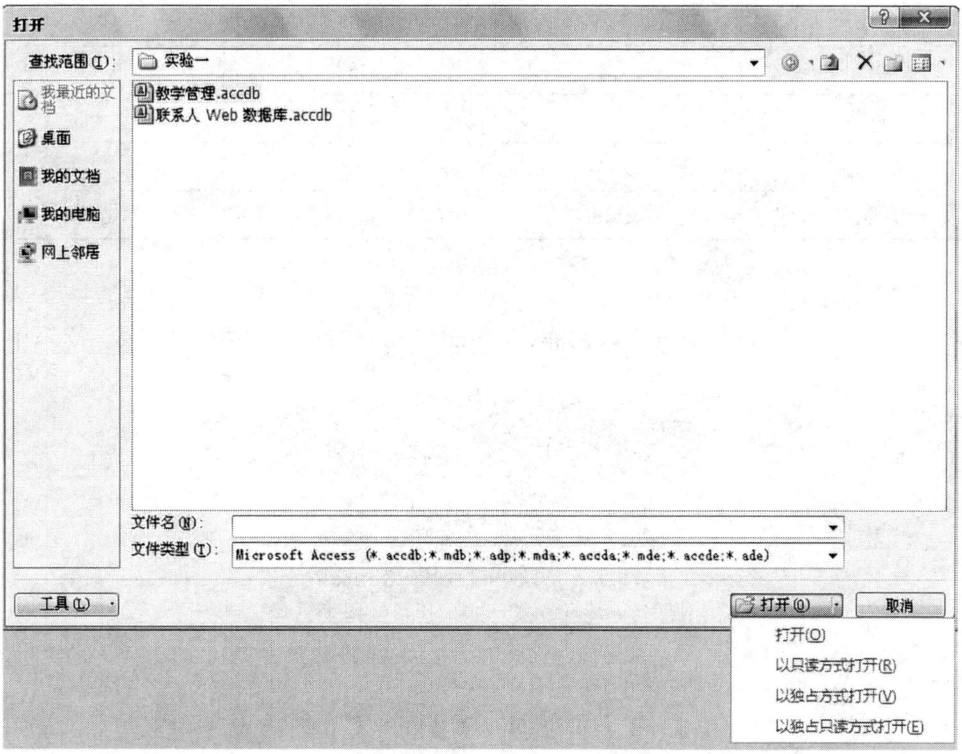

图 9-4　以独占方式打开数据库

2. 关闭数据库

要求：关闭打开的“教学管理. accdb”数据库。

操作步骤：

单击数据库窗口右上角的“关闭”按钮，或在 Access 2020 主窗口选“文件”→“关闭”菜单命令。

【案例三】　建立表结构

1. 使用“设计视图“创建表

要求：在“教学管理. accdb”数据库中利用设计视图创建“教师”表各个字段，“教师”表结构如表 9-1 所示。

表 9-1　“教师”表结构

字段名	类型	字段大小	格式
教师编号	文本	5	
姓名	文本	4	
性别	文本	1	
年龄	数字	整型	
工作时间	日期/时间		短日期
政治面貌	文本	2	
学历	文本	4	
职称	文本	3	
系别	文本	2	
联系电话	文本	12	
在职否	是/否		是/否

操作步骤：

（1）打开“教学管理. accdb”数据库，在功能区上的“创建”选项卡的“表格”组中，单击“表设计”按钮，见图 9-5。

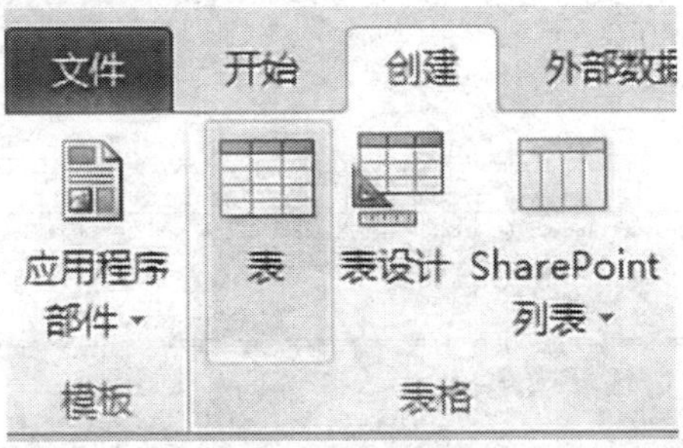

图 9-5　创建表

（2）单击“表格工具/视图”→“设计视图”，如图 9-6 所示，弹出“另存为”对话框，表名称文本框中输入“教师”，单击“确定”按钮。

（3）打开表的设计视图，按照表 9-1“教师”表结构内容，在字段名称列输入字段名称，在数据类型列中选择相应的数据类型，在常规属性窗格中设置字段大小，如图 9-7 所示。

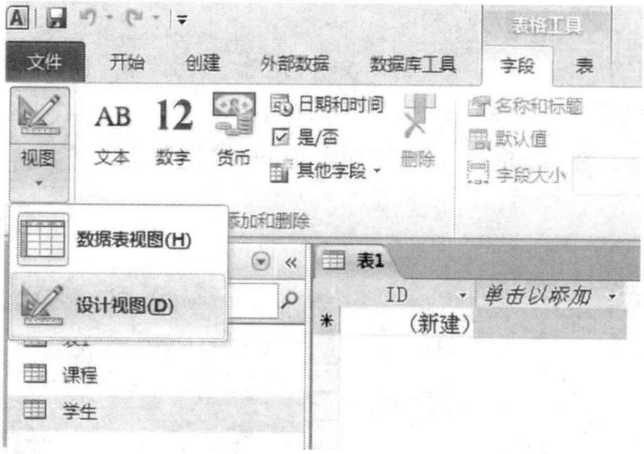

图9-6　"设计视图"和"数据表视图"切换

(4)单击"保存"按钮,以"教师"为名称保存表。

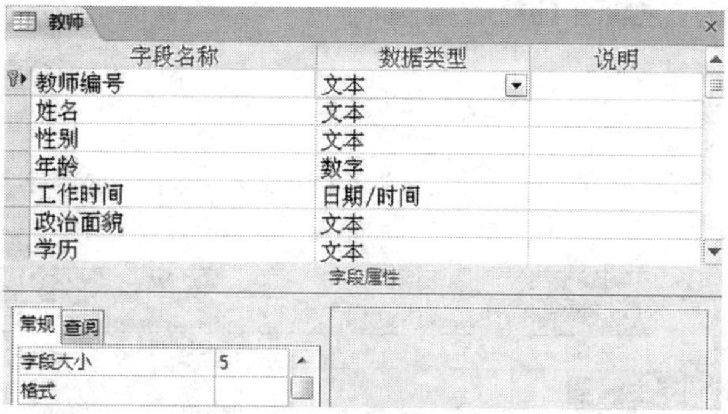

图9-7　"设计视图"窗口

2. 使用"数据表视图"创建表

要求:在"教学管理.accdb"数据库中创建"学生"表,使用"设计视图"创建"学生"表结构,如表9-2所示。

表9-2　"学生"表结构

字段名	类型	字段大小	格式
学生编号	文本	10	
姓名	文本	4	
性别	文本	2	
年龄	数字	整型	
入校日期	日期/时间		中日期
团员否	是/否		是/否
住址	备注		
照片	OLE对象		

操作步骤:

(1)打开“教学管理. accdb”数据库。

(2)在功能区中的“创建”选项卡的“表格”组里,单击“表”按钮,如图 9-8 所示。这时将创建名为“表 1”的新表,并在“数据表视图”中打开它。

(3)选中 ID 字段,在“表格/字段”选项卡中的“属性”组中,单击“名称和标题”按钮,如图 9-9 所示。

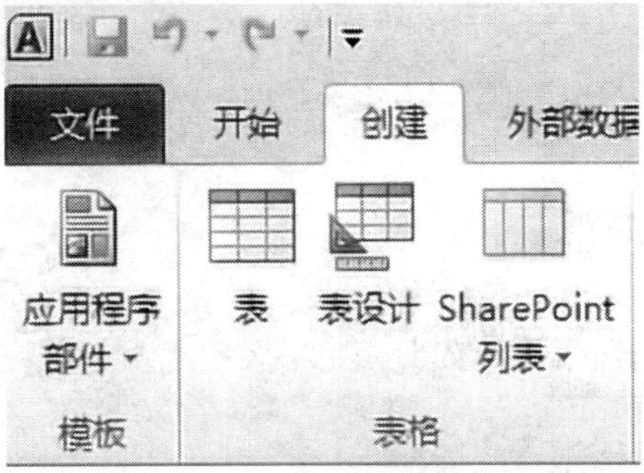

图 9-8　“表格”组

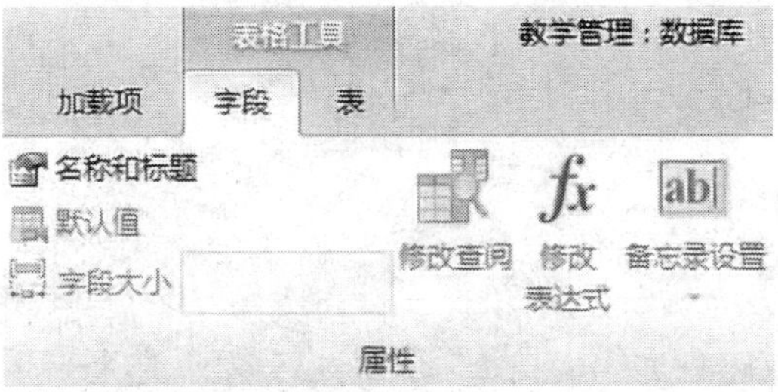

图 9-9　字段属性组

(4)打开“输入字段属性”对话框,在“名称”文本框中输入“学生编号”,如图 9-10 所示。

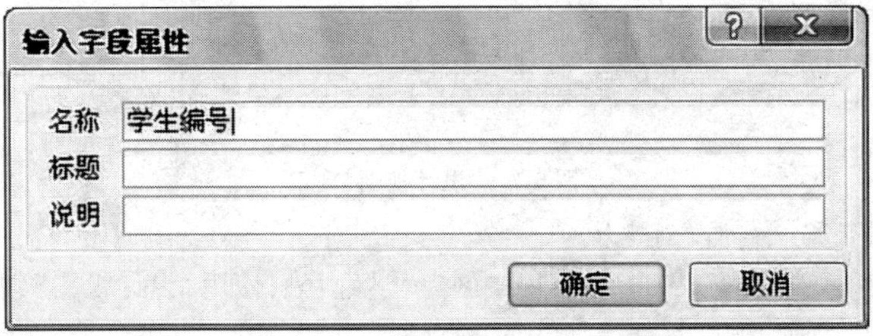

图 9-10　“输入字段属性”对话框

(5)选中“学生编号”字段列,在“表格工具/字段”选项卡的“格式”组中,把“数据类型”设置为“文本”,如图 9-11 所示。

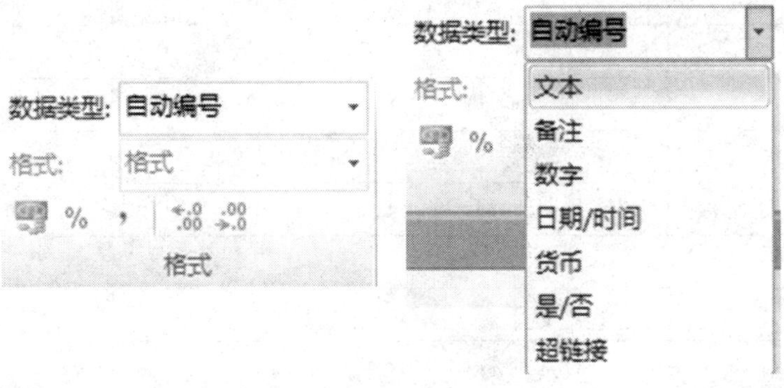

图 9-11　数据类型设置

注意：ID 字段默认数据类型为“自动编号”，添加新字段的数据类型为“文本”，如果用户所添加的字段是其他的数据类型，可以在“表格工具/字段”选项卡的“添加和删除”组中，单击相应的一种数据类型的按钮，如图 9-12 所示。

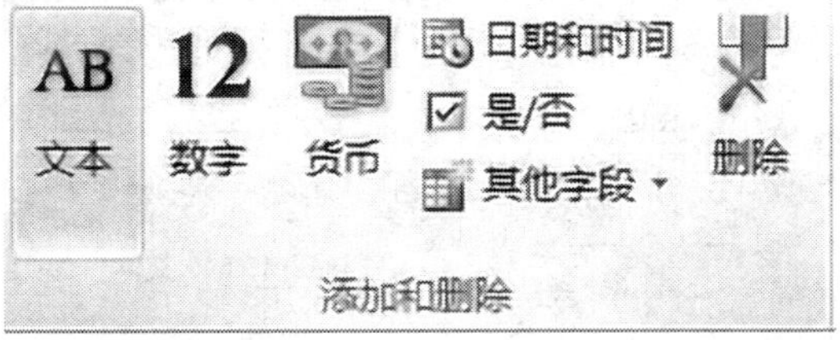

图 9-12　数据类型设置功能栏

如果需要修改数据类型，以及对字段的属性进行其他设置，最好的方法是在表设计视图中进行，在 Access 工作窗口的右下角，单击“设计视图”按钮，打开表的设计视图，如图 9-15 所示，设置完成后要再保存一次表。

(6) 在“添加新字段”下面的单元格中，输入“张佳”，这时 Access 自动为新字段命名为“字段 1”，重复步骤(4)的操作，把“字段 1”的名称修改为“姓名”名称，如图 9-13 所示。

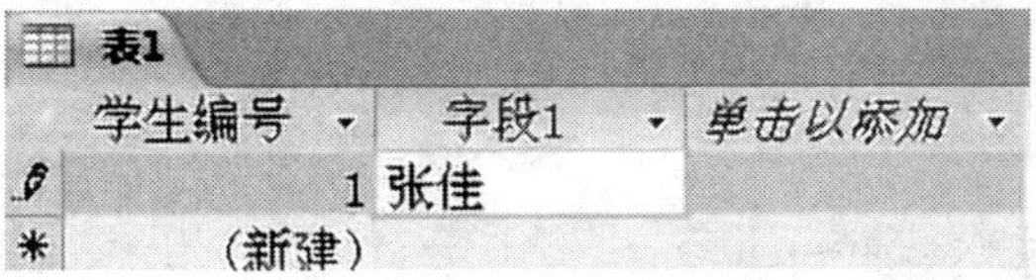

图 9-13　添加新字段修改字段名称后的结果

(7) 用同样的方法，按表 9-2 学生表结构的属性所示，依次定义表的其他字段，再利用设计视图修改。

(8) 最后在“快速访问工具栏”中，单击“保存”按钮。输入表名“学生”，单击“确定”按钮。

3. 通过导入来创建表

数据共享是加快信息流通，提高工作效率的要求。Access 提供的导入、导出功能就是用来实现数据共享的工具。

在 Access 中，可以通过导入用存储在其他位置的信息来创建表。例如，可以导入 Excel 工作表、ODBC 数据库、其他 Access 数据库、文本文件、XML 文件及其他类型文件。

要求：将“课程. xls”“选课成绩. xls”导入“教学管理. accdb”数据库中。“选课成绩”表结构按表 9-3 所示修改。

表 9-3　“选课成绩”表结构

字段名	类型	字段大小	格式
选课 ID	自动编号		
学生编号	文本	10	
课程编号	文本	5	
成绩	数字	整型	

操作步骤：

（1）打开“教学管理”数据库，在功能区，选中“外部数据”选项卡，在“导入并链接”组中，单击“Excel”，如图 9-14 所示。

图 9-14　外部数据选项卡

（2）在打开“获取外部数据库”对话框中，单击“浏览”按钮，在“打开”对话框中，在“查找范围”定位于外部文件所在夹，选中导入数据源文件“课程. xls”，单击“打开”按钮，返回到“获取外部数据”对话框中，单击“确定”按钮，如图 9-15 所示。

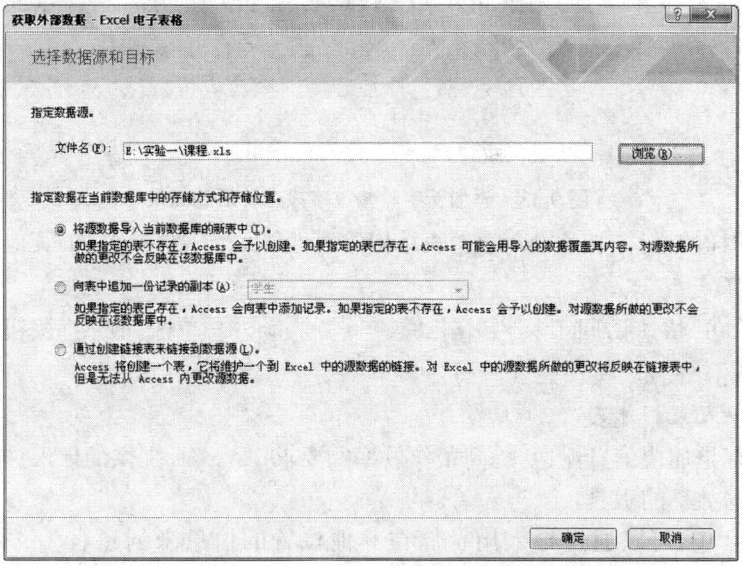

图 9-15　“获取外部数据”窗口–选择数据源和目标

（3）在打开的“导入数据表向导”对话框中，直接单击“下一步”按钮，如图 9-16 所示。

（4）在打开的“请确定指定第一行是否包含列标题”对话框中，选中“第一行包含列标题”复选框，然后单击“下一步”按钮，如图 9-17 所示。

（5）在打开的指定导入每一字段信息对话框中，指定“课程编号”的数据类型为“文本”，“索引”项为“有（无重复）”，如图 9-18 所示。然后依次选择其他字段，设置“学分”的数据类型为“整型”，其他默认。单击“下一步”按钮，如图 9-18 所示。

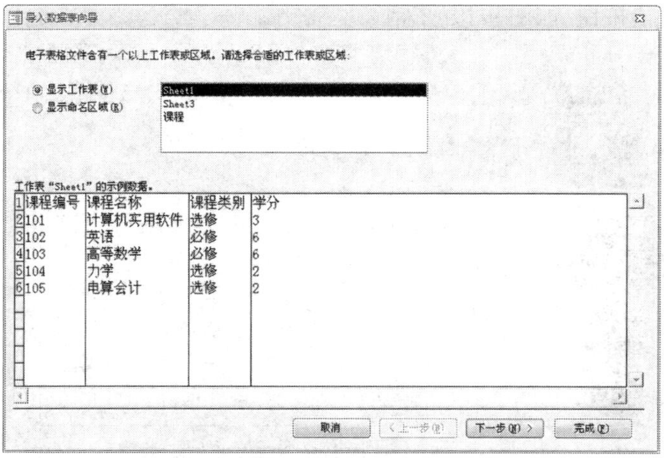

图 9-16　"导入数据表向导"对话框

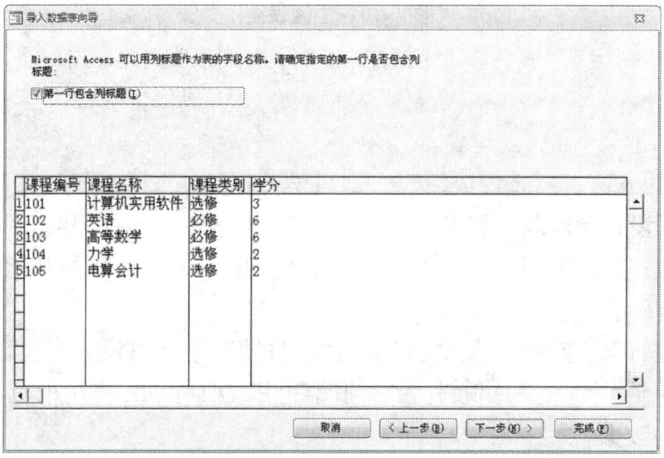

图 9-17　"请确定指定第一行是否包含列标题"对话框

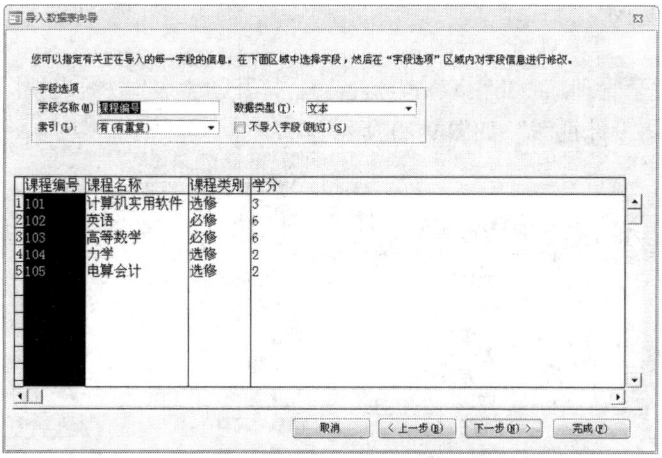

图 9-18　字段选项设置

在打开的定义主键对话框中,选中"我自己选择主键",Access 自动选定"课程编号",

然后单击“下一步”按钮,如图 9-19 所示。

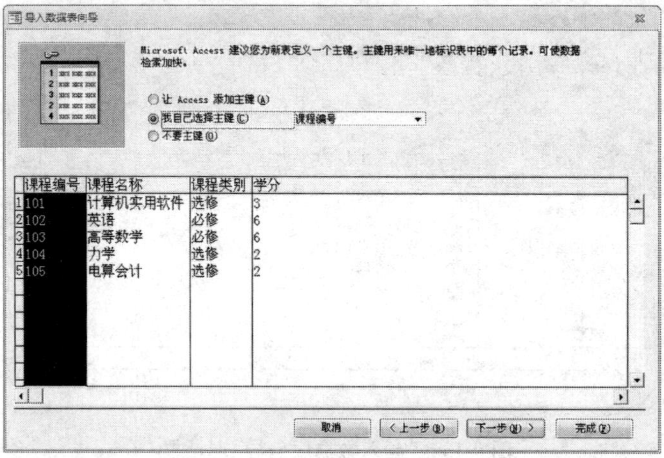

图 9-19 主键设置

(6)在打开的制定表的名称对话框中,在“导入到表”文本框中,输入“课程”,单击“完成”按钮。

至此完成使用导入方法创建表。

(7)用同样的方法,将“选课成绩”导入“教学管理. accdb”数据库中。

【案例四】 设置字段属性要求

(1)将“学生”表的“性别”字段的“字段大小”重新设置为 1,默认值设为“男”,“索引”项设置为“有(有重复)”。

(2)将“入校日期”字段的“格式”设置为“短日期”,默认值设为当前系统日期。

(3)设置“年龄”字段,默认值设为 23,取值范围为 14~70,若超出范围则提示“请输入 14~70 之间的数据!”。

(4)将“学生编号”字段显示“标题”设置为“学号”,定义学生编号的输入掩码属性,要求只能输入 8 位数字。

操作步骤:

(1)打开“教学管理. accdb”,双击“学生”表,打开学生表“数据表视图”,选择“开始”选项卡“视图”→“设计视图”,如图 9-20 所示。

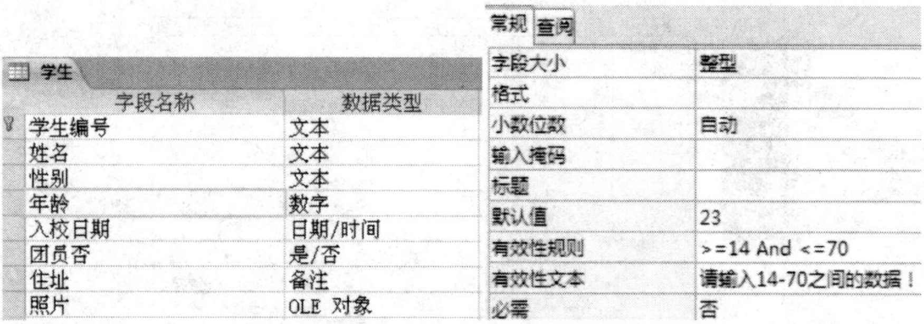

图 9-20 设置字段属性

(2)选中“性别”字段行,在“字段大小”框中输入1,在“默认值”属性框中输入“男”,在“索引”属性下拉列表框中选择“有(有重复)”。

(3)选中“入校日期”字段行,在“格式”属性下拉列表框中,选择“短日期”格式,单击“默认值” 默认值 =Date() 属性框,再单击“表达式生成器”窗口。按图9-21所示选择“函数”→“内置函数”。单击“确定”,默认值框显示。

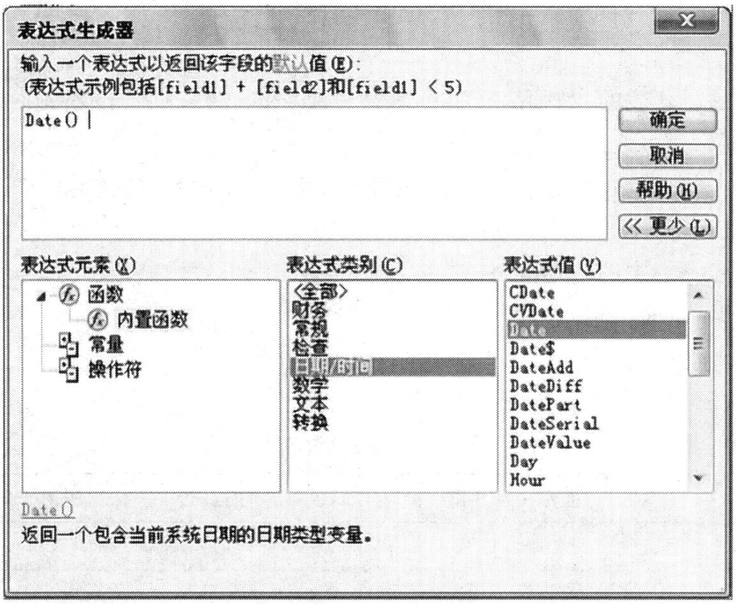

图9-21　通过表达式生成器输入函数

(4)选中“年龄”字段行,在“默认值”属性框中输入23,在“有效性规则”属性框中输入“>=14 And <=70”,在“有效性文本”属性框中输入文字“请输入14~70之间的数据!”单击“默认值”属性框,弹出“表达式生成器”窗口。选择“操作符”,按图9-22所示操作。

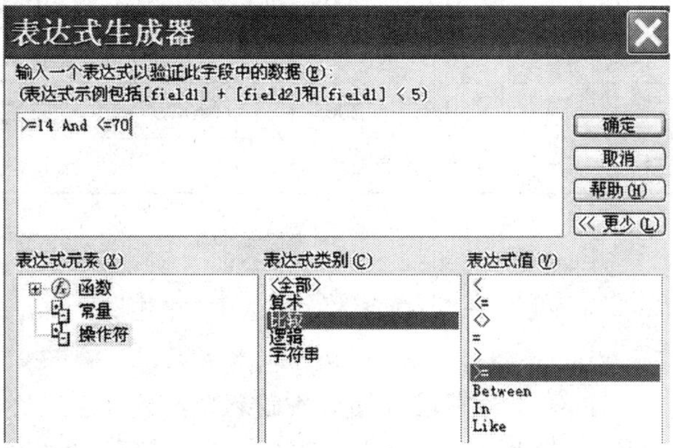

图9-22　通过表达式生成器输入运算符

(5)选中“学生编号”字段名称,在“标题”属性框中输入“学号”,在“输入掩码”属性框中输入0000000000。

(6)单击快速工具栏上的“保存”按钮,保存“学生”表。

【案例五】 设置主键

1. 创建单字段主键

要求:将“教师”表的“教师编号”字段设置为主键。

操作步骤:

(1)使用“设计视图”打开“教师”表,选择“教师编号”字段名称。

(2)“表格工具/设计”→“工具”组,单击主键按钮。

2. 创建多字段主键

要求:将“教师”表的“教师编号”“姓名”“性别”和“工作时间”设置为主键。

操作步骤:

(1)打开“教师”表的“设计视图”,选中“教师编号”字段行,按住 Ctrl 键,再分别选中“姓名”“性别”和“工作时间”字段行。

(2)单击工具栏中的主键按钮。

【案例六】 向表中输入数据

1. 使用“数据表视图”

要求:将表 9-4 中的数据输入“学生”表中。

表 9-4 “学生”表内容

学生编号	姓名	性别	年龄	入校日期	团员否	住址	照片
2008××1101	张佳	女	21	2008-9-3	否	江西南昌	
2008××1102	陈诚	男	21	2008-9-2	是	北京海淀区	
2008××1103	王佳	女	19	2008-9-3	是	江西九江	
2008××1104	叶飞	男	18	2008-9-2	是	上海	
2008××1105	任伟	男	22	2008-9-2	是	北京顺义	
2008××1106	江贺	男	20	2008-9-3	否	福建漳州	
2008××1107	严肃	男	19	2008-9-1	是	福建厦门	
2008××1108	吴东	男	19	2008-9-1	是	福建福州	位图图像
2008××1109	好生	女	18	2008-9-1	否	广东顺德	位图图像

操作步骤:

(1)打开“教学管理. accdb”,在“导航窗格”中选中“学生”表双击,打开“学生”表“数据表视图”。

(2)从第 1 个空记录的第 1 个字段开始分别输入“学生编号”“姓名”和“性别”等字段的值,每输入完一个字段值,按 Enter 键或者按 Tab 键转至下一个字段。

(3)输入“照片”时,将鼠标指针指向该记录的“照片”字段列,单击鼠标右键,打开快捷菜单,选择“插入对象”命令,选择“由文件创建”选项,单击“浏览”按钮,打开“浏览”对话框,在“查找范围”栏中找到存储图片的文件夹,并在列表中找到并选中所需的图片文件,单击“确定”按钮。

(4)输入完一条记录后,按 Enter 键或者按 Tab 键转至下一条记录,继续输入下一条记录。

(5)输入完全部记录后,单击快速工具栏上的“保存”按钮,保存表中的数据。

2. 创建查阅列表字段(使用自行键入所需的值)

要求:为“教师”表中“职称”字段创建查阅列表,列表中显示“助教”“讲师”“副教授”和“教授”4 个值。

操作步骤:

(1)打开“教师”表中“设计视图”,选择“职称”字段。

(2)在“数据类型”列中选择“查阅向导”,打开“查阅向导”第 1 个对话框。

(3)在“查阅向导”对话框中,选中“自行键入所需的值”选项,然后单击“下一步”按钮,打开“查阅向导”第 2 个对话框。

(4)在“第 1 列”的每行中依次输入“助教”“讲师”“副教授”和“教授”4 个值,列表设置结果如图 9-23 所示。

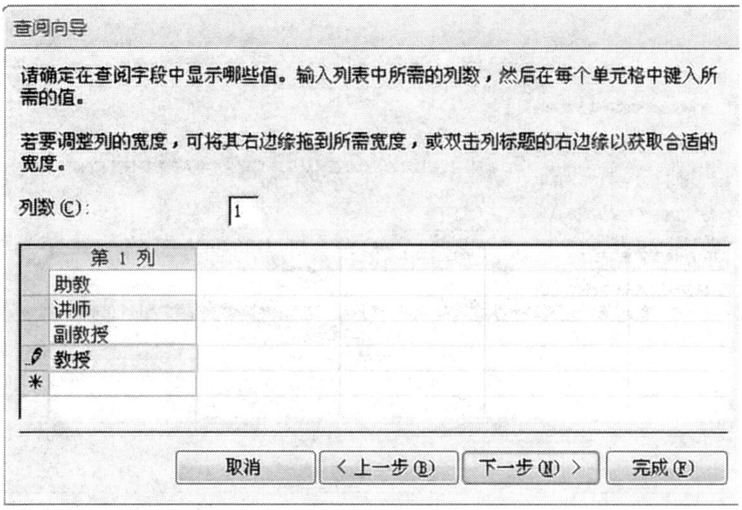

图 9-23 查阅向导

(5)单击“下一步”按钮,弹出“查阅向导”最后 1 个对话框。在该对话框的“请为查阅列表指定标签”文本框中输入名称,本例使用默认值,单击“完成”按钮,如图 9-23 所示。

3. 获取外部数据

要求:

(1)将 Excel 文件“选课成绩. xls”中的数据导入“教学管理. accdb”数据库中的“选课成绩”表中。

(2)将文本文件“教师. txt”中的数据导入“教师”表中。

操作步骤:

(1)打开“教学管理. accdb”, 选择“外部选项卡/导入并链接”→单击“文本文件”,打开“获取外部数据-文本文件”对话框,如图 9-24 所示。

图 9-24 “外部数据”选项卡

(2)在“获取外部数据—文本文件”对话框的“查找范围”框中找到导入文件的位置，在列表中选择文件所需文件，选“教师. txt”，如图 9-25 所示。

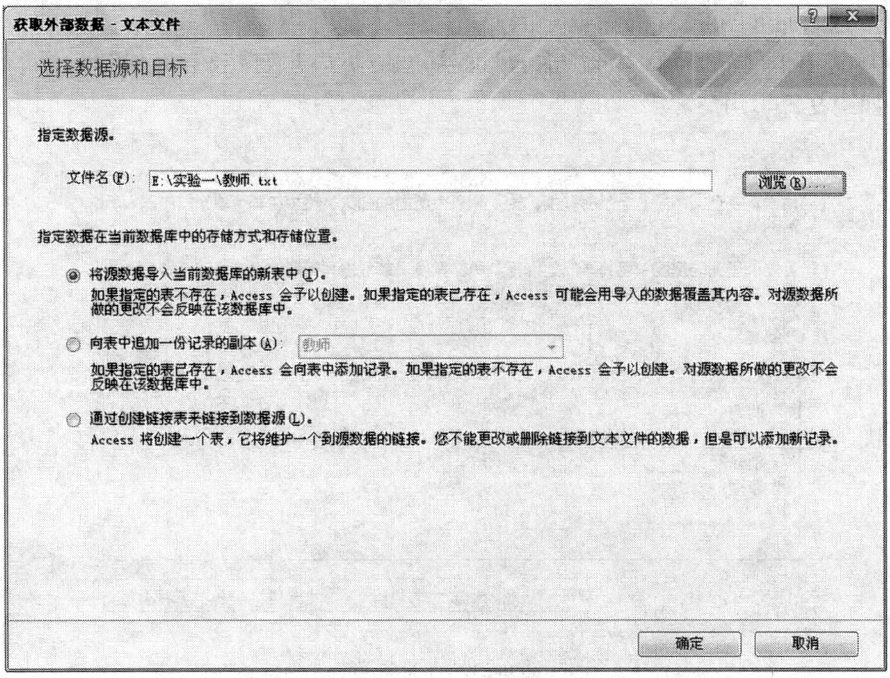

图 9-25 获取外部数据→文本文件→数据源选择

(3)单击“确定”按钮，打开“导入文本向导”的第 1 个对话框，如图 9-26 所示。

(4)单击“高级(V)...”，打开“教师导入规格”对话框。单击“语言(G)”标签对应的下拉列表选择“简体中文(GB2312)”，单击“确定”命令按钮。该对话框列出了所要导入表的内容，单击“下一步”按钮，打开“导入文本向导”的第 2 个对话框，如图 9-27 所示。

(5)在“导入文本向导”对话框中选中“第一行包含列标题”复选框，单击“下一步”按钮，打开“导入文本向导”的第 3 个对话框。

(6)单击“下一步”按钮，打开“导入文本向导”的第 4 个对话框。选择“我自己选择主键”单选按钮。

(7)单击“下一步”按钮，“导入到表”标签下的文本框中显示“教师”，单击“完成”，即完成向“教师”表中导入数据。

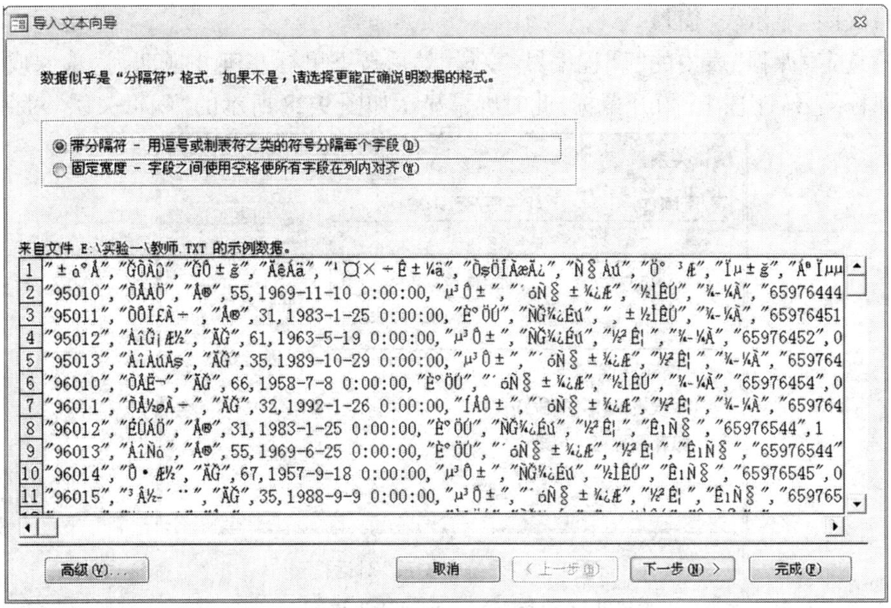

图 9-26　导入文本

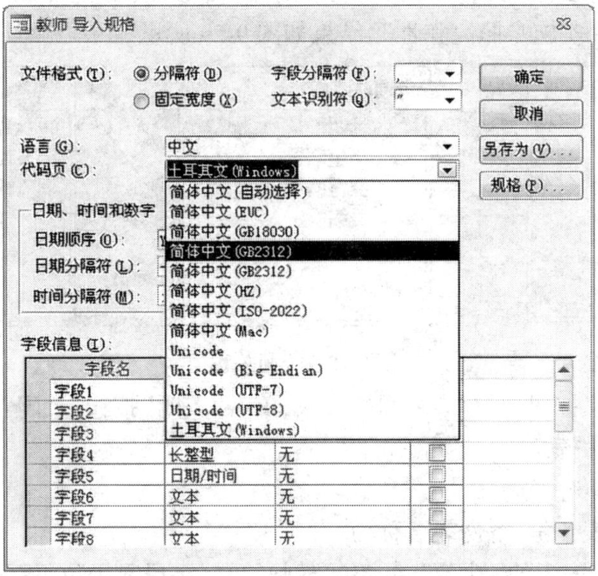

图 9-27　选择代码页显示的字体

【案例七】　建立表之间的关联

要求：创建“教学管理.accdb”数据库中表之间的关联，并实施参照完整性。

操作步骤：

(1) 打开“教学管理.accdb”数据库，“数据库工具/关系”组，单击功能栏上的“关系”按钮 ，打开“关系”窗口，同时打开“显示表”对话框。

(2) 在“显示表”对话框中，分别双击“学生”表、“课程”表、“选课成绩”表，将其添加到“关系”窗口中。注意：三个表的主键分别是“学生编号”“课程编号”“选课 ID”。

(3)关闭“显示表”窗口。

(4)选定“课程”表中的“课程编号”字段,然后按下鼠标左键并拖动到“选课成绩”表中的“课程编号”字段上,松开鼠标,此时屏幕显示如图 9-28 所示的“编辑关系”对话框。

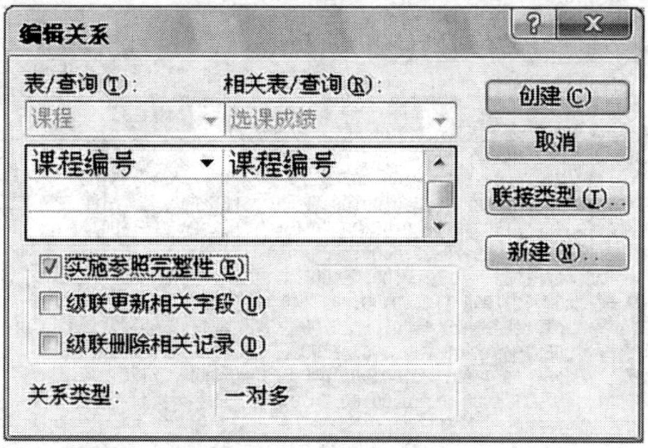

图 9-28　“编辑关系”对话框

(5)选中“实施参照完整性”复选框,单击“创建”按钮。

(6)用同样的方法将“学生”表中的“学生编号”字段拖到“选课成绩”表中的“学生编号”字段上,并选中“实施参照完整性”,结果如图 9-29 所示。

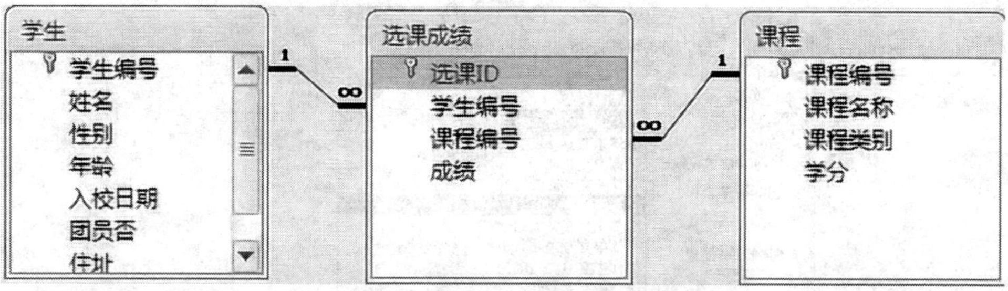

图 9-29　表间关系

(7)单击“保存”按钮,保存表之间的关系,单击“关闭”按钮,关闭“关系”窗口。

【案例八】　维护表

要求:

(1)将“教师”表备份,备份表名称为“教师 1”。

(2)将“教师 1”表中的“姓名”字段和“教师编号”字段显示位置互换。

(3)将“教师 1”表中“性别”字段列隐藏起来。

(4)在“教师 1”表中冻结“姓名”列。

(5)在“教师 1”表中设置“姓名”列的显示宽度为 20。

(6)设置“教师 1”数据表格式,字体为楷体、五号、斜体、蓝色。

操作步骤:

(1)打开“教学管理. accdb”数据库,在导航窗格中,选“教师”表,选“文件”选项卡,单击“对象另存为”菜单命令,打开“另存为”对话框,将表“教师”另存为“教师 1”,如图 9-30 所示。

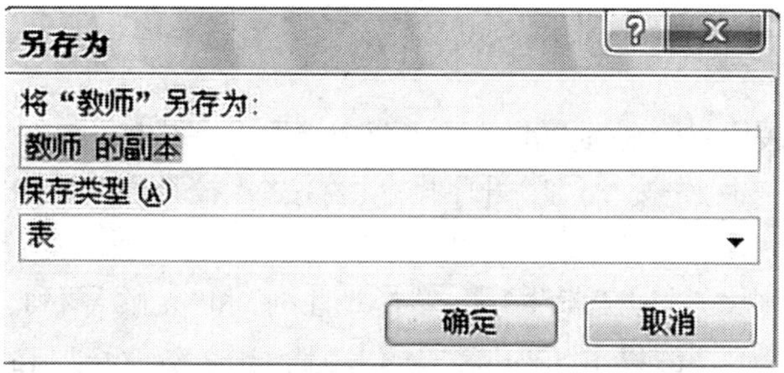

图 9-30　对象另存为菜单及另存为对话框

(2)用“数据表视图”打开“教师 1”表，选中“姓名”字段列，按下鼠标左键拖动鼠标到“教师编号”字段前，释放鼠标左键。

(3)选中“性别”列，右键弹出菜单→选择“隐藏字段”菜单命令，见图 9-31。

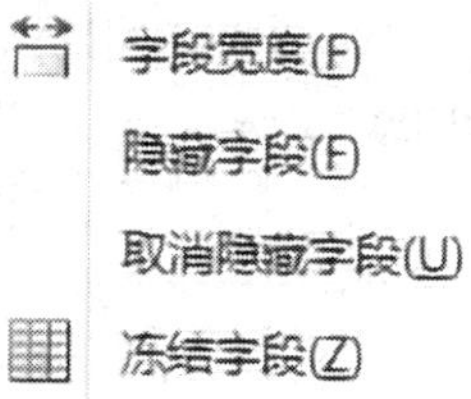

图 9-31　右键弹出菜单

(4)选中“姓名”列，右键弹出菜单→选择“冻结字段”菜单命令。

(5)选中“姓名”列，右键弹出菜单→选择“字段宽度”菜单命令，将列宽设置为 20，单击“确定”按钮。

(6)单击“格式”→“字体”菜单命令，打开“字体”对话框，按要求进行设置。

【案例九】　查找、替换数据

要求：将“学生”表中“住址”字段值中的“江西”全部改为“江西省”。

操作步骤：

(1)用“数据表视图”打开“学生”表，将光标定位到“住址”字段任意一单元格中。

(2)单击“开始”选项卡→“查找”组中的替换，如图 9-32 所示。打开“查找和替换”对话框，如图 9-33 所示。

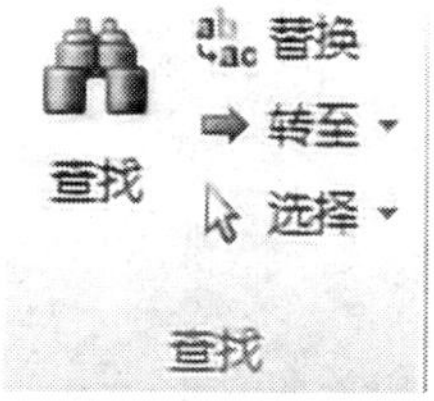

图 9-32　右键弹出菜单

(3)按图 9-33 所示设置各个选项，单击“全部替换”按钮。

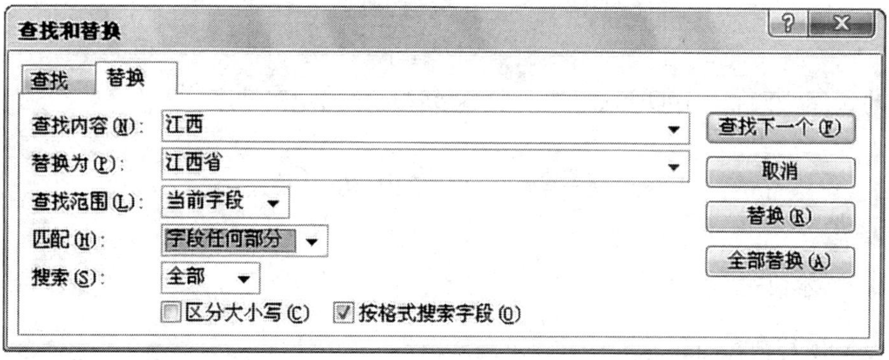

图 9-33　“查找和替换”对话框

【案例十】 排序记录

要求:

(1)在"学生"表中,按"性别"和"年龄"两个字段升序排序。

(2)在"学生"表中,先按"性别"升序排序,再按"入校日期"降序排序。

操作步骤:

(1)用"数据表视图"打开"学生"表,选择 "性别"和"年龄"两列,选"开始"选项卡→"排序和筛选"组,单击功能栏中的"升序"按钮 A↓Z,完成按"性别"和"年龄"两个字段升序排序。

(2)选择"开始/排序和筛选"选项卡,单击"高级"下拉列表→"高级筛选/排序"命令,如图 9-34 所示。

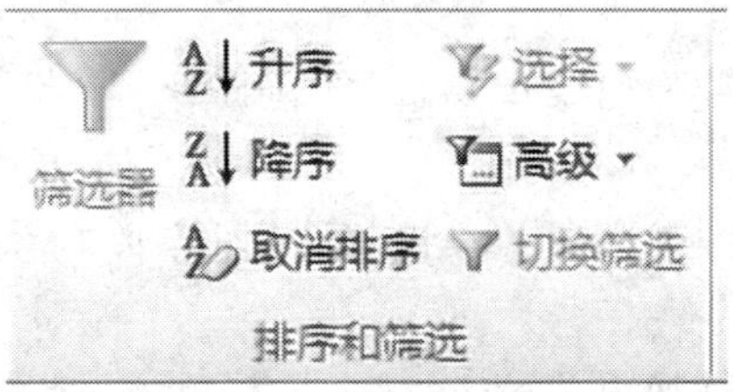

图 9-34　排序和筛选组

(3)打开"筛选"窗口,在设计网格中"字段"行第 1 列选择"性别"字段,排序方式选"升序",第 2 列选择"入校日期"字段,排序方式选"降序",结果如图 9-35 所示。

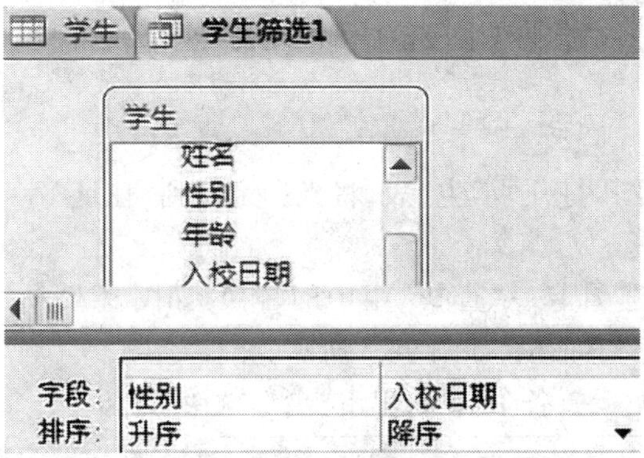

图 9-35　筛选操作

(4)选择"开始/排序和筛选"选项卡→"切换筛选"观察排序结果。

任务 2　数据查询

一、实验目的

(1)掌握各种查询的创建方法。

(2)掌握查询条件的表示方法。

(3)掌握应用 SQL 中 SELECT 语句进行数据查询的方法。

(4)理解 SQL 中数据定义和数据操纵语句。

二、实验内容与要求

(1)创建各种查询。
(2)使用 SQL 中 SELECT 语句进行数据查询。
(3)使用 SQL 语句进行数据定义和数据操纵。

三、实验步骤

【案例一】　利用“简单查询向导”创建选择查询

1. 单表选择查询

要求:以“教师”表为数据源,查询教师的姓名和职称信息,所建查询命名为“教师情况”。

操作步骤:

(1)打开“教学管理. accdb”数据库,单击“创建”选项卡,“查询”组→单击“查询向导”弹出“新建查询”对话框,如图 9-36 所示。

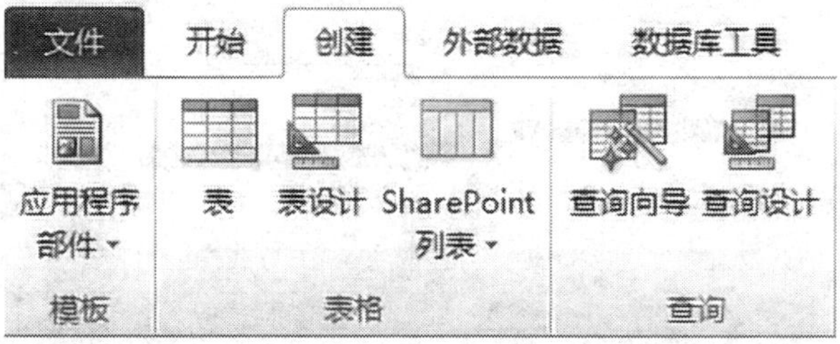

图 9-36　创建查询

(2)在“新建查询”对话框中选择“简单查询向导”,单击“确定”按钮,在弹出对话框的“表/查询”下拉列表框中选择数据源为“表:教师”,再分别双击“可用字段”列表中的“姓名”和“职称”字段,将它们添加到“选定字段”列表框中,如图 9-37 所示。然后单击“下一步”按钮,为查询指定标题为“教师情况”,最后单击“完成”按钮。

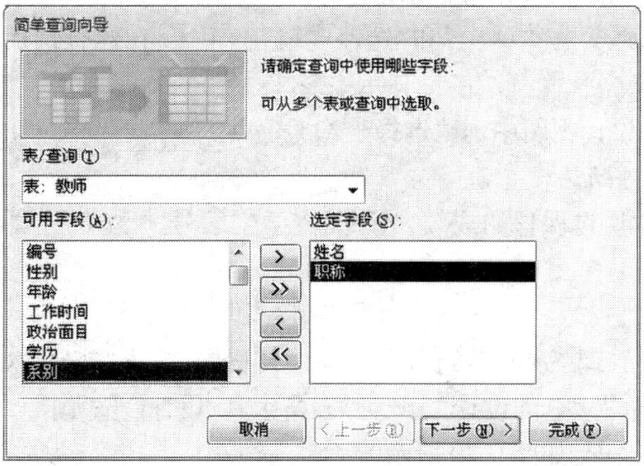

图 9-37　简单查询向导

2. 多表选择查询

要求:查询学生所选课程的成绩,并显示“学生编号”“姓名”“课程名称”和“成绩”字段。

操作步骤:

(1)打开“教学管理. accdb”数据库,在导航窗格中,单击“查询”对象,单击“创建”选项卡,“查询”组→单击“查询向导”弹出“新建查询”对话框。

(2)在“新建查询”对话框中选择“简单查询向导”,单击“确定”按钮,在弹出的对话框的“表/查询”,先选择查询的数据源为“学生”表,并将“学生编号”“姓名”字段添加到“选定字段”列表框中,再分别选择数据源为“课程”表和“选课成绩”表,并将“课程”表中的“课程名称”字段和“选课成绩”表中的“成绩”字段添加到“选定字段”列表框中。选择结果如图 9-38 所示。

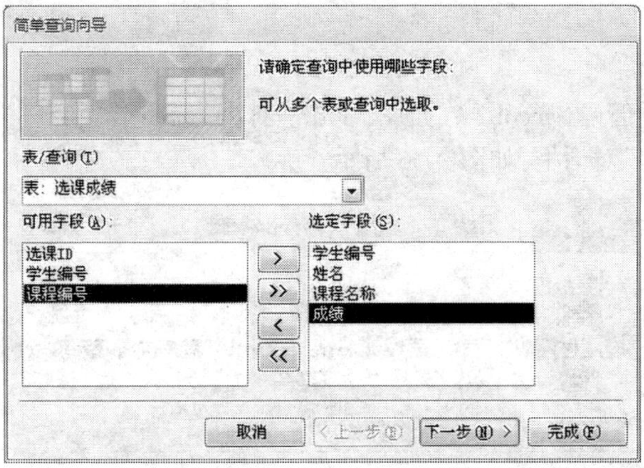

图 9-38　多表选择查询

(3)单击“下一步”按钮,选“明细”选项。

(4)单击“下一步”按钮,为查询指定标题“学生选课成绩”,选择“打开查询查看信息”选项。

(5)单击“完成”按钮,弹出查询结果。

注意:查询涉及“学生”“课程”和“选课成绩”三个表,在建查询前要先建立好三个表之间的关系。

【案例二】　在设计视图中创建选择查询

1. 创建不带条件的选择查询

要求:查询学生所选课程的成绩,并显示“学生编号”“姓名”“课程名称”和“成绩”字段。

操作步骤:

(1)打开“教学管理. accdb”数据库,在导航窗格中,单击“查询”对象,单击“创建”选项卡,“查询”组→单击“查询设计”,出现“表格工具/设计”选项卡,如图 9-39 查询工具。同时打开查询设计视图,如图 9-40 所示。

(2)在“显示表”对话框中选择“学生”表,单击“添加”按钮,添加“学生”表,用同样的

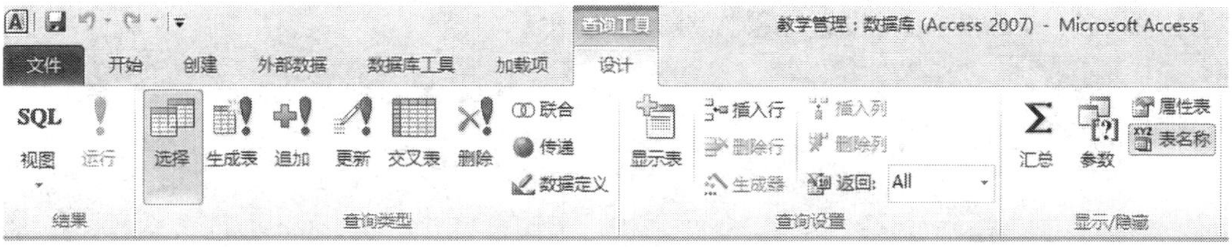

图 9-39　查询工具

方法，再依次添加“选课成绩”和“课程”表。

(3) 双击学生表中“学生编号”“姓名”，以及课程表中“课程名称”和选课成绩表中“成绩”字段，将它们依次添加到“字段”行的第1~4列上。

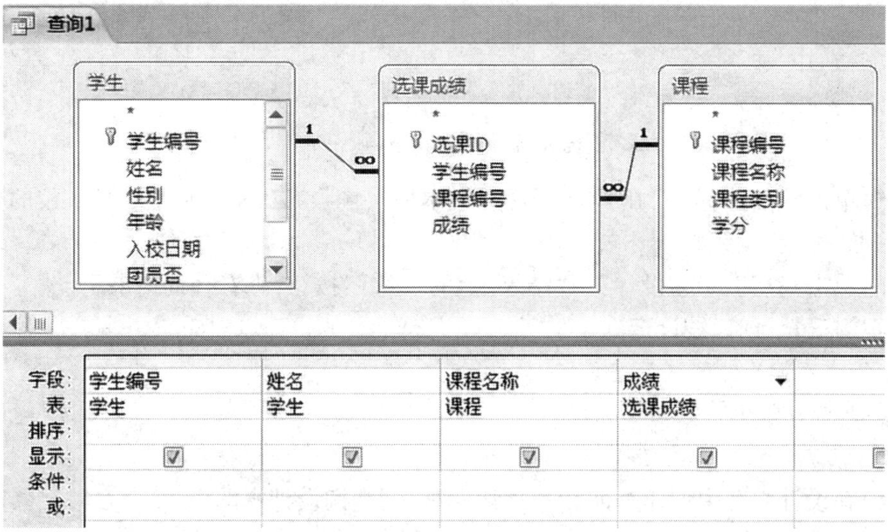

图 9-40　查询设计器

(4) 单击快速工具栏  “保存”按钮，在“查询名称”文本框中输入“选课成绩查询”，单击“确定”按钮。

(5) 选择“开始/视图”→“数据表视图”菜单命令，或单击“查询工具/设计”→“结果”上的“运行”按钮，查看查询结果。

2. 创建带条件的选择查询

要求：查找2008年9月1日入校的男生信息，要求显示“学生编号”“姓名”“性别”“团员否”字段内容。

操作步骤：

(1) 在设计视图中创建查询，添加“学生”表到查询设计视图中。

(2) 依次双击“学生编号”“姓名”“性别”“团员否”“入校日期”字段，将它们添加到“字段”行的第1~5列中。

(3) 单击“入校日期”字段“显示”行上的复选框，使其空白，查询结果中不显示入校日期字段值。

(4) 在“性别”字段列的“条件”行中输入条件“男”，在“入校日期”字段列的“条件”

行中输入条件#2008-9-1#,设置结果如图 9-41 所示。

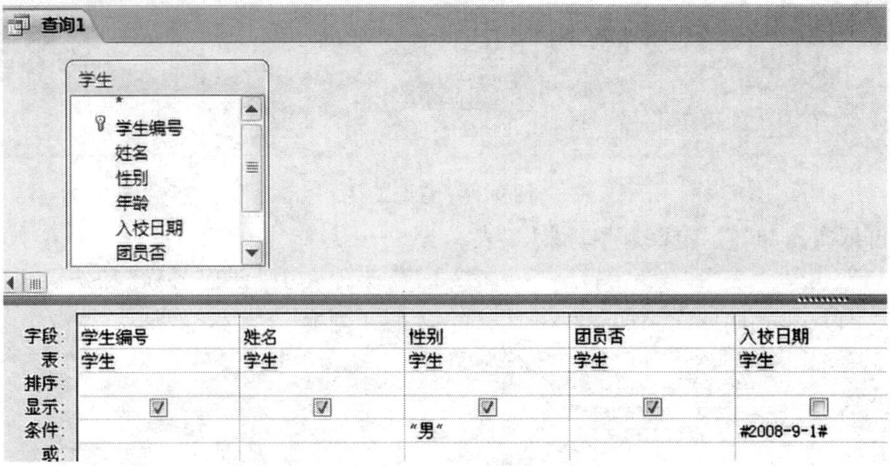

图 9-41　带条件的选择查询

(5)单击“保存”按钮,在“查询名称”文本框中输入“2008 年 9 月 1 日入校的男生信息”,单击“确定”按钮。

(6)单击“查询工具/设计”→“结果”上的“运行”按钮,查看查询结果。

【案例三】　创建统计查询

1. 创建不带条件的统计查询

要求:统计学生人数。

操作步骤:

(1)在设计视图中创建查询,添加“学生”表到查询设计视图中。

(2)双击“学生编号”字段,添加到“字段”行的第 1 列中。

(3)单击“查询工具/设计”→“显示/隐藏”组上的“汇总”按钮,插入一个“总计”行,单击“学生编号”字段的“总计”行右侧的向下箭头,选择“计数”函数,如图 9-42 所示。

(4)单击“保存”按钮,在“查询名称”文本框中输入“统计学生人数”。

(5)运行查询,查看结果。

2. 创建带条件的统计查询

要求:统计 2008 年入学的男生人数。

操作步骤:

(1)在设计视图中创建查询,添加“学生”表到查询设计视图中。

(2)双击“学生编号”“性别”和“入校日期”字段,将它们添加到“字段”行的第 1~3 列中。

(3)单击“性别”“入校日期”字段“显示”行上的复选框,使其空白。

(4)单击“查询工具/设计”→“显示/隐藏”组上的“汇总”按钮,插入一个“总计”行,单击“学生编号”字段的“总计”行右侧的向下箭头,选择“计数”函数,“性别”和“入校日期”字段的“总计”行选择“Where”选项。

(5)在“性别”字段列的“条件”行中输入条件“男”,在“入校日期”字段列的“条件”

图 9-42　不带条件的统计查询

行中输入条件“Year([入校日期])= 2008”,如图 9-43 所示。

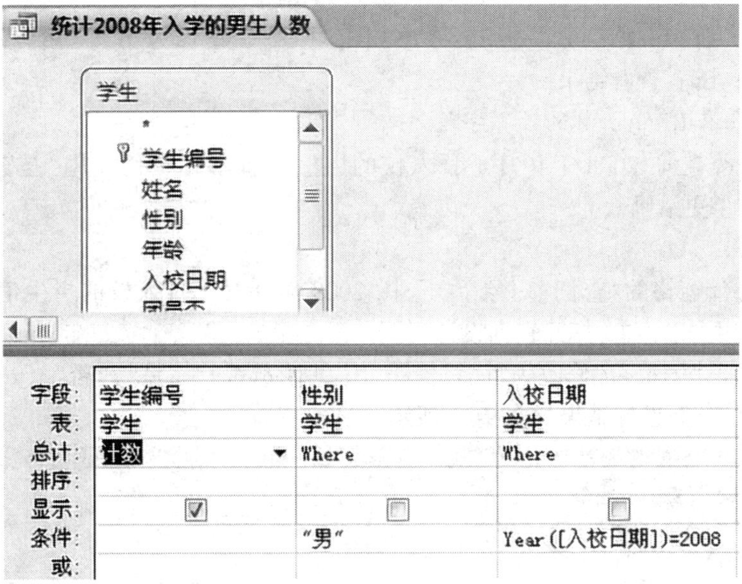

图 9-43　带条件的统计查询

(6)单击“保存”按钮,在“查询名称”文本框中输入“统计 2008 年入学的男生人数”。

(7)运行查询,查看结果。

3. 创建分组统计查询

要求:统计男、女学生年龄的最大值、最小值和平均值。

操作步骤:

(1)在设计视图中创建查询,添加“学生”表到查询设计视图中。

(2)字段行第 1 列选“性别”,第 2~4 列选“年龄”。

(3)单击“查询工具/设计”→“显示/隐藏”组上的“汇总”按钮,插入一个“总计”行,设置“性别”字段的“总计”行为“Group By”,“年龄”字段的“总计”行分别设置成最大值、最小值和平均值,查询的设计窗口如图 9-44 所示。

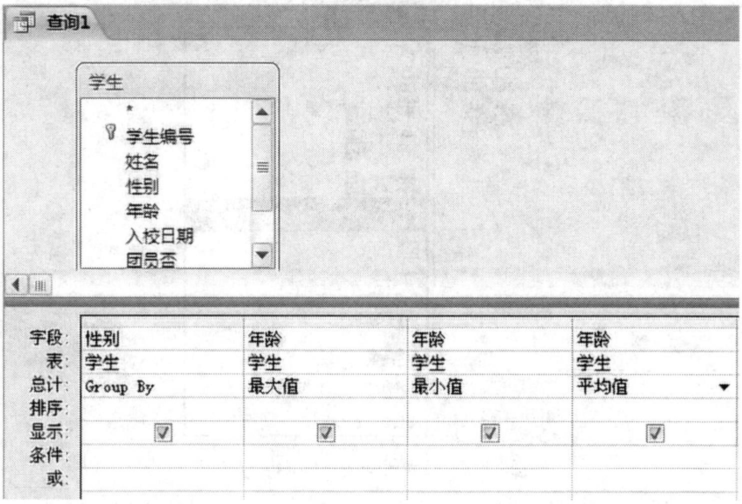

图 9-44　分组统计查询

(4)单击“保存”按钮,在“查询名称”文本框中输入“统计男女生年龄”。

(5)运行查询,查看结果。

4. 创建含有 IIF( )函数的计算字段

要求:修改查询“2008 年 9 月 1 日入校的男生信息”,团员情况用“是”和“否”来显示,使显示结果更清晰。

操作步骤:

(1)在导航窗格的“查询”对象下,选中“2008 年 9 月 1 日入校的男生信息”查询,右键单击“设计视图”菜单,打开查询设计视图。

(2)将字段“团员否”修改为“团员情况:IIF([团员否],"是","否")”,选中该列“显示”行上的复选框,设计结果如图 9-45 所示。

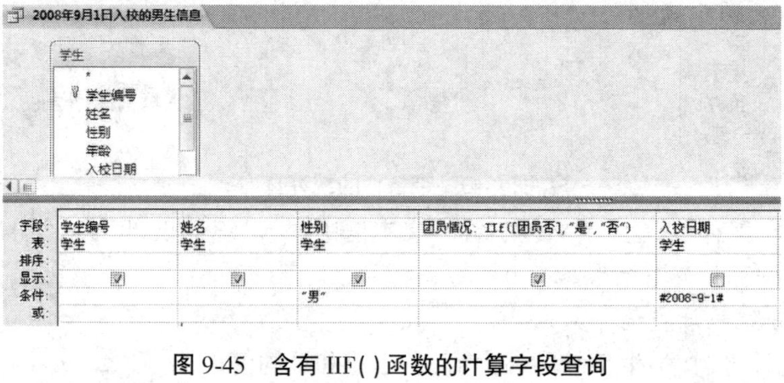

图 9-45　含有 IIF( )函数的计算字段查询

(3)单击“保存”按钮,保存查询,运行并查看结果。

5. 新增含有 Date( )函数的计算字段

要求:显示教师的姓名、工作时间和工龄。

操作步骤：

（1）在设计视图中创建查询，添加“教师”表到查询设计视图中。

（2）在“字段”行第 1 列中选“姓名”字段，第 2 列选“工作时间”字段，第 3 列输入“工龄：Year(Date())-Year([工作时间])”，并选中该列“显示”行上的复选框，如图 9-46 所示。

（3）单击“保存”按钮，将查询命名为“统计教师工龄”，运行并查看结果。

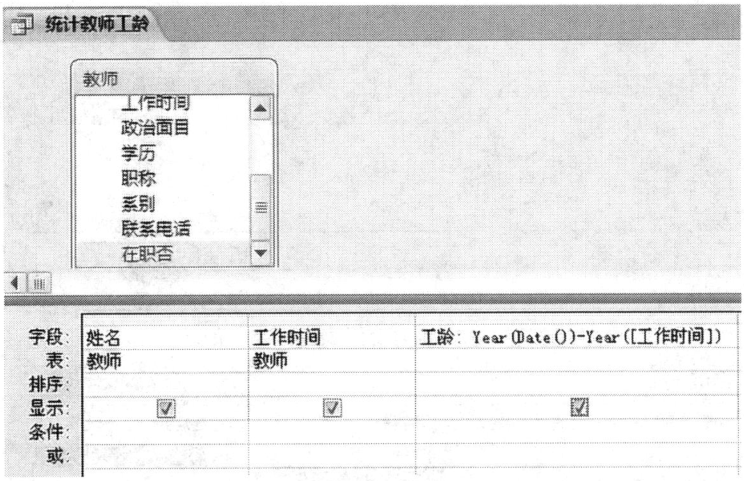

图 9-46　含有 Date() 函数的计算字段查询

【案例四】　创建交叉表查询

1. 利用“交叉表查询向导”创建查询

要求：查询每个学生的选课情况和平均成绩，行标题为“学生编号”，列标题为“课程编号”，计算字段为“成绩”。注意：交叉表查询不做各行小计。

操作步骤：

（1）在数据库窗口中，选择“查询”对象，单击“新建”按钮，选择“交叉表查询向导”，单击“确定”按钮。

（2）选择“视图”选项中“表”选项，选择“选课成绩”表，如图 9-47 所示，单击“下一步”按钮。

（3）将“可用字段”列表中的“学生编号”添加到其右侧的“选定字段”列表中，即将“学生编号”作为行标题，单击“下一步”按钮，如图 9-48 所示。

（4）选择“课程编号”作为列标题，然后单击“下一步”按钮。

（5）在“字段”列表中，选择“成绩”作为统计字段，在“函数”列表中选“平均”选项，取消“是，包含各行小计”的选择，单击“下一步”按钮，如图 9-49 所示。

（6）在“指定查询的名称”文本框中输入“选课成绩交叉查询”，选择“查看查询”选项，最后单击“完成”按钮。

2. 使用设计视图创建交叉表查询

要求：使用设计视图创建交叉表查询，用于统计各门课程男女生的平均成绩，要求不做各行小计。

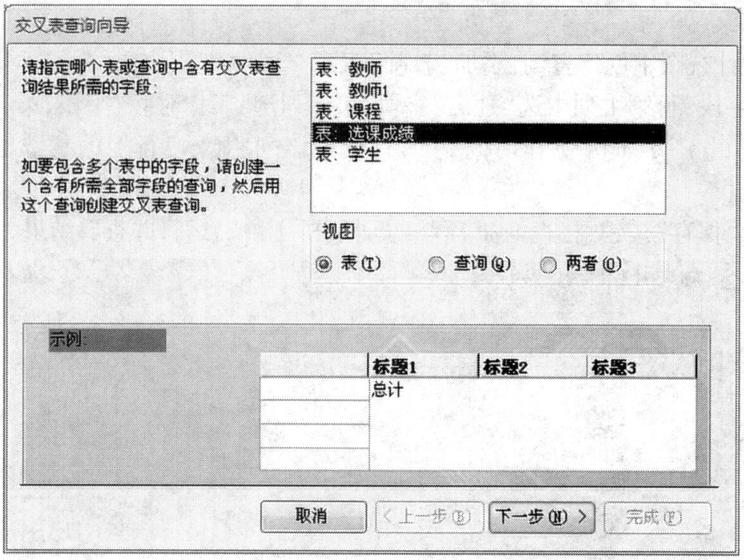

图 9-47　指定包含交叉表查询字段的表

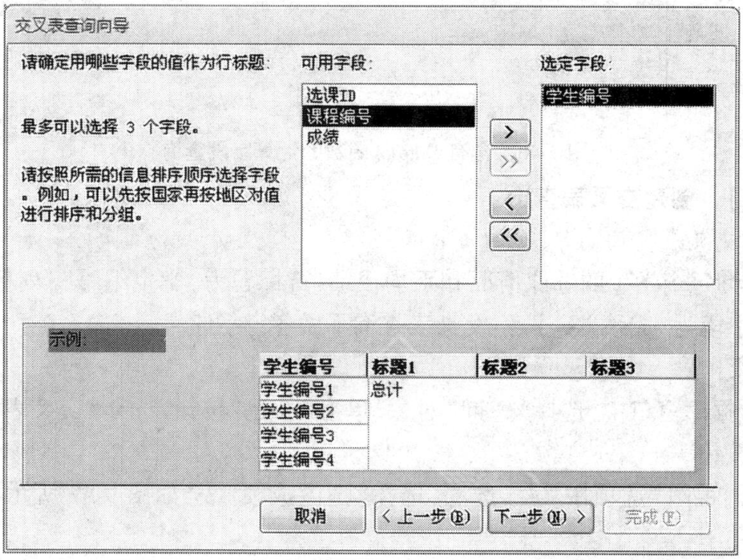

图 9-48　确定哪些字段的值作为行标题

操作步骤：

(1)在设计视图中创建查询,并将“课程”“选课成绩”和“学生”三个表添加到查询设计视图中。

(2)双击“课程”表中的“课程名称”字段,“学生”表中的“性别”字段,“选课成绩”表中的“成绩”字段,将它们添加到“字段”行的第 1~3 列中。

(3)选择“查询类型”组→“交叉表”。

(4)在“课程名称”字段的“交叉表”行,选择“行标题”选项,在“性别”字段的“交叉表”行,选择“列标题”选项,在“成绩”字段的“交叉表”行,选择“值”选项,在“成绩”字段的“总计”行,选择“平均值”选项,设置结果如图 9-50 所示。

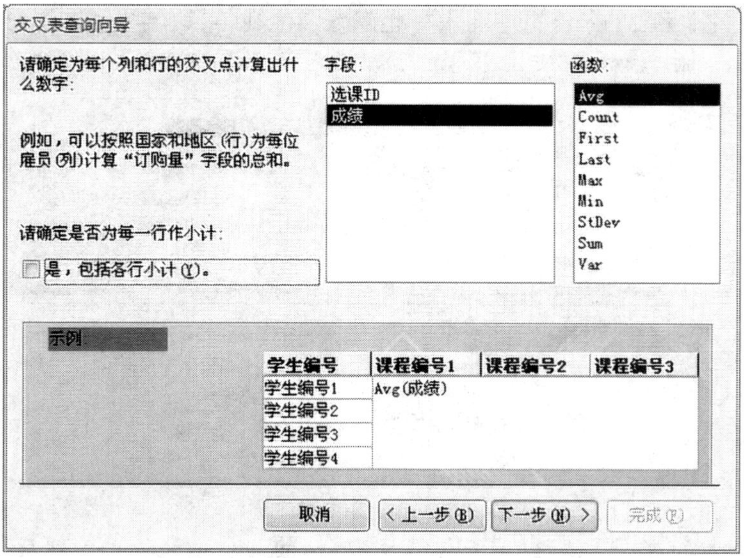

图 9-49 确定行列交叉点计算出什么数字

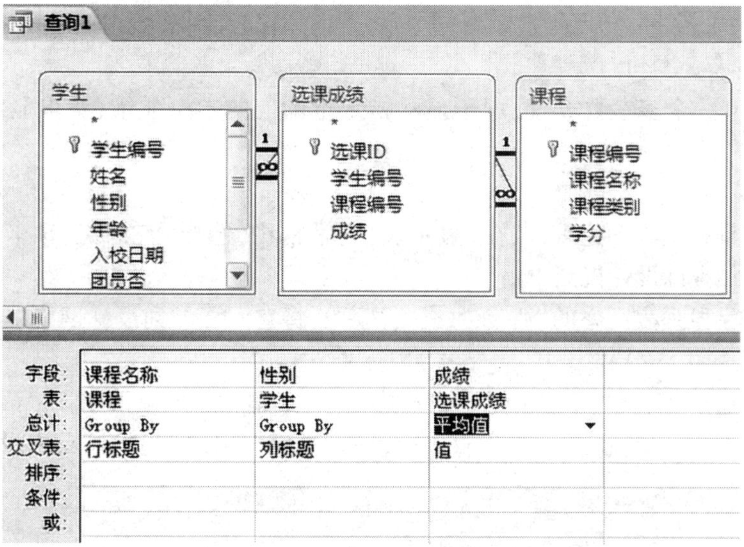

图 9-50 设计视图创建交叉表查询

(5)单击"保存"按钮,将查询命名为"统计各门课程男女生的平均成绩"。运行查询,查看结果。

【案例五】 创建参数查询

1. 创建单参数查询

要求:以已建的"选课成绩"查询为数据源建立查询,按照学生"姓名"查看某学生的成绩,并显示学生"学生编号""姓名""课程名称"和"成绩"等字段。

操作步骤:

(1)在"导航窗格"的"查询"对象中,选"选课成绩查询",然后单击鼠标右键→"设计视图"菜单,打开查询设计视图。

(2)在“姓名”字段的条件行中输入“[请输入学生姓名]”,结果如图 9-51 所示。

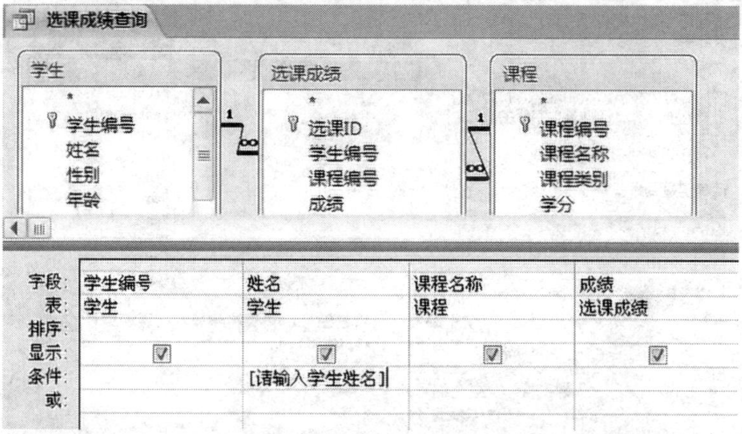

图 9-51　创建单参数查询

(3)单击“查询/设计”→“结果”上的“运行”按钮,在“请输入学生姓名”文本框中输入要查询的学生的姓名,例如“江贺”,单击“确定”按钮,显示查询结果。

(4)单击“文件”→“另存为”菜单命令,将查询另存为“单参数查询-按姓名查询”。

2. 创建多参数查询

要求:建立一个多参数查询,用于显示指定范围内的学生成绩,要求显示“姓名”和“成绩”字段的值。

操作步骤:

(1)在设计视图中创建查询,在“显示表”对话框中,选择“查询”选项卡,并将“选课成绩查询”添加查询设计视图中。

(2)双击字段列表区中的“姓名”“成绩”字段,将它们添加到设计网格中“字段”行的第 1 列和第 2 列中。

(3)在“成绩”字段的“条件”行中输入“Between [请输入成绩下限:] And [请输入成绩上限:]”,此时的设计视图如图 9-52 所示。在“成绩”字段的“排序”行中设置“升序”。

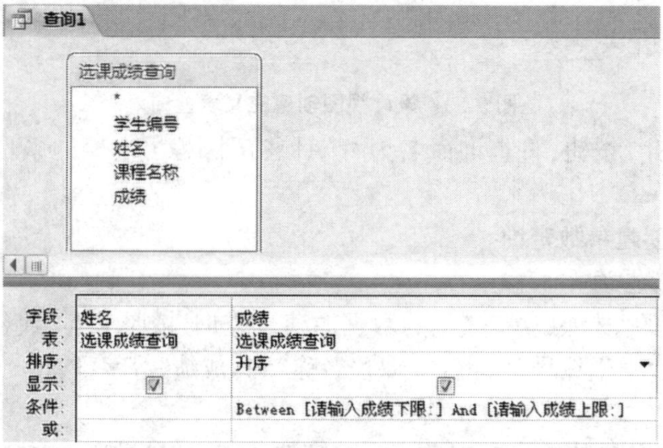

图 9-52　创建多参数查询

(4)单击“运行”按钮,屏幕提示输入下限,例如80;确定后,输入上限,例如100;指定要查找的成绩范围,单击“确定”按钮,显示查询结果。

(5)保存查询为“多参数查询-按成绩范围查询”。

【案例六】　创建操作查询

1. 创建生成表查询

要求:将成绩在90分以上学生的“学生编号”“姓名”“成绩”存储到“优秀成绩”表中。

操作步骤:

(1)在设计视图中创建查询,并将“学生”表和“选课成绩”表添加到查询设计视图中。

(2)双击“学生”表中的“学生编号”“姓名”字段,“选课成绩”表中的“成绩”字段,将它们添加到设计网格中“字段”行中。

(3)在“成绩”字段的“条件”行中输入条件“>=90”,如图9-53所示。

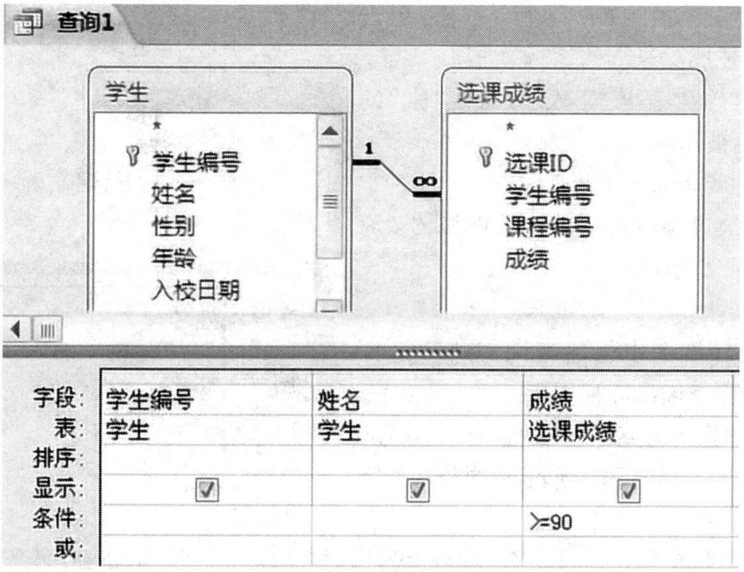

图9-53　创建生成表查询

(4)选择“查询类型”组→“生成表”命令,打开“生成表”对话框。

(5)在“表名称”文本框中输入要创建的表名称“优秀成绩”,并选中“当前数据库”选项,单击“确定”按钮。

(6)单击“结果”组→“视图”按钮,预览记录。

(7)保存查询,查询名称为“生成表查询”。

(8)单击“结果”组→单击“运行”按钮,屏幕上出现一个提示框,单击“是”按钮,开始建立“优秀成绩”表。

(9)在“导航窗格”中,选择“表”对象,可以看到生成的“优秀成绩”表,选中它,在数据表视图中查看其内容。

2. 创建删除查询

要求：创建查询，将“学生”表的备份表“学生表副本”中姓“张”的学生记录删除。

操作步骤：

(1)在“导航窗格”→“表”对象，“文件”选项卡→“对象另存为”菜单命令，输入新的表名“学生表副本”。

(2)在设计视图中创建查询，并将“学生表副本”表添加到查询设计视图中。

(3)选择“查询类型”→“删除”菜单命令，设计网格中增加一个“删除”行。

(4)双击字段列表中的“姓名”字段，将它添加到设计网格中“字段”行中，该字段的“删除”行显示“Where”，在该字段的“条件”行中输入条件“Left([姓名],1)= "张"”，如图 9-54 所示。

(5)单击工具栏上的“视图”按钮，预览要删除的一组记录。

(6)保存查询为“删除查询”。

(7)单击工具栏上的“运行”按钮，单击“是”按钮，完成删除查询的运行。

(8)打开“学生表副本”表，查看姓“张”的学生记录是否被删除。

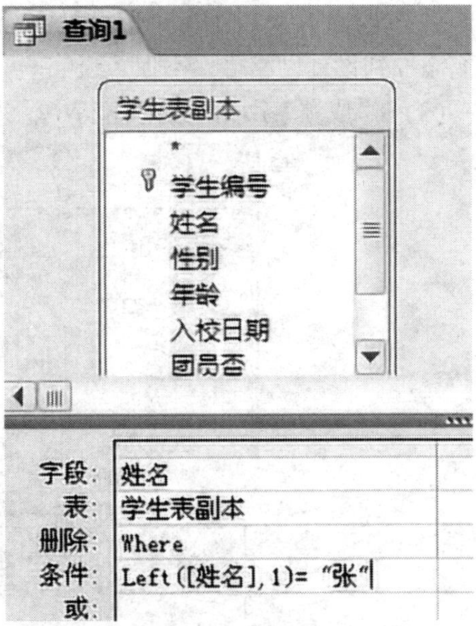

图 9-54 创建删除查询

3. 创建更新查询

要求：创建更新查询，将“课程编号”为“105”的“成绩”增加 5 分。

操作步骤：

(1)在设计视图中创建查询，并将“选课成绩”表添加到查询设计视图中。

(2)双击“选课成绩”表中的“课程编号”“成绩”字段，将它们添加到设计网格中“字段”行中。

(3)选择“查询类型”→“更新”命令，设计网格中增加一个“更新到”行。

(4)在“课程编号”字段的“条件”行中输入条件“105”，在“成绩”字段的“更新到”行中输入“[成绩]+5”，如图 9-55 所示。

(5)单击工具栏上的“视图”按钮，预览要更新的一组记录。

(6)保存查询为“更新查询”。

(7)单击工具栏上的“运行”按钮，单击“是”按钮，完成更新查询的运行。

(8)打开“选课成绩”表，查看成绩是否发生了变化。

4. 创建追加查询

要求：创建查询，将选课成绩在 80~89 分的学生记录添加到已建立的“优秀成绩”表中。

操作步骤：

(1)在设计视图中创建查询，并将“学生”表和“选课成绩”表添加到查询设计视

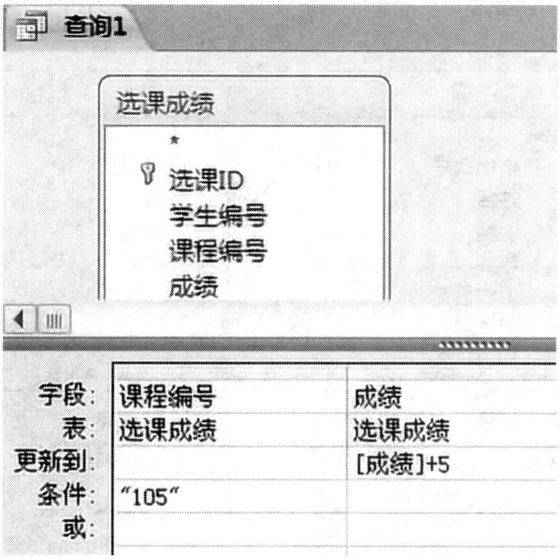

图 9-55　创建更新查询

图中。

(2)单击“查询类型”,选择“追加查询”。

(3)在“追加到”选项中的“表名称”下拉列表框中选“优秀成绩”表,并选中“当前数据库”选项,单击“确定”按钮,这时设计网格中增加一个“追加到”行,如图 9-56 所示。

图 9-56　“追加”对话框

(4)双击“学生”表中的“学生编号”“姓名”字段,“选课成绩”表中的“成绩”字段,将它们添加到设计网格中“字段”行中,“追加到”行中自动填上“学生编号”“姓名”和“成绩”。

(5)在“成绩”字段的“条件”行中,输入条件“>=80 And <90”,结果如图 9-57 所示。

(6)单击工具栏上的“视图”按钮,预览要追加的一组记录。

(7)保存查询为“追加记录”。

(8)单击工具栏上的“运行”按钮,单击“是”按钮,完成记录的追加。

(9)打开“优秀成绩”表,查看追加的记录。

【案例七】　创建 SQL 查询

要求:对“教师”表进行查询,显示全部教师信息。

操作步骤:

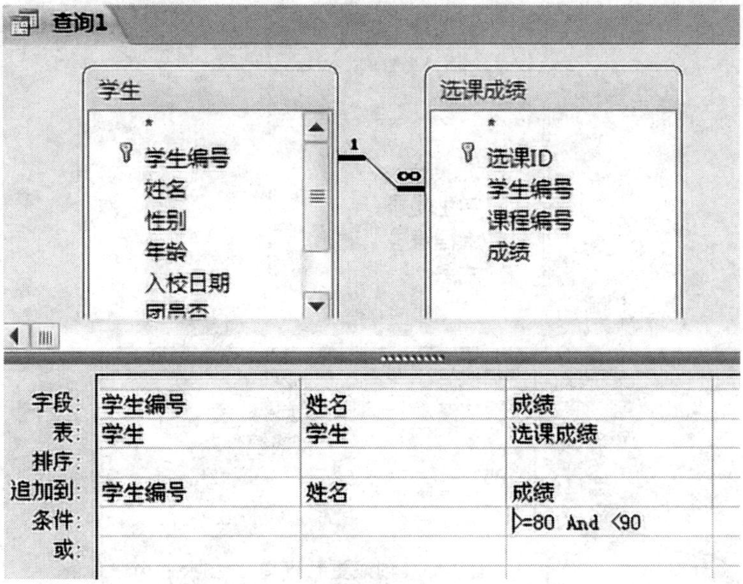

图 9-57　带条件的查询设计器

(1)在设计视图中创建查询,不添加任何表,在"显示表"对话框中直接单击"关闭"按钮,进入空白的查询设计视图。

(2)单击"查询类型",单击"SQL 视图"按钮(也可以鼠标右键单击"查询 1"选项卡),进入 SQL 视图,如图 9-58 所示。

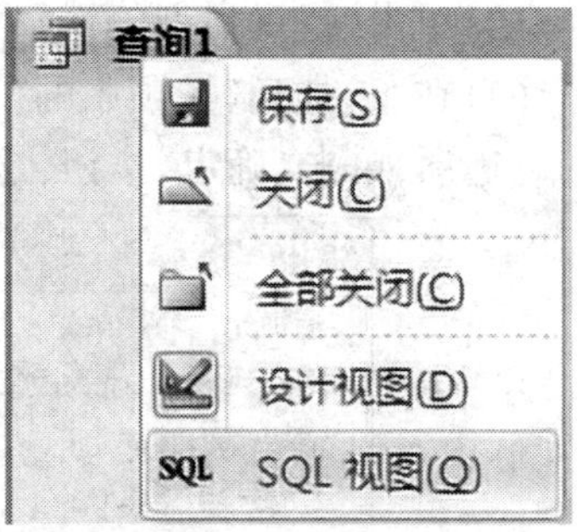

图 9-58　SQL 查询菜单

(3)在 SQL 视图中输入以下语句:SELECT * FROM 教师。

(4)保存查询"SQL 查询"。

(5)单击"运行"按钮,显示查询结果。

【案例八】　对教学管理数据库进行 SQL 查询,完善 SQL 语句

1. SQL 简单查询

(1)对"课程"表进行查询,显示课程全部信息。

SELECT ________ FROM 课程

(2)列出前 5 位教师的姓名和工龄。

SELECT ________姓名,Year(Date())-Year(工作时间) AS 工龄 FROM 教师

(3)求出所有教师的平均年龄。

SELECT ________ AS 平均年龄 FROM 教师

2. 带条件查询

(1)列出成绩在 80 分以上的学生记录。

SELECT * FROM 选课成绩 WHERE ________

(2)求出福建住址的学生平均年龄。

SELECT Avg(年龄) AS 平均年龄 FROM 学生 WHERE ________

(3)列出北京海淀区和上海住址的学生名单。

SELECT 学生编号,姓名,住址 FROM 学生 WHERE 住址 In ＿＿＿＿＿

(4)列出成绩在 80~100 分的学生名单。

SELECT 学生编号,成绩 FROM 选课成绩 WHERE 成绩 Between ＿＿＿＿＿

(5)列出所有的姓"张"的学生名单。

SELECT 学生编号,姓名 FROM 学生 WHERE 姓名 Like ＿＿＿＿＿

(6)列出所有成绩为空值的学生编号和课程编号。

SELECT 学生编号,课程编号 FROM 选课成绩 WHERE 成绩＿＿＿＿＿

3. 排序

(1)按性别顺序列出学生编号、姓名、性别、年龄及住址,性别相同的再按年龄由大到小排序。

SELECT 学生编号,姓名,性别,年龄,住址 FROM 学生 ORDER BY ＿＿＿＿＿

(2)将学生成绩降序排序,只显示前 30%的记录。

SELECT ＿＿＿＿＿ from 选课成绩 ORDER BY 成绩＿＿＿＿＿

4. 分组查询

(1)分别统计"学生"表中男女生人数。

SELECT 性别,Count(*) AS 人数 FROM 学生＿＿＿＿＿

(2)按性别统计"教师"表中政治面貌为非党员的人数。

SELECT 性别,Count(*) AS 人数 FROM 教师 WHERE ＿＿＿＿＿ GROUP BY 性别

(3)列出平均成绩大于 75 分的课程编号,并按平均成绩升序排序。

SELECT 课程编号,Avg(成绩) AS 平均成绩

FROM 选课成绩

GROUP BY 课程编号 HAVING ＿＿＿＿＿

ORDER BY Avg(成绩) ASC

(4)统计每个学生选修课程的门数(超过 1 门的学生才统计),要求输出学生编号和选修门数,查询结果按选课门数降序排列,若门数相同,按学生编号升序排列。

SELECT 学生编号,Count(课程编号) AS 选课门数

FROM 选课成绩

GROUP BY 学生编号 HAVING ＿＿＿＿＿

ORDER BY 2 DESC,1

5. 嵌套查询

(1)列出选修"高等数学"的所有学生的学生编号。

SELECT 学生编号 FROM 选课成绩 WHERE 课程编号=

(SELECT ＿＿＿＿＿ FROM 课程 WHERE 课程名称="高等数学")

(2)列出选修"101"课的学生中成绩比选修"105"的最低成绩高的学生编号和成绩。

SELECT 学生编号,成绩 FROM 选课成绩

WHERE 课程编号="101" And 成绩>Any

(SELECT ＿＿＿＿＿ FROM 选课成绩 WHERE 课程编号="105")

(3)列出选修“101”课的学生,这些学生的成绩比选修“105”课的最高成绩还要高的学生编号和成绩。

SELECT 学生编号,成绩 FROM 选课成绩

WHERE 课程编号="101" And 成绩>All

(SELECT ________ FROM 选课成绩 WHERE 课程编号="105")

(4)列出选修“高等数学”或“英语”的所有学生的学生编号。

SELECT 学生编号 FROM 选课成绩

WHERE 课程编号 In

(SELECT 课程编号 FROM 课程 WHERE ________________)

6. 联接查询

(1)输出所有学生的成绩单,要求给出学生编号、姓名、课程编号、课程名称和成绩。

SELECT a. 学生编号,姓名,b. 课程编号,课程名称,成绩

FROM 学生 a,选课成绩 b,课程 c

WHERE a. 学生编号=b. 学生编号 And ________

(2)列出团员学生的选课情况,要求列出学生编号、姓名、课程编号、课程名称和成绩。

SELECT a. 学生编号,a. 姓名,b. 课程编号,课程名称,成绩

FROM 学生 a,选课成绩 b,课程 c

WHERE a. 学生编号=b. 学生编号 And ________________

(3)求选修“101”课程的女生的平均年龄。

SELECT Avg(年龄) AS 平均年龄 FROM 学生,选课成绩

WHERE 学生. 学生编号=选课成绩. 学生编号 And ________________

7. 联合查询

对“教学管理”数据库,列出选修“101”或“102”课程的所有学生的学生编号和姓名,要求建立联合查询。

SELECT 学生. 学生编号,学生. 姓名 FROM 选课成绩,学生

WHERE 课程编号="101" And 选课成绩. 学生编号=学生. 学生编号

UNION SELECT 学生. 学生编号,学生. 姓名 FROM 选课成绩,学生

WHERE 课程编号="102" And ________________

【案例九】 SQL 数据定义

1. 建立表结构

要求:在“教学管理”数据库中建立“教师情况”表结构,包括编号、姓名、性别、基本工资、出生年月、研究方向字段,其中出生年月允许为空值。

SQL 语句如下:

CREATE TABLE 教师情况(编号 Char(7),姓名 Char(8),性别 Char(2),

基本工资 Money,出生年月 Datetime Null,研究方向 Text(50))

2. 修改表结构

要求:对“课程”表的结构进行修改,完善 SQL 语句。

(1)为“课程”表增加一个整数类型的“学时”字段。

ALTER TABLE 课程__________学时 Smallint

(2)删除“课程”表中的“学时”字段。

ALTER TABLE 课程__________

3. 删除表

要求:在“教学管理”数据库中删除已建立的“教师情况”表,完善 SQL 语句。

DROP __________教师情况

4. 插入记录

要求:向“学生”表中添加记录,学生编号为“1101”,姓名为“张会”,入校日期为 2012 年 9 月 1 日,完善 SQL 语句。

INSERT INTO 学生(学生编号,姓名,入校日期)

VALUES(____________________)

5. 更新记录

要求:完善对“教学管理”数据库进行如下操作的语句。

(1)将“学生”表中“叶飞”同学的住址改为“广东”。

UPDATE 学生 SET 住址="广东" WHERE __________

(2)将所有团员学生的成绩加 2 分,完善 SQL 语句。

UPDATE 选课成绩 SET __________

WHERE 学生编号 IN (SELECT 学生编号 FROM 学生 WHERE 团员否)

6. 删除记录

要求:完善对“教学管理”数据库进行如下操作的语句。

(1)删除“学生”表所有男生的记录。

DELETE FROM 学生 WHERE __________

(2)删除“选课成绩”表中成绩小于 60 的记录。

Delete ____________________。

项目 10　自然资源数据库建设实训

【项目概述】

自然资源数据库主要是建立地表自然资源相关的空间数据库,是自然资源相关部门或行业的主要生产项目,目的是将地表资源形成统一规范,并将成果服务于各行各业。本项目包含 2 个任务:

任务 1　建立数据库

任务 2　要素处理及入库

任务 1　建立数据库

一、实验目的

(1)掌握技术设计书、建库方案。

(2)熟练掌握空间数据库、数据表的建立。

二、实验内容与要求

(1)空间数据库的创建、打开、关闭。

(2)数据表的创建:建立表结构、设置字段属性、数据的输入。

(3)数据表维护:打开表、关闭表、调整表外观、修改表结构、编辑表内容。

三、实验步骤

学习《技术设计书》《基础地理要素分成及属性设置表》《基础地理数据库表结构》《基础地理要素分类代码与图层对照表》《土地利用现状分类和编码》等内容,整体掌握项目目的、作业依据、规范要求等内容。

【案例】　创建空间数据库

(1)在本地磁盘 F 盘(或 D 盘、E 盘等磁盘)建立个人实习文件夹,将实习底图“86. 0–40. 0”及相关资料文档拷贝至该文件夹中。

(2)打开 ArcCatalog,使用文件夹连接功能(见图 10-1),连接至存放个人文件夹的本地磁盘 F 盘(或 D 盘、E 盘等磁盘)。

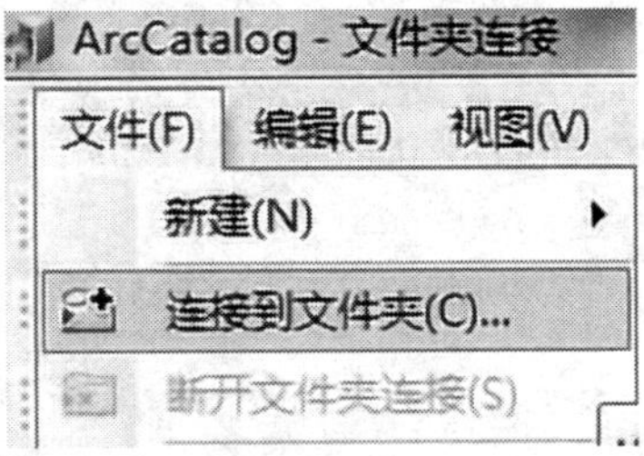

图 10-1　连接文件夹

(3)在 ArcCatalog 中打开个人文件夹,在“内容”标签中的空白位置点击右键,新建“个人地理数据库”,命名为“地理数据库”,如图 10-2 所示。

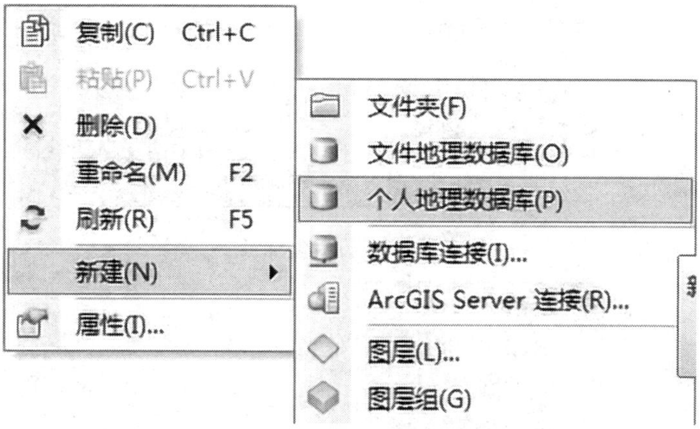

图 10-2 创建个人地理数据库

(4)双击打开"地理数据库.mdb",在"内容"标签中的空白位置点击右键,新建"要素数据集",命名为"GISdata",如图 10-3 所示。

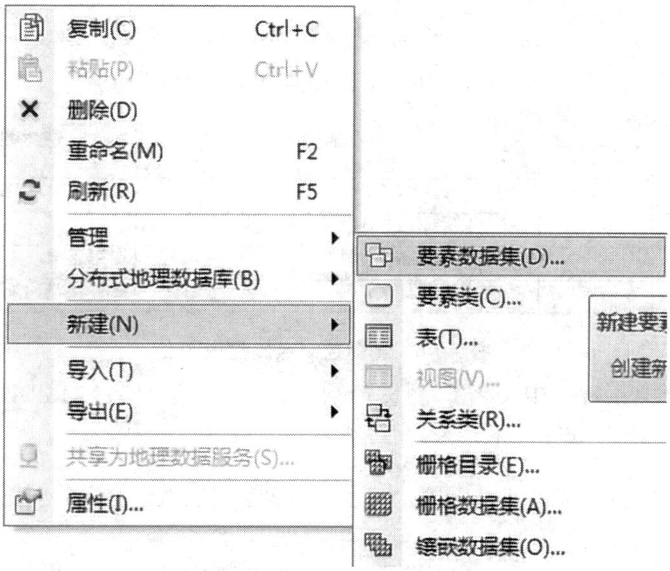

图 10-3 创建要素数据集

投影坐标系选择:

Gauss Kruger→CGCS2000→CGCS2000_3_Degree_GK_CM_105E,如图 10-4 所示。

垂直(高程)坐标系选择:

Asia--Yellow_Sea_1985

容差都默认为 0.001。

(5)双击打开"GISdata",在"内容"标签中的空白位置点击右键,新建"要素类",如图 10-5 所示,命名及属性参考附录。命名参考"附录 B 基础地理要素分层及属性设置表",属性参考"附录 C 基础地理数据库表结构"。

举例:测量控制点(见图 10-6)要素类的建立。

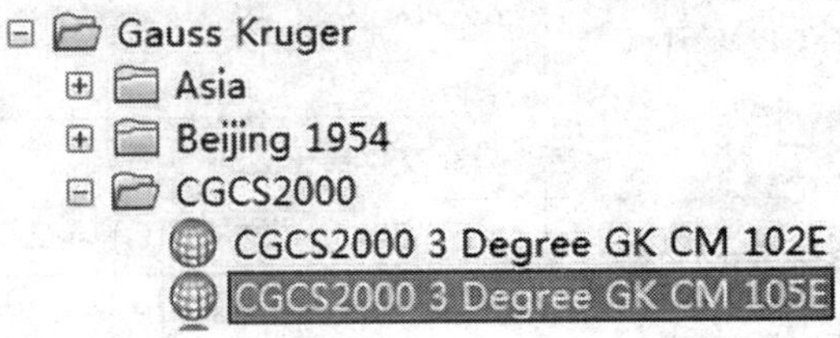

图 10-4　设置坐标系

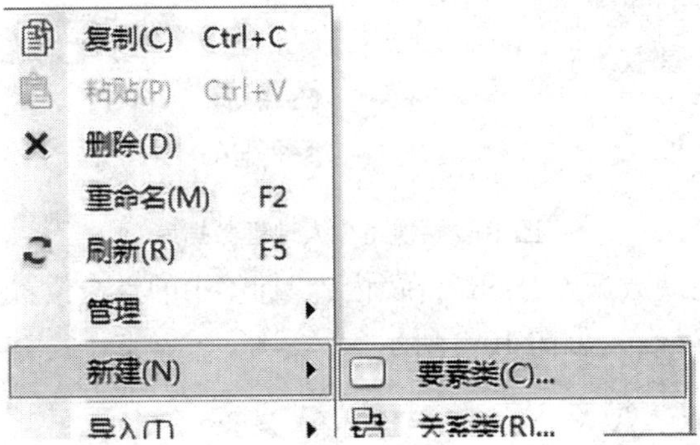

图 10-5　创建要素类

要素分层		空间类型	表示内容	基本属性项
中文名	字符名			
测量控制点	KZDP	点	各等级测量控制点	点名、等级、高程
坐标格网	GRIDL	线	图廓线、坐标格网线、经纬网线	
图幅索引	INDEXA	面	地形图图幅索引图	图名、图号、
控制点注记	KZDZJ	点	各种注记	名称、代码、内容、角度

图 10-6　测量控制点属性说明

①新建要素类,名称(中文名)“测量控制点”,别名(字符名)“KZDP”,要素类型“点要素”,如图 10-7 所示,点击“下一步”。

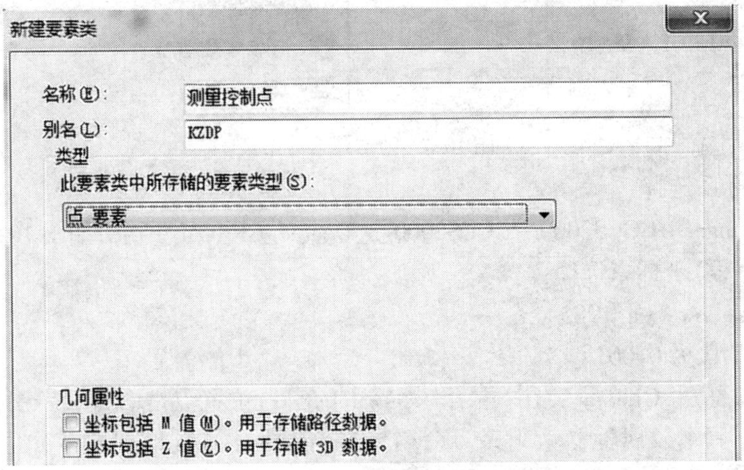

图 10-7　新建要素类

②新建要素类对话框中,字段名按图 10-8 设置,如字段名“要素代码”,别名(标识

符)“FCODE”,数据类型(字段类型)选择文本(C),长度 8,如图 10-9 所示。

测量控制点表

字段名称	标识符	字段类型	计量单位	字段描述
要素代码	FCODE	C(8)		地理要素的分类代码，下同
要素名称	FNAME	C(40)		地理要素的名称，下同
点名	NAME	C(20)		控制点名称或编号
等级	FLEVEL	C(2)		控制点等级
高程	ELEV	N(7,3)	m	高程值

图 10-8　测量控制点字段要求

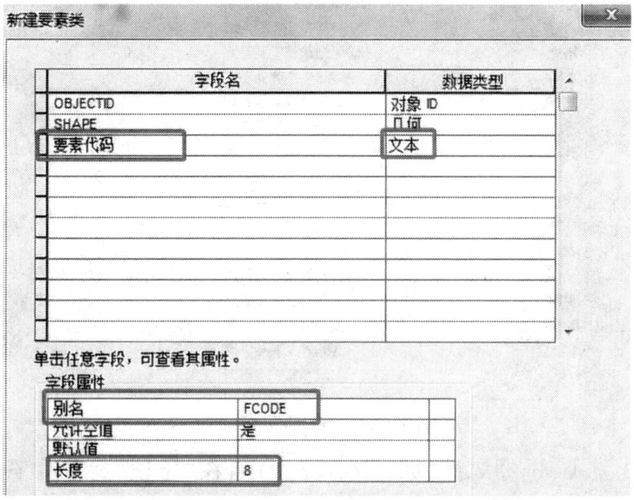

图 10-9　字段设置

注意:C 为文本类型,需要填写长度;N 为双精度类型,不需要填写长度。

按照测量控制点表,将测量控制点的字段填写完整,如图 10-10 所示。

图 10-10　字段设置完整

(6)参照“附录 B 基础地理要素分层及属性设置表”,“附录 C 基础地理数据库表结构”,建立所有要素的要素类及属性表,共 42 个,如图 10-11 所示。

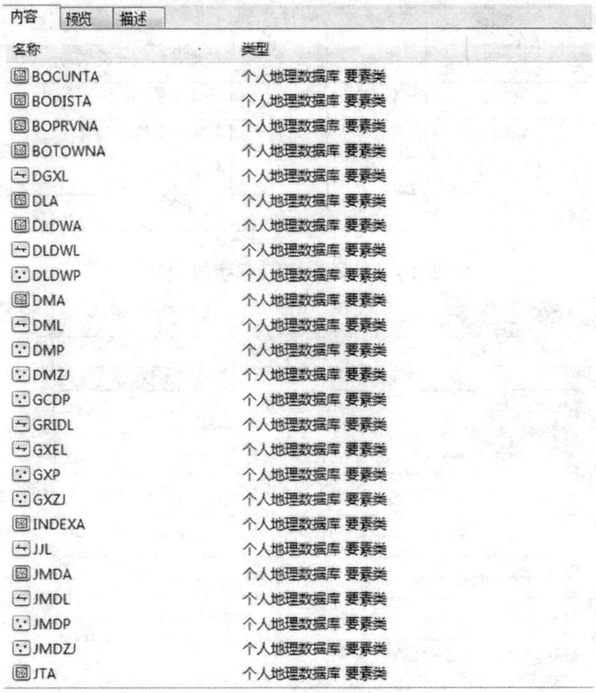

图 10-11　数据库要素类

可右键点击要素类,选择属性,如图 10-12 所示,在“字段”标签中查看字段是否完整,若不完整可以继续添加。

图 10-12　要素类字段

任务 2 要素处理及入库

一、实验目的

(1)掌握水系、居民地、交通、管线、地貌、境界、植被土质、土地利用现状等要素的处理方法和入库标准。

(2)熟练掌握数据转换、要素修改、要素转面、拓扑检查与修改等操作。

二、实验内容与要求

(1)数据转换:dwg 文件转换为 shp 文件。

(2)要素修改:延长线、打断线、复制线、裁剪面等。

(3)要素转面:拓扑错误检查、错误修改、检查面闭合、闭合线转面等。

三、实验步骤

【案例一】 水系要素处理及入库

(1)在个人文件夹中建立“水系处理”文件夹,用于存储处理过程中产生的数据。

(2)打开 ArcMap,使用“文件→添加数据”功能,打开底图文件“86.0-40.0”,在“86.0-40.0.dwg Polyline”上点击右键,打开属性表,如图 10-13 所示。

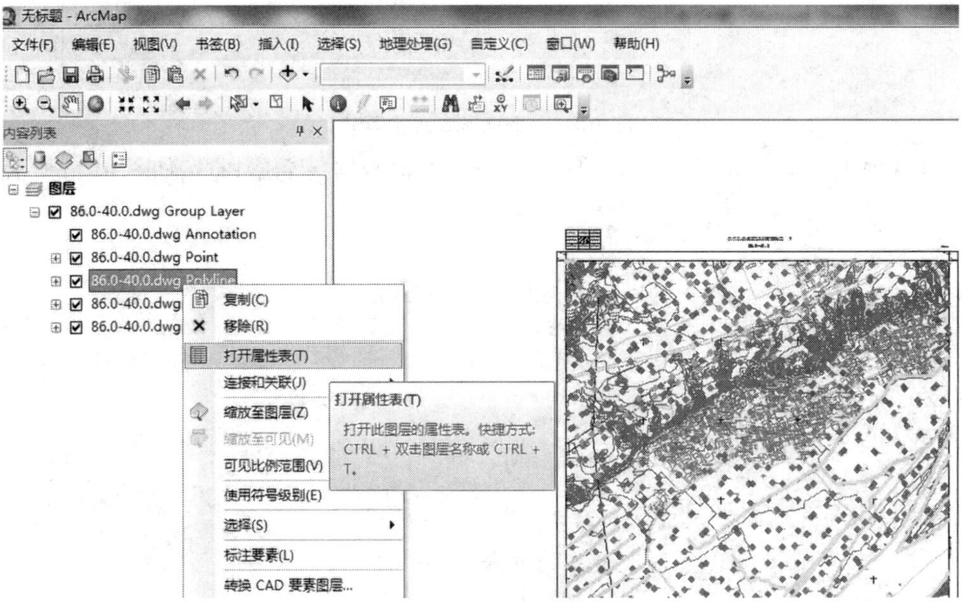

图 10-13 打开属性表

(3)点击“按属性选择”,在 SELECT * FROM Polyline WHERE 中输入:" Layer" = 'SX'。注意:都为英文状态下输入。点击“应用”,将所有的线状水系要素选择,如图 10-14、图 10-15 所示。

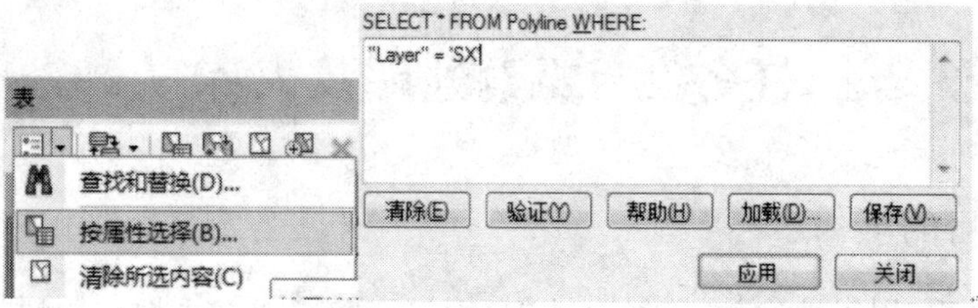

图 10-14　按属性选择

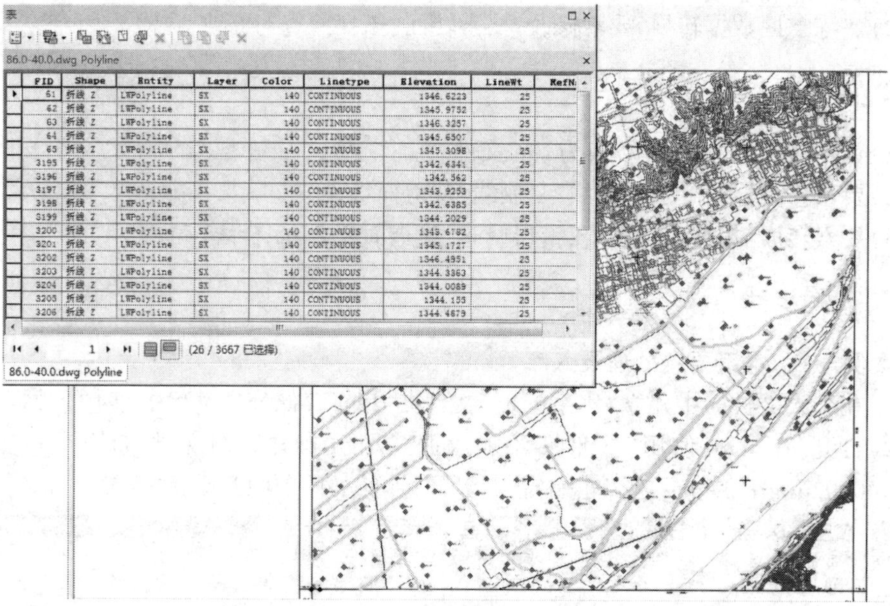

图 10-15　选择所有水系要素

(4)在“86.0−40.0.dwg Polyline”上点击右键,选择“数据→导出数据”,如图 10-16 所示。

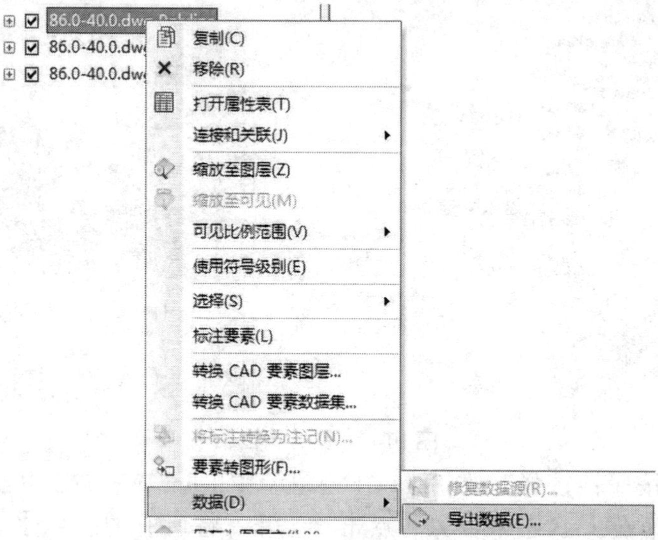

图 10-16　导出数据

导出中选择“所选要素”,一定不要选所有要素。

输出要素类中点击文件夹符号,找到“水系处理”文件夹,将数据命名为“shuixi1.shp”,保存类型为 Shapefile,如图 10-17 所示。

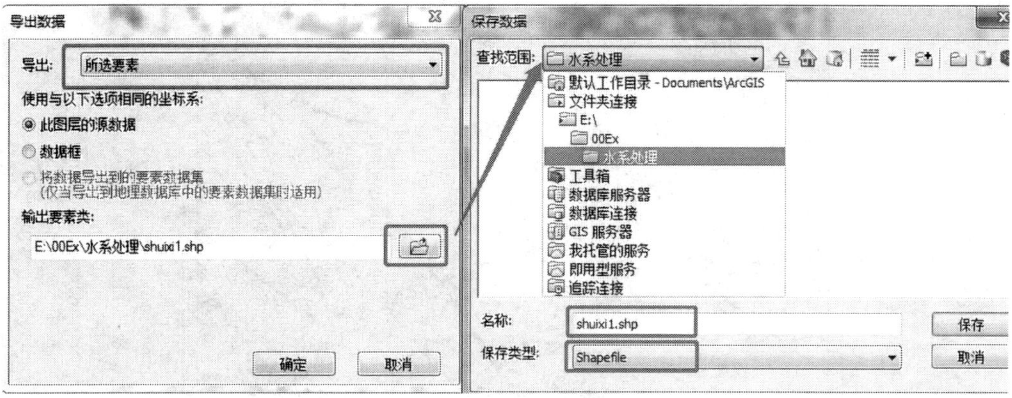

图 10-17 导出水系要素

导出后将数据添加到 ArcMap 中。

(5)对比地形图,发现水系中有单线河和双线河,根据要求,单线河流及河流面的中心线需要入库到“水系要素_线(SXL)”中,双线河流需要入库到“水域_面(SXAA)”中,如图 10-18 所示。

2. 水系	水系要素_点	SXP	点	水文站、水位站、流量站、发电站、水闸、提灌站、试验站、泉、井等要素	名称、编码、河流、岸别、隶属、方位角、高程、类型、日期
	水系要素_线	SXL	线	单线河流、双线河流中心线、沟渠、干沟、堤、坝等	名称、类别、说明
	水域_面	SXAA	面	河流、湖泊、水库、坑塘、海洋水面	
	水系要素_面	SXA	面	水系设施、沼泽、湿地、滞洪区、灌区等	名称、代码、类型
	水系注记	SXZJ	点	水系层注记	名称、代码、内容、角度

图 10-18 水系要素图层说明

设计书要求如下:

①双线河、双线渠等用中心线表示。

②河、渠构建河网;要求河流、双线河中心线遇桥梁等要素时不间断,保持其连续性。单线河与双线河相交时,其交点必须在双线河中心线上。

③双线河和水面用面要素表示。所有水域包括河流水面、沟渠水面、湖泊、坑塘、水库等放入 SXAA 层,其他水系面要素如沼泽、湿地、淤背等放入 SXA 层。

④水闸、涵洞等附属设施,按不依比例尺、半依比例尺、依比例尺使用点、线、面入库。

(6)观察地形图,发现左上部分为单线河渠,右下部分为河流面,见图 10-19。首先处理单线河渠,并绘制河流中心线。

打开编辑器→开始编辑,编辑 shuixi1,使用“创建要素”功能,使用“线”构造工具,为河流面绘制中心线,如图 10-20、图 10-21 所示。注意捕捉到内图框上。

编辑器→保存编辑内容→停止编辑。使用“选择要素工具”  选择单线河渠及河流中心(见图 10-22)。要将这些线导入数据库的 SXL 要素类中。先将其导出到“水系处

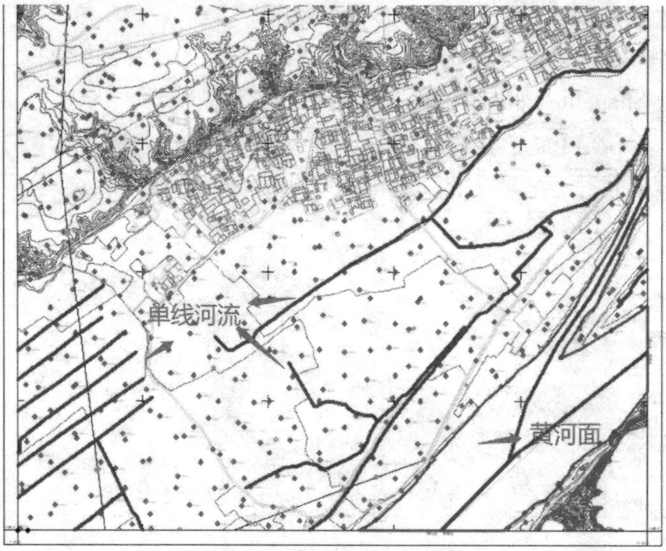

图 10-19　水系解读

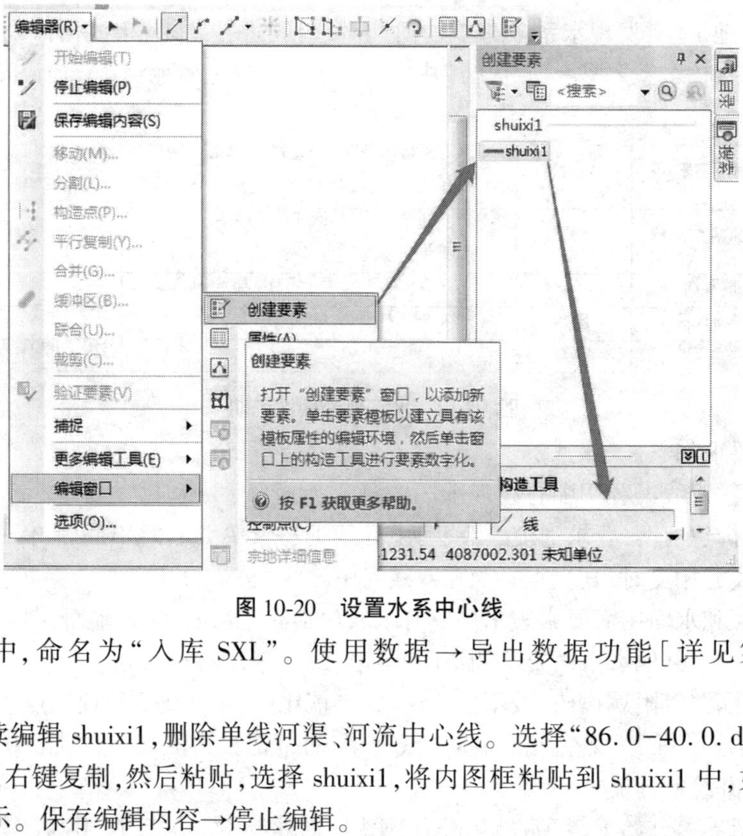

图 10-20　设置水系中心线

理”文件夹中，命名为“入库 SXL”。使用数据→导出数据功能[详见第(4)步]，见图 10-23。

(7)继续编辑 shuixi1，删除单线河渠、河流中心线。选择“86. 0-40. 0. dwg Polyline”中的内图框，右键复制，然后粘贴，选择 shuixi1，将内图框粘贴到 shuixi1 中，如图 10-24～图 10-26 所示。保存编辑内容→停止编辑。

(8)使用 ArcCatalog 在“水系处理”文件夹中新建个人地理数据库“水系拓扑”，继续在“水系拓扑”中新建要素数据集“拓扑 sx”，坐标系、容差和之前选择的一样。

在“拓扑 sx”上点击右键，选择“导入→要素类(单个)”，输入要素选择 shuixi1，输出

图 10-21　绘制完成水系中心线

要素类为其定义一个名字，如 shuixituopu。点击“确定”，将其导入“拓扑 sx”中，如图 10-27、图 10-28 所示。

(9)在“拓扑 sx”上点击右键，选择“新建→拓扑”，点击“下一步”，在“选择要参与到拓扑中的要素类”中勾选 shuixituopu 要素类，点击“下一步”，在“指定拓扑规则”中选择“添加规则”，添加规则下选择“不能有悬挂点”，点击“下一步”，完成后立即“验证拓扑”，如图 10-29～图 10-31 所示。

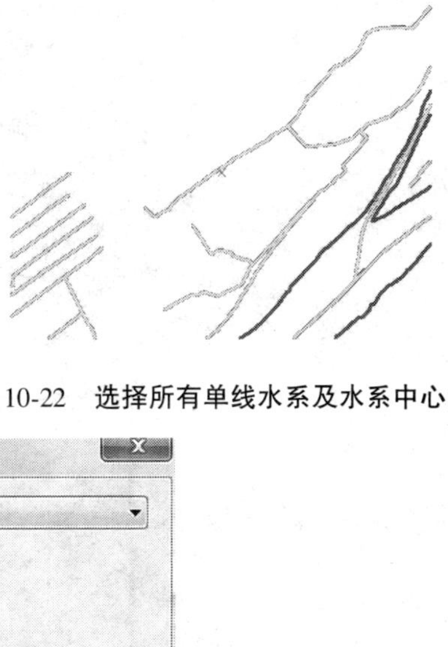

图 10-22　选择所有单线水系及水系中心线

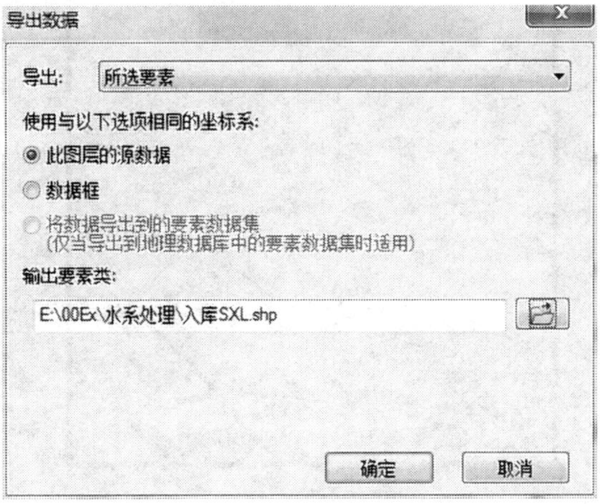

图 10-23　导出水系要素

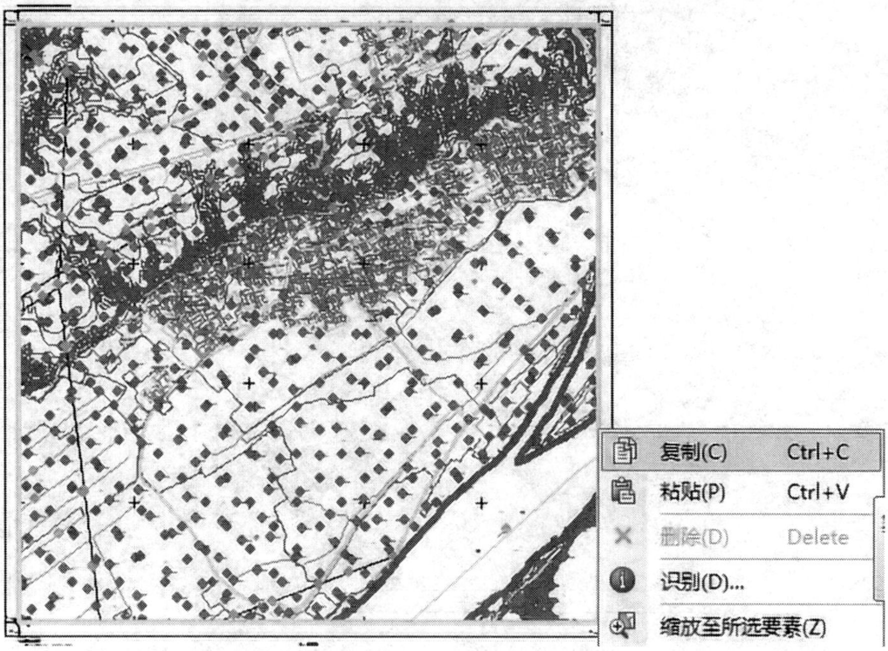

图 10-24　选择内图框并复制

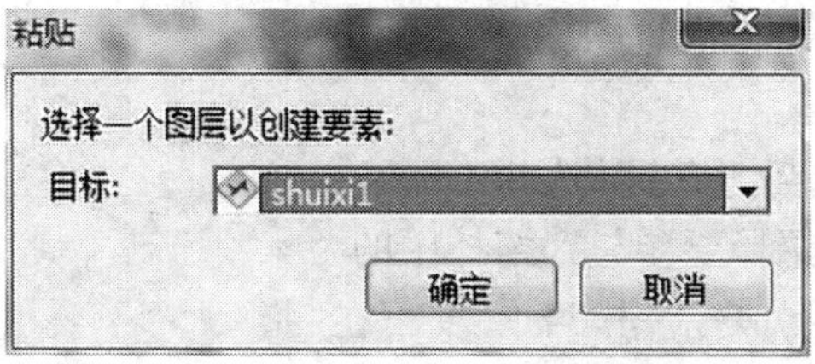

图 10-25　粘贴内图框至新图层

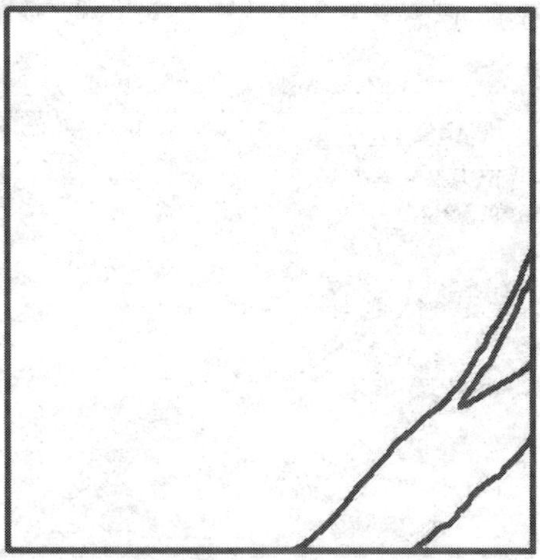

图 10-26　构建河流面的边线

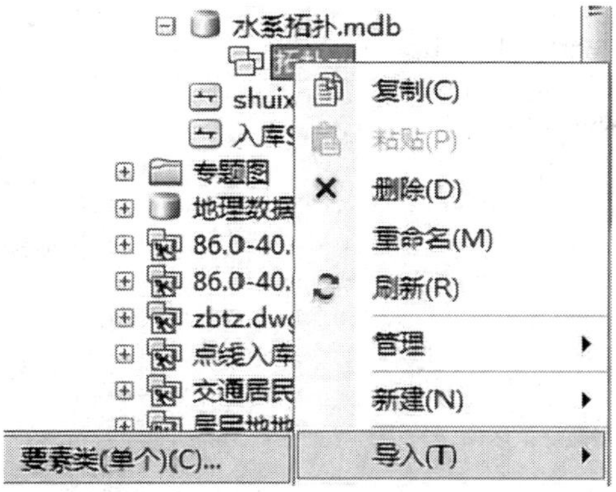

图 10-27　导入要素类

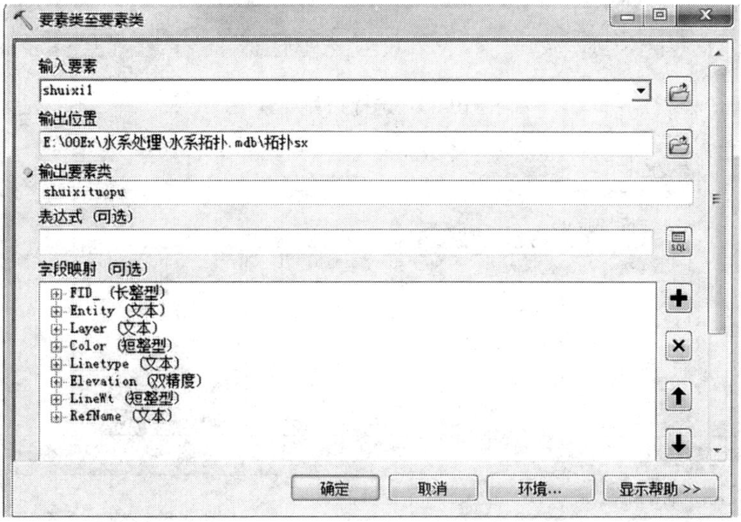

图 10-28　导入要素类选项卡

图 10-29　构建拓扑

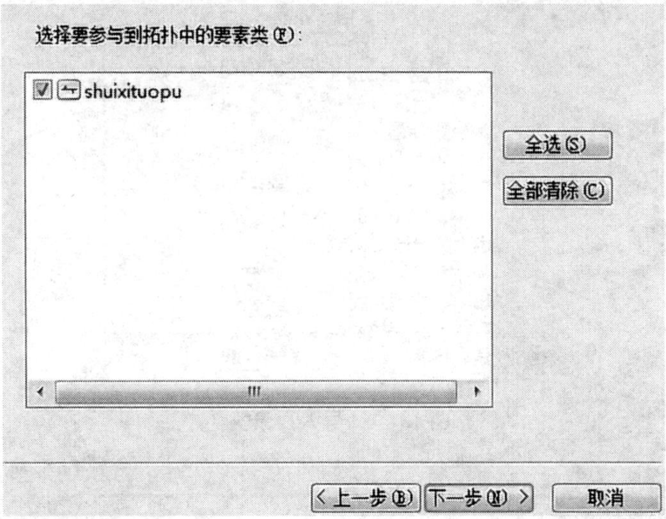

图 10-30　选择拓扑要素

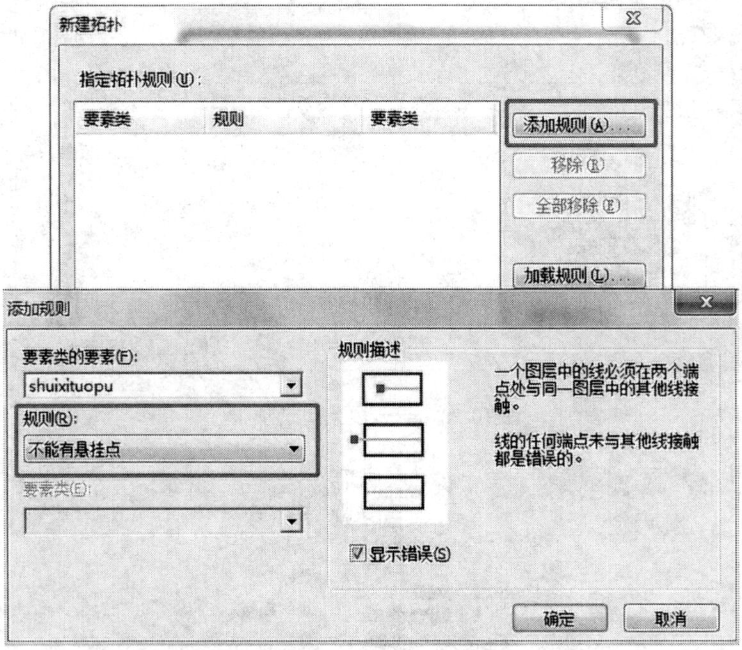

图 10-31　添加拓扑规则

(10)添加拓扑数据如图 10-32 所示。图 10-33 上的点表示该处位置有错误。

(11)对该数据进行编辑,放大后发现两条线没有连接到一起,使用创建要素功能,画一段线将两条线连到一起,如图 10-34 所示。注意:不能移动线及端点。

(12)保存编辑内容,打开拓扑工具栏,将图面缩小,点击功能“验证当前范围中的拓扑”,点子消失,说明没有拓扑错误,验证拓扑如图 10-35 所示(若还有点,说明拓扑错误没有改正,则不能构面)。

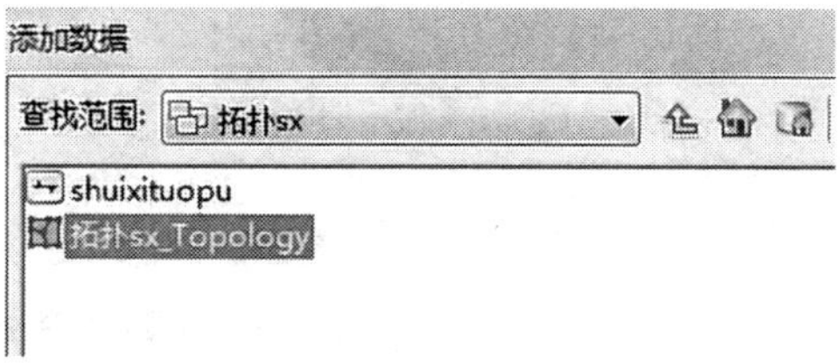

图 10-32　添加拓扑数据

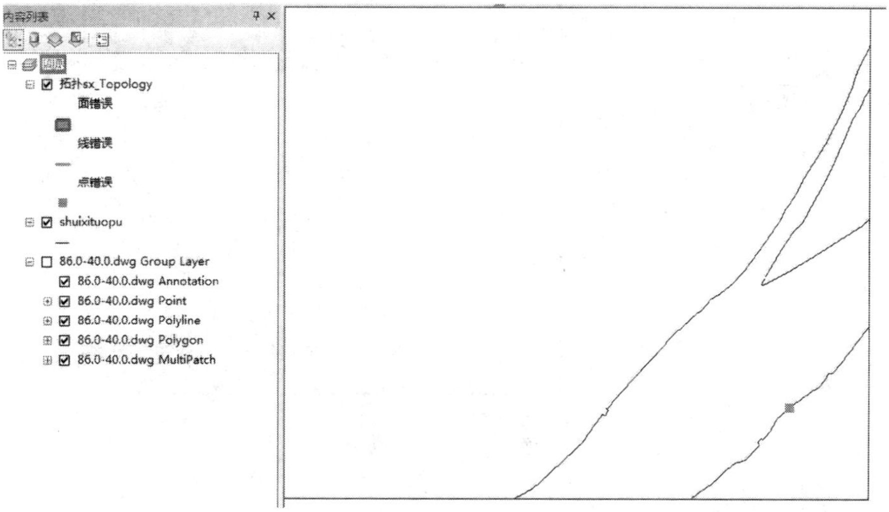

图 10-33　在 ArcMap 中显示拓扑数据

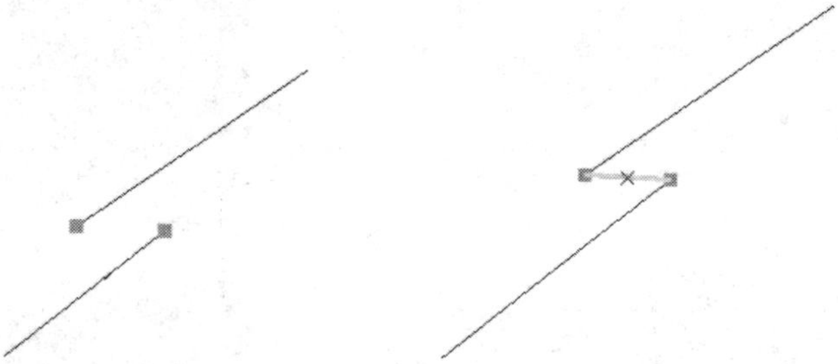

图 10-34　修改线错误

(13)保存编辑内容→停止编辑,打开 ArcToolbox ,选择“数据管理工具→要素→要素转面”。输入要素为修改正确后的线要素,由于构建后的河流面需要入库到“水域_面 SXAA”中,输出要素类可以命名为“入库 SXAA”,存储在“水系处理”文件夹中,点击“确定”,如图 10-36 所示。

(14)编辑面要素(见图 10-37),删除不需要的面,只保留河流面。保存并停止编辑。

(15)入库。打开 ArcToolbox ,选择“数据管理工具→常规→追加”,如图 10-38 所示,输入数据集,选择需要入库的线或面要素(如入库 SXAA),目标数据集选择“地理数据库→GISdata→SXAA”,方案类型选择“NO_TEST”,点击“确定”,如图 10-39 所示。

(16)属性输入。打开附录,查看“附录 D 基础地理要素分类代码与图层对照表”,找

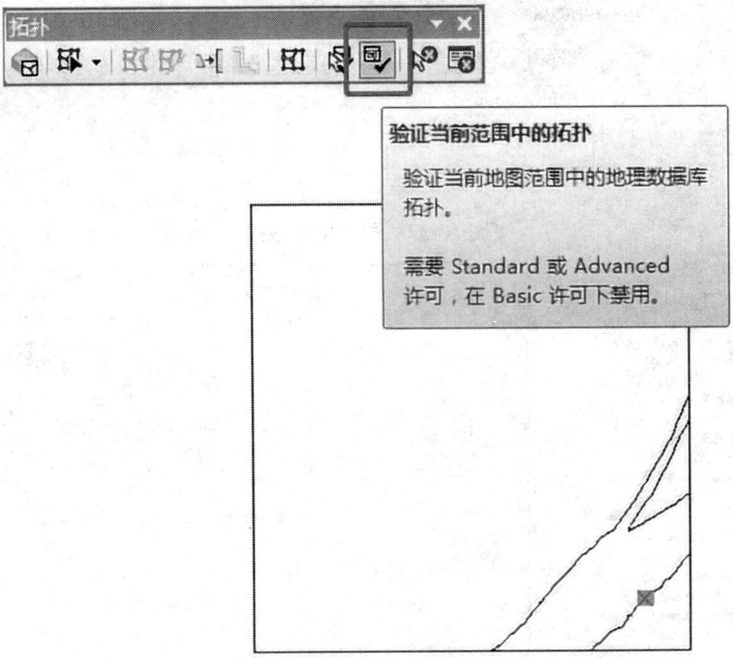

图 10-35　验证拓扑

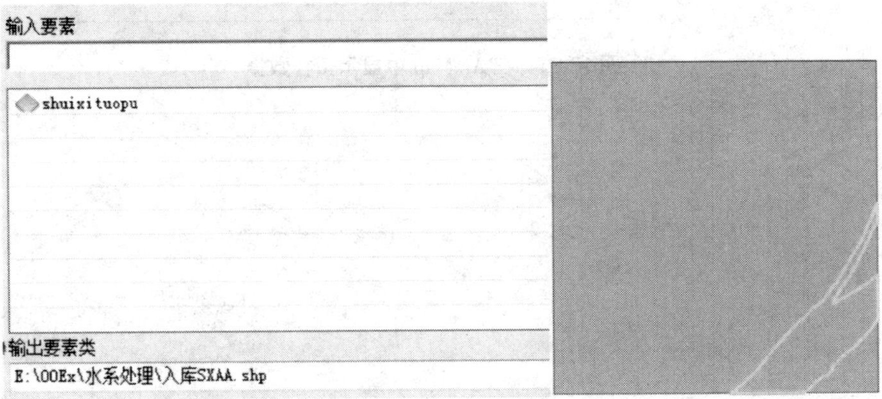

图 10-36　要素转面

到水系的代码和名称,见图 10-40。

编辑 SXAA 图层,在 FCODE 中填写代码“210101”,FNAME 中填写名称“地面河流”,保存编辑,入库完成,见图 10-41。用同样的方法对单线河流入库。

其他要素的处理与入库,按照水系要素处理及入库方法进行,要求要素不遗漏、不移位、构面正确、属性正确。

操作熟悉后,可以将所有需要构面的线统一导出,再统一构面,最后对面要素分类构面。

【案例二】　居民地及附属设施要素处理及入库

对于居民地及附属设施,设计书要求如下:

居民地建筑物包括普通房屋、简单房、棚房等,构面入库。

DLDW 层的要素,群坟、依比例尺的饲养场、打谷场等按照面要素处理。

其他要素分别按照点、线,其中有方向性的地物设施的方位角要保留方位角。

居民地及设施要素分层说明见图 10-42。

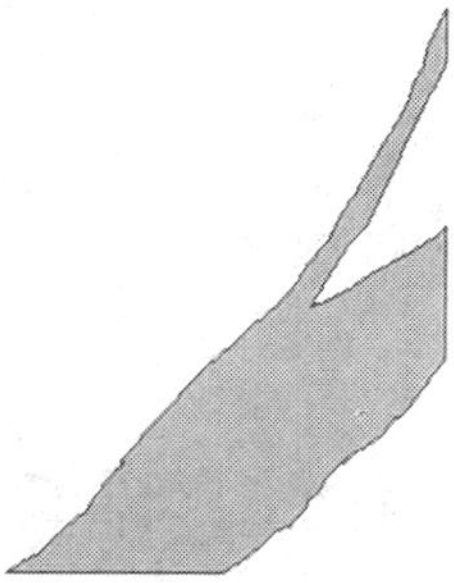

图 10-37　编辑面要素

(1)居民地要素主要为构面要素,将普通房屋、

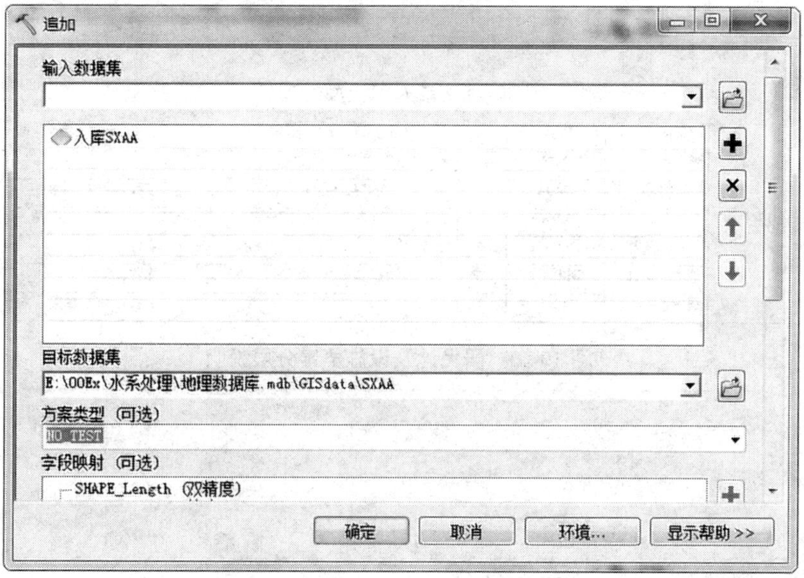

图 10-38　追加数据

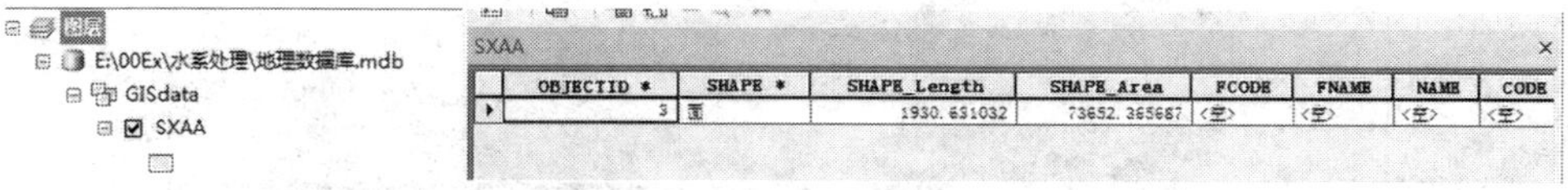

图 10-39　面要素追加至要素类中

200000	水系
210000	··**河流**
210100	····常年河
210101	······地面河流

图 10-40　水系代码和名称

简易房、棚房等,构面后入库到“建筑物_面 JMDA”中;群坟、饲养场、打谷场等,构面后入库到“地物设施_面 DLDWA”中,如图 10-43 所示。根据“附录 C 基础地理要素分类代码与图层对照表”录入属性。

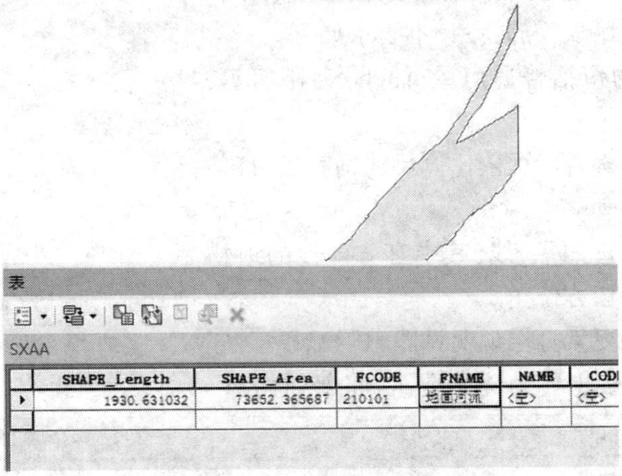

图 10-41　录入河流面的属性

3. 居民地及设施	建筑物_点	JMDP	点	不依比例尺房屋、蒙古包、窑洞等	名称、代码、角度
	建筑物_线	JMDL	线	半依比例尺房屋及附属设施	名称
	建筑物_面	JMDA	面	依比例尺的房屋、街区等	名称
	地物设施_点	DLDWP	点	矿井、水塔、独立坟、亭、碑等	名称、类型、方位角
	地物设施_线	DLDWL	线	围墙、篱笆、铁丝网、过街天桥等	名称
	地物设施_面	DLDWA	面	坟、打谷场、体育场、温室等	名称、类型
	居民地注记	JMDZJ	点		名称、代码、内容、角度

图 10-42　居民地及设施要素分层说明

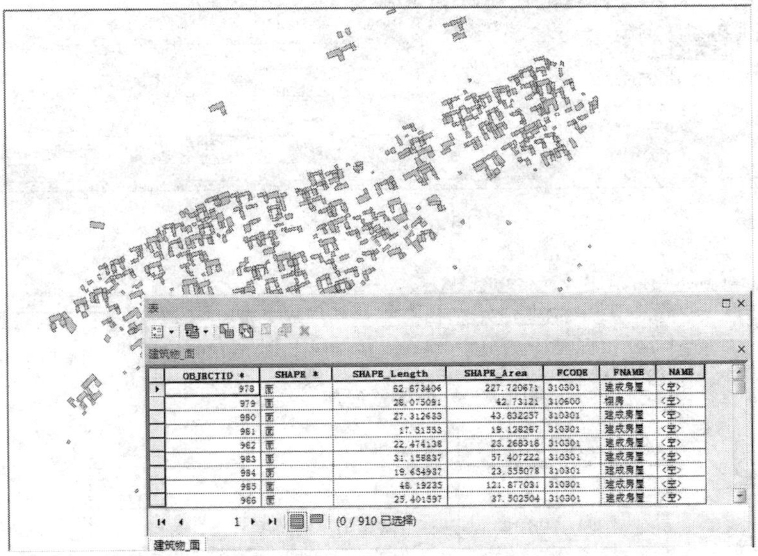

图 10-43　居民地构面并入库

最终结果如下：

(2)点、线要素直接导出后，追加到相应图层，填好属性(如围墙)，如图 10-44 所示。

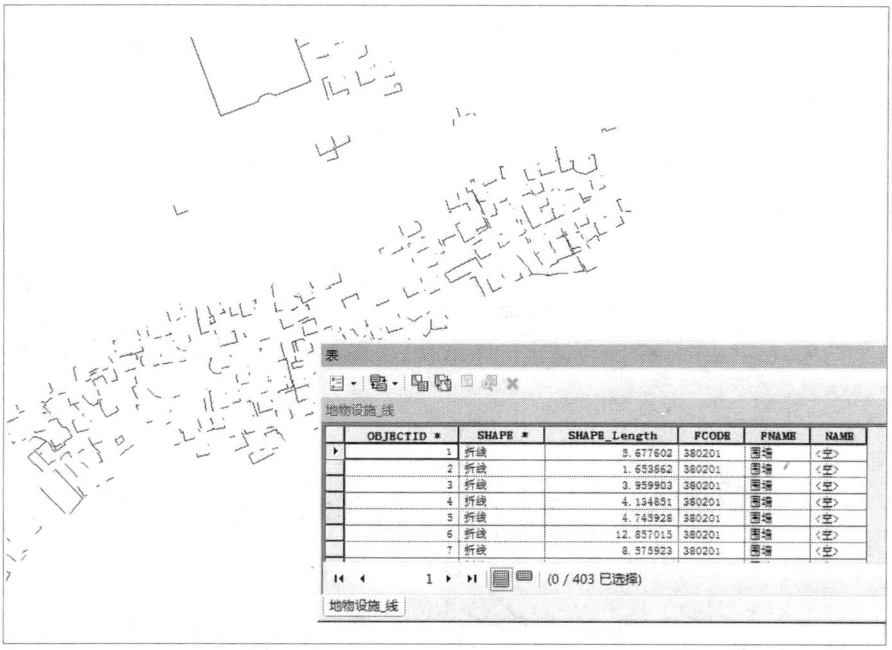

图 10-44　居民地附属设施入库

【案例三】　交通要素处理及入库

对于交通要素,设计书要求如下:

(1)双线道路用中心线表示,道路中心线要连续,遇到桥梁等附属设施时不能断开,保证构建路网。

(2)铁路用中心线表示,注意区分普通铁路和高速铁路。

(3)桥梁用中心线表示。桥梁中心线与道路中心线空间位置必须完全重叠。桥梁只需跨双线河的桥梁,其他桥梁不需要提取。

(4)其他道路附属设施,按照相应的点、线、面入库。

交通要素分层说明见图 10-45。

铁路	JTRLWYL	线	各种铁路、轻便轨道、缆车道	名称、类型
公路	JTHIWYL	线	各等级公路	名称、编码、等级、宽度
其他道路	JTROADL	线	大车路、乡村路、小路、内部道路、街道等	名称
桥梁	JTBRDGL	线	各种桥梁	名称、类型、宽度
交通要素_点	JTP	点	路标、里程桩、灯塔碑等	名称
交通要素_线	JTL	线	各类道路中心线、桥梁、隧道、渡口等	名称
交通要素_面	JTA	面	收费站等	名称
交通注记	JTZJ	点		名称、代码、内容、角度

图 10-45　交通要素分层说明

交通要素只用中心线(相交打断)表示,需要使用创建要素功能,绘制道路中心线,并入库到“交通要素_线 JTL”中,对照属性表录入属性。

最终结果如图 10-46、图 10-47 所示。

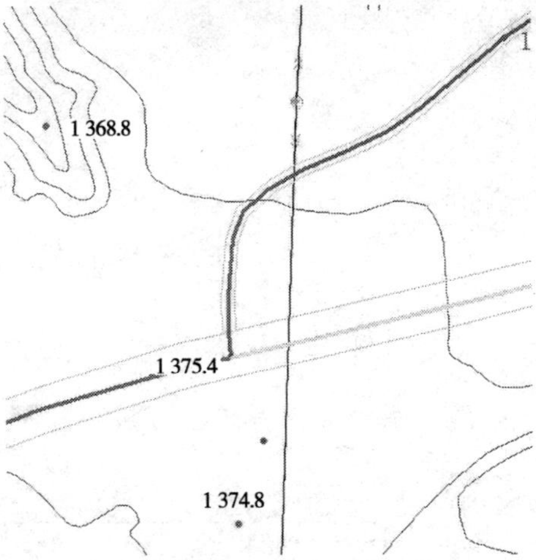

图 10-46　交通要素入库

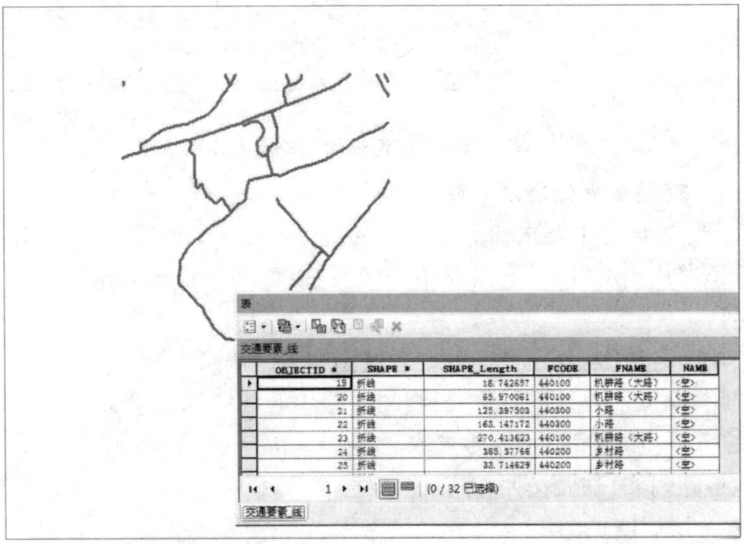

图 10-47　交通要素属性录入

【案例四】　管线要素处理及入库

对于管线要素，设计书要求如下：

(1)电力线、通信线采集时节点要放在有电杆或电线架的地方。

(2)有名称的管线以及管道内的输送物，如"石油""煤气""水蒸气"等应作为属性值录入到属性表相应字段。

管线要素分层说明见图 10-48。

管线	GXEL	线	电力线，通信线，油、气、水管道	名称、类型
管线设施	GXP	点	地下检修井、污水篦子等	
管线注记	GXZJ	点		名称、代码、内容、角度

图 10-48　管线要素分层说明

管线有点、线要素，需要在底图“86. 0-40. 0. dwg Polyline”“86. 0-40. 0. dwg Point”中筛选"Layer" = 'GX'，将点、线分别导出后，入库到“管线 GXEL”和“管线设施 GXP”中，如图 10-49 所示。

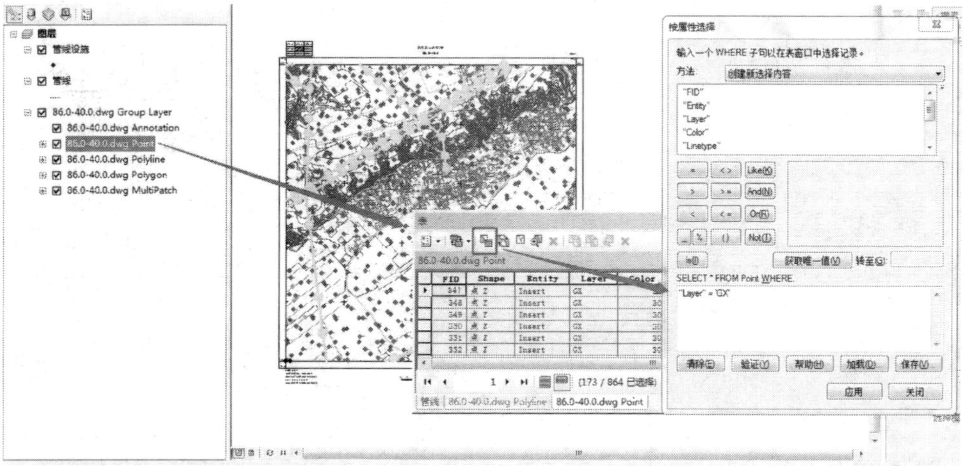

图 10-49　导出管线要素

对照属性表，输入管线点、线的属性，最终结果如图 10-50、图 10-51 所示。

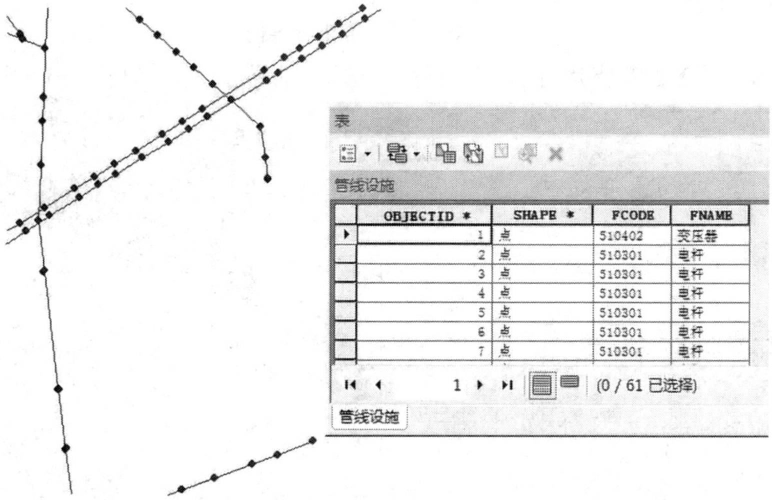

图 10-50　管线要素入库

【案例五】　地貌要素处理及入库

对于地貌要素，设计书要求如下：

(1) 高程点、等高线分别按照点、线要素入库及保留高程。

(2) 比高、梯田坎、路堤、陡岸、冲沟按照对应的点、线入库。

地貌要素分层说明见图 10-52。

高程点、等高线入库方法与管线相似，都是在底图中提取后导入到相应的要素类中。

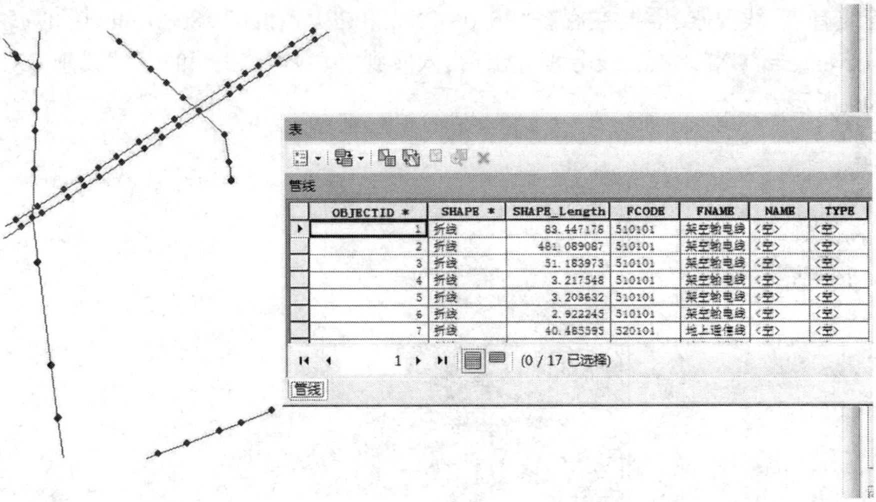

图 10-51　管线要素属性录入

7. 地貌	等高线	DGXL	线	等高线、草绘等高线	高程
	高程点	GCDP	点	高程注记点	高程
	地貌要素_点	DMP	点	比高注记点、山峰、溶洞、土堆、石堆等	名称、数值、方位角
	地貌要素_线	DML	线	冲沟、陡崖、梯田坎、干河床等	名称
	地貌要素_面	DMA	面	面状地貌要素	名称
	地貌注记	DMZJ	点		名称、代码、内容、角度

图 10-52　地貌要素分层说明

对照属性表及高程点属性,输入高程值。具体结果如图 10-53、图 10-54 所示。

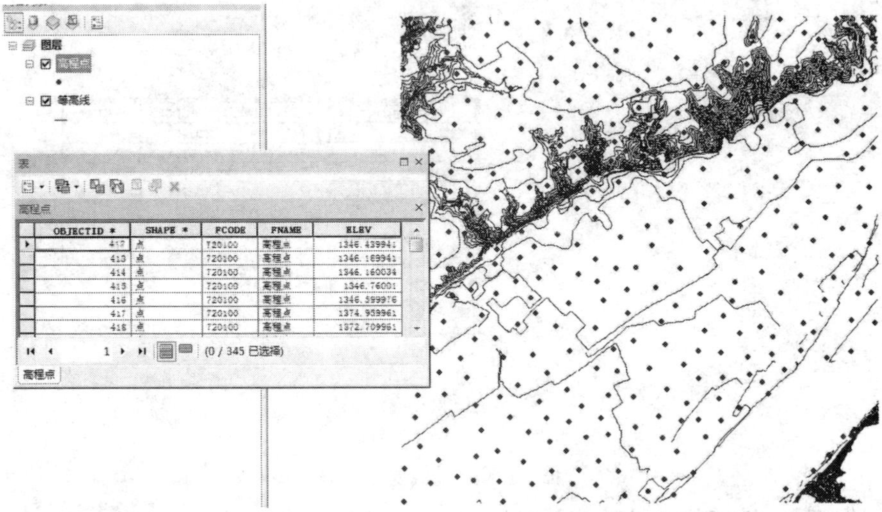

图 10-53　地貌点要素入库

【案例六】　境界要素处理及入库

对于境界要素,设计书要求如下:

(1)境界线用线表示,放入境界线层。不同级别的境界线赋相应属性代码。跳绘境界线在属性表中“类别”字段赋值“1”。非跳绘境界线类别字段不赋值。不同级别的境界

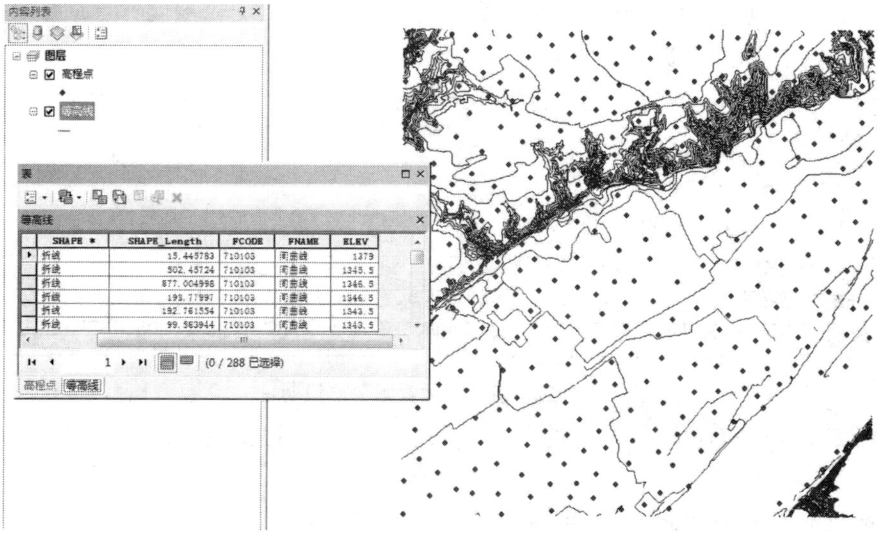

图 10-54 地貌线要素入库

线重合时,只表示最高级别的界线。

(2)行政区面用境界线构面,每级单独构面。

境界要素分层说明见图 10-55。

6. 境界与政区	境界线	JJL	线	行政区划界、特殊地区界、自然保护区界	类别
	省级行政区	BOPRVNA	面	省级行政区域	名称、代码
	地级行政区	BODISTA	面	地级行政区域	名称、代码
	县级行政区	BOCUNTA	面	县级行政区域	名称、代码
	乡级行政区	BOTOWNA	面	乡级行政区域	名称、代码

图 10-55 境界要素分层说明

底图中只有县界一条境界线,提取出来后入库到“境界线 JJL”中。但需要把整幅图进行构面,分为 2 个面状行政区域,入库到“县级行政区 BOCUNTA”中,并录入属性,见图 10-56。

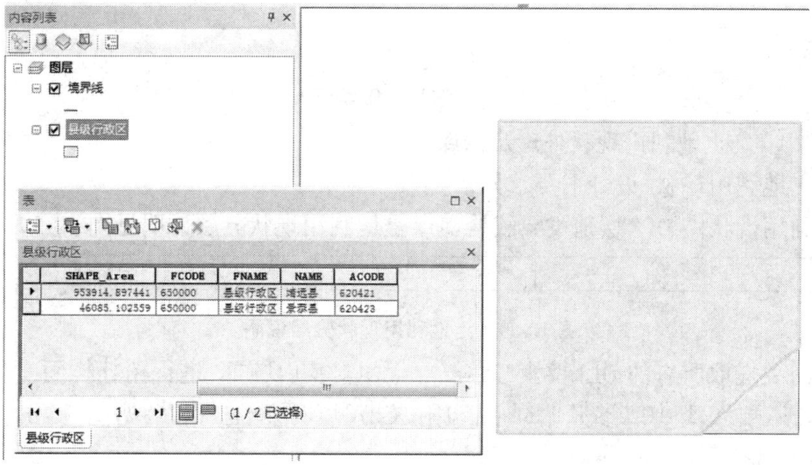

图 10-56 境界要素入库

【案例七】　植被土质要素处理及入库

对于植被土质要素,设计书要求如下:

(1)植被层点线要素如地类界、行树、独立树按照点、线要素表示。

(2)植被面不入库。

(3)土质构面表示。

植被土质要素分层说明见图 10-57。

8．植被与土质	植被_点	ZBTZP	点	独立树、零星树等	
	植被_线	ZBTZL	线	地类界、田埂、行树、防火带等	
	植被土质_面	ZBTZA	面	耕地、园地、林地、草地、盐碱地、沙砾地等	名称

图 10-57　植被土质要素分层说明

线状要素主要有地类界,将地类界提取出来后,导入到“植被_线 ZBTZL”中,并录入属性。

植被面不入库,因此图上的“枣、林地”等不需要构面。

最终结果如图 10-58 所示。

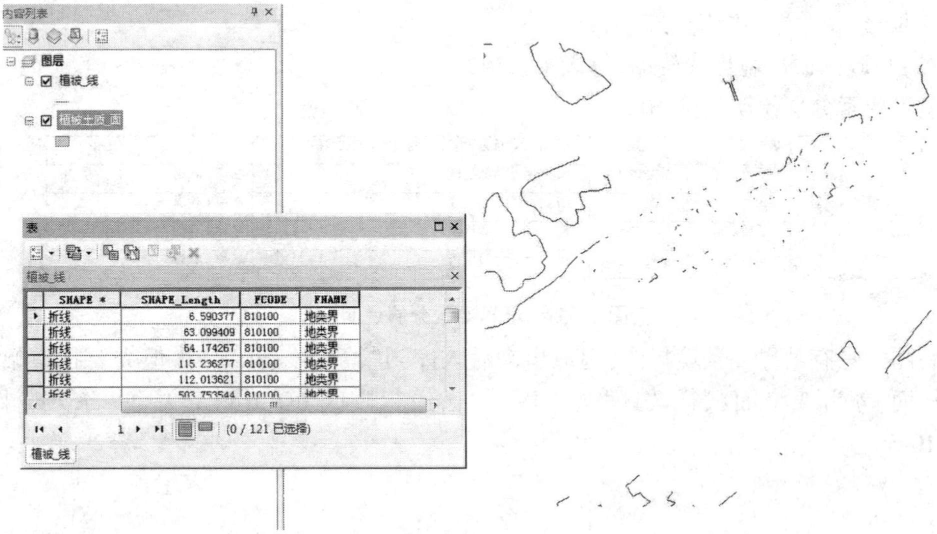

图 10-58　植被土质要素入库

【案例八】　土地利用现状处理及入库

对于土地利用现状,设计书要求如下:

土地利用现状由 DLJ 层地类界线构面。土地利用现状分层说明见图 10-59。

9．地类	土地分类	DLA	面	土地利用分类	名称、地类

图 10-59　土地利用现状分层说明

对底图中提取所有的 DLJ 要素"Layer" ='DLJ'及内图框,进行拓扑构面,追加到“土地分类 DLA”要素类中。参照附录 C 和附录 D,填写属性。结果如图 10-60、图 10-61 所示。

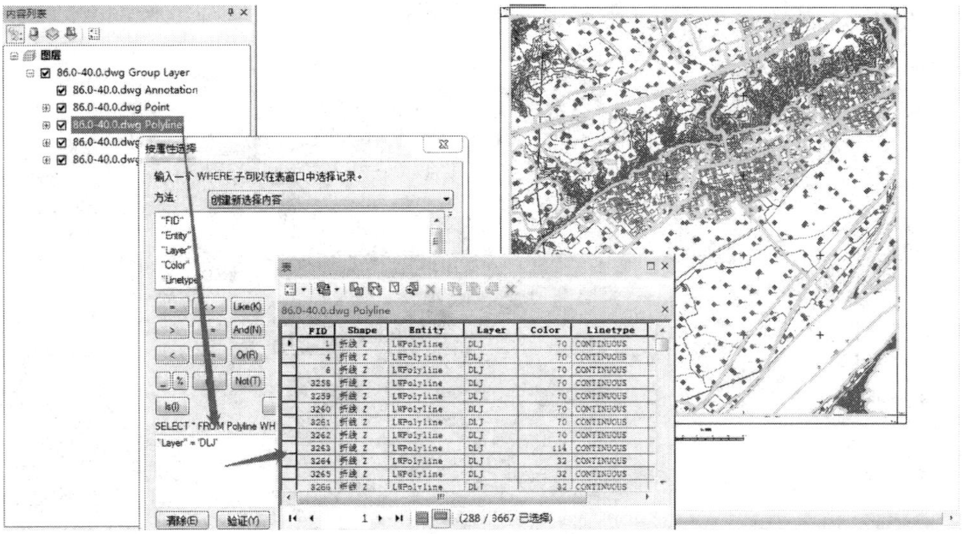

图 10-60　土地利用现状数据导出

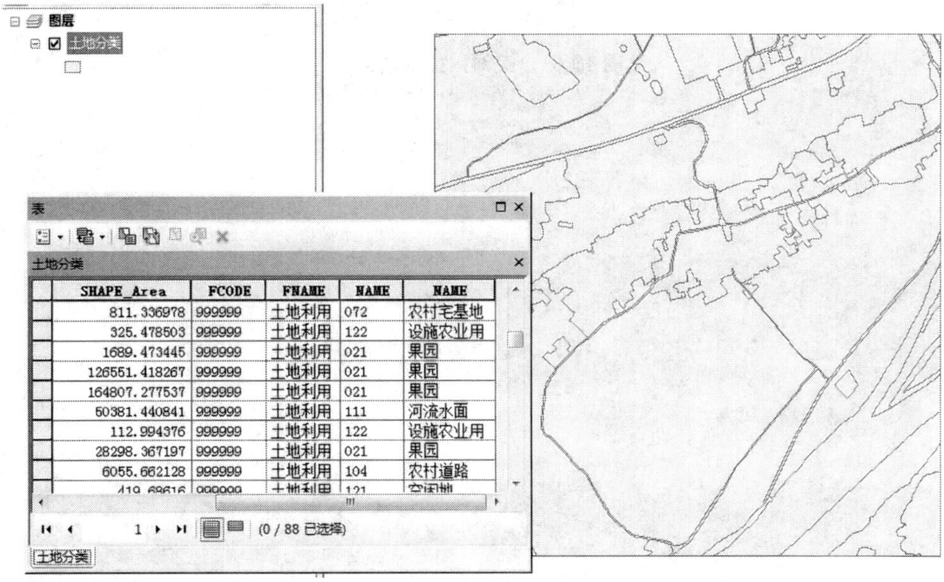

图 10-61　土地利用现状数据入库

【案例九】　查缺补漏及成果提交

根据“数据入库技术设计书”“附录”，对整个图面进行检查，没有入库的要素要处理并入库，将所有数据整理在个人文件夹中。

检查标准：

(1)创建的数据库要素类完整，无缺失。

(2)入库的点、线、面要素完整，无遗漏。

(3)要素位置正确，即不能移动要素位置。

(4)入库的要素类属性完整且正确，符合附录中的规定。

(5)过程数据完整。

将检查无误的数据库文件进行提交，结果如图 10-62 所示。

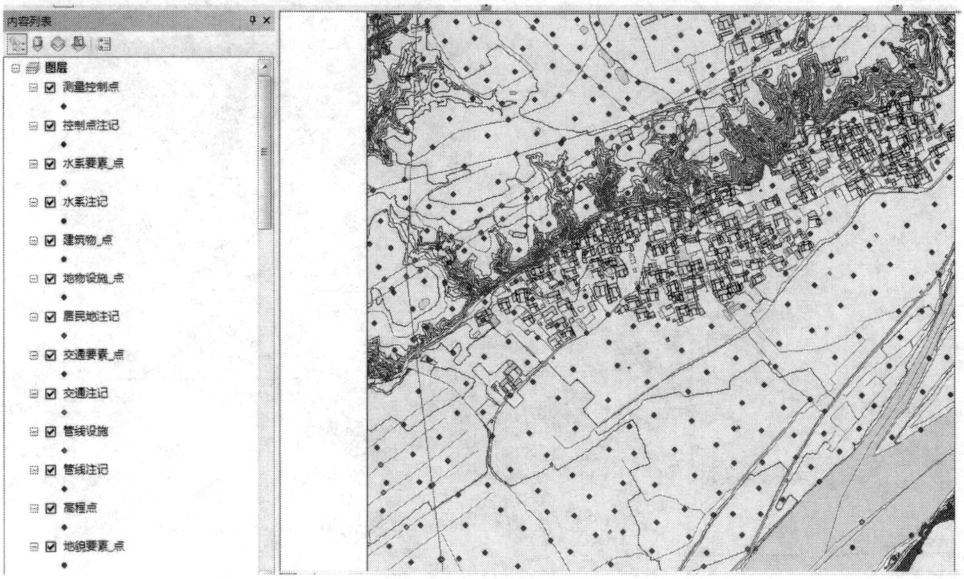

图 10-62　空间数据库成果

附录 A　技术设计书(部分)

1　项目概述

1.1　项目来源及目的(略)

1.2　测区概况(略)

1.3　工作内容

具体工作内容为:在现有 CAD 图的基础上,按照建库要求进行数据整编、数据格式转换、数据质量控制、数据接边、数据入库。

2　设计和作业依据

《基础地理信息数据库基本规定》(GB/T 30319—2013)。

《基础地理信息要素分类与代码》(GB/T 13923—2022)。

《国家基本比例尺地图图式 第 1 部分:1∶500、1∶1 000、1∶2 000 地形图图式》(GB/T 20257.2—2017)。

3　数据库设计

3.1　数学基础设计

比例尺:1∶2 000。

坐标系统:2000 国家大地坐标系,高斯-克吕格投影,3°分带,中央子午线 105°。

高程系统:1985 国家高程基准,平地等高距为 1 m,山地等高距为 2 m。

3.2　数据库组织结构设计

3.2.1　数据存储模型设计

基于 Geodatabase 数据模型中地理数据库(Geodatabase)、数据集(Dataset)和要素类(FeatureClass)的逐级分类体系,建立数据库和数据集对数据进行存储管理,数据库格式要求*.mdb。

3.2.2 空间数据分层及属性设计

3.2.2.1 分层方式

本项目基础地理数据分为定位基础、水系与工程、居民地及设施、交通、管线、境界与政区、地貌、植被与土质 8 大类及土地利用专题层。以地理要素大类为基础,按照其空间特征(点、线、面)和不同属性进行分层。

3.2.2.2 属性项设置

地理要素的属性包括基本属性与扩展属性。基本属性项包括要素名称、要素代码,以及实体的名称、类别、性质、高程等属性项。另外,线状要素的长度,面状要素的周长、面积也属于地理要素的基本属性,由 GIS 系统自动生成。要素的扩展属性是专业应用部门根据本专业的应用需要,在基本属性的基础上,扩充的专业属性项,由专业应用部门设计和建设。扩展属性应和地理要素通过基本属性建立关联,以便于空间查询和空间分析。

3.2.3 地理要素分类及编码设计

要素分类是以适合现代计算机和数据库技术应用和管理为目标,按基础地理信息的要素特征或属性进行科学分类,形成系统的分类体系。要素分类采用线分类法,要素类型按从属关系依次为四级:大类、中类、小类、子类。大类包括:定位基础、水系、居民地及设施、交通、管线、境界与政区、地貌、植被与土质等 8 类,中类在上述各大类基础上划分共 56 类。地名要素作为隐含类以特殊编码方式在小类中具体体现。具体要素分类与代码严格按照国标《基础地理信息要素分类与代码》(GB 13923—2022)中的有关规定执行。对于本项目中的要素,依据《基础地理信息要素分类与代码》(GB 13923—2022)的分类标准进行扩充。代码设计采用 6 位十进制数字码,分别为按数字顺序排列的大类、中类、小类和子类码。

3.2.4 表结构设计

根据本文以上所述要素分层分类、属性设计以及要素编码设计原则,设计基础地理要素表结构。

3.2.5 元数据库设计

元数据库是描述数据库及库中各数字产品的元数据构成的数据库,元数据是关于数据的数据,其主要作用为:

有助于数据的管理和维护;

便于查询检索,包括网上进行搜索;

有助于数据转换、数据交换和数据传输;

有助于理解数据、处理数据。

以数据集为单位填写元数据表。

4 数据整编

4.1 基本规定

要素分为点(Point)、线(Line)、面(Area)三类。要求各类线型线条光滑、协调,注记位置恰当,指代明晰。

点要素分为有向点和无向点,有向点除矢量化其位置外,还要表示其方位角,使数据在 GIS 平台下能够正确显示符号位置和方向。

线要素分为两种:一种对线方向无特殊要求,编辑和入库时不限制线的方向,如等高线、道路等要素;另一种对线方向有特别规定,必须按要求进行采集和编辑,确保线方向的正确性。如陡坎、堤肩、单线河流等要素。有向线状要素一律将符号部分放在数字化前进方向的左侧。

数据采集、编辑时应保证线条光滑,修饰在误差允许范围内,严格相接,不得有假节点和多余悬挂。

线要素不得自相交和重叠。

图形数据中所有相邻图幅应做接边处理,保证跨图幅要素几何接边和属性接边。

要素编辑整理完成后要保证拓扑关系正确,如相邻面要素(不论是否在同一层中)不能有重叠和缝隙。

数据库结构、分层及代码要求见附件。

4.2　各类要素详细整编要求

4.2.1　水系要素

双线河、双线区等用中心线表示。

河、渠构建河网,河流、双线河中心线遇桥梁等要素时不间断,保持其连续性。单线河与双线河相交时,其交点必须在双线河中心线上。

双线河和水面用面要素表示。所有水域包括河流水面、沟渠水面、湖泊、坑塘、水库等放入 SXAA 层,其他水系面要素如沼泽、湿地、淤背等放入 SXA 层。

水闸、涵洞等附属设施,按相应的点、线、面表示。

4.2.2　居民地及设施要素

居民地建筑物包括普通房屋、简易房、棚房、窑洞等,分别用点、线、面表示;有方向性的地物设施的方位角要与原图保持一致。

DLDW 层的要素,按照点、线、面入库;其中群坟、依比例尺的饲养场、打谷场等按照面要素处理。

4.2.3　交通要素

双线道路用中心线表示,道路中心线要连续,遇到桥梁等附属设施时不能断开,保证构建路网。

铁路用中心线表示,注意区分普通铁路和高速铁路。

桥梁用中心线表示。桥梁中心线与道路中心线空间位置必须完全重叠。桥梁只需跨双线河的桥梁,其他桥梁不需要提取。

其他道路附属设施,按照相应的点、线、面入库。

4.2.4　管线要素

电力线、通信线采集时节点要放在有电杆或电线架的地方。

有名称的管线以及管道内的输送物,如“石油”“煤气”“水蒸气”等应作为属性值录入到属性表相应字段。

4.2.5 地貌要素

高程点、等高线分别按照点、线要素入库及保留高程。

梯田坎、路堤、陡岸、冲沟按照对应的点、线入库。

4.2.6 境界要素

境界用线表示，放入境界线层。不同级别的境界线赋相应属性代码。

境界线应连续采集，遇沿线状地物跳绘的境界线时，复制该线状地物作为境界线，该段境界线作为跳绘境界线在属性表中“类别”字段赋值“1”。非跳绘境界线类别字段不赋值。

不同级别的境界线重合时，只表示最高级别的界线，赋最高级别界线的要素代码。

由境界封闭构成的行政区用面表示。

4.2.7 植被与土质要素

(1)植被层点线要素如地类界、行树、独立树按照点、线要素表示。

(2)植被面不入库。

4.2.8 土地利用现状专题

土地利用现状由 DLJ 层地类界线构面。

5 数据入库

5.1 整理数据质量检查

5.1.1 文件名及数据格式检查

检查文件名、层名的正确性。

检查数据格式、数据组织是否符合规定。

5.1.2 数学基础的检查

检查采纳的空间定位系统正确性。

将图廓点、首末公里网、经纬网交点、控制点等的坐标按检索条件在屏幕上显示，并与理论值和控制点的已知坐标值核对。图廓定向点点位误差不大于图上 0.1 mm。

5.1.3 平面和高程精度检查

利用影像与数字线划图套合检查平面精度，并检查高程点和等高线高程赋值的正确性。

5.1.4 接边精度的检测

通过量取两相邻图幅接边处要素端点的距离是否等于 0 来检查接边精度，未连接的记录其偏差值；检查接边要素几何上自然连接情况，避免生硬；检查面域属性、线划属性的一致情况，记录属性不一致的要素实体个数。

5.1.5 属性精度的检测

逐层检查各属性表中的属性项是否正确，有无遗漏；

在屏幕上将检测要素逐一显示或绘出全要素图(或分要素图)与地图要素分类代码

表、数字化原图对照,目视检查各要素分层、代码、属性值是否正确或遗漏;

检查公共边的属性值是否正确;

利用扫描底图与数字线划图套合检查注记与属性的正确性。

5.1.6 逻辑一致性检测

检查各层是否建立了拓扑关系及拓扑关系的正确性;

检查各层是否有重复的要素;

检查有向符号,有向线状要素的方向是否正确;

检查多边形的闭合情况,标识码是否正确;

检查线状要素的结点匹配情况;

检查各要素的关系表示是否合理,有无地理适应性矛盾,是否能正确反映各要素的分布特点和密度特征;

检查双线表示的要素(如双线铁路、公路)是否沿中心线数字化;

检查水系、道路等要素数字化是否连续。

5.2 数据入库

(1)点、线要素按照基础地理要素分类入库,保留相应的分类代码、名称及其他如名称、类型等属性字段。

(2)面要素根据构面的线要素拓扑构面,并添加对应的属相字段。

5.3 数据检查

转换后数据质量检查是确保入库数据满足设计要求的必不可少的一项工作内容,是空间数据库质量的重要保证。它以数据的规范性、完整性、正确性为检查原则,对数据的定义和组织、数据精度、属性逻辑关系、数据拓扑关系、图幅接边等方面进行 100%的全面检查。

入库数据质量检查验收内容见附表 A-1。

附表 A-1 入库数据质量检查验收内容

项目	内容
基本要求	文件名、数据格式、数据组织
数学精度	数学基础 平面精度 高程精度 接边精度
属性质量	要素分层的正确性 要素分类与代码的正确性 属性项(属性字段)的完备性 属性赋值的完整性、正确性

续附表 A-1

项目	内容
逻辑一致性	拓扑关系的正确性 重叠要素的检查 微小要素的检查 伪节点、悬节点的检查 有向点、线方向的正确性
附件质量	文档资料的正确性、完整性

6 质量控制方案

6.1 质量保证措施

按照文件要求,严格执行 ISO 9001 质量体系标准,做好质量控制和质量记录。

各工序设置专项负责人,专项负责人对项目工序的作业质量及进度负责。

认真填写检查记录表,作业中做好信息反馈,本工序发现的上工序中存在的普遍问题要即时反馈给上工序的专项负责人。

作业中开展"三环节"管理。作业之前进行技术培训和作业指导,使作业员能够正确理解技术设计书,掌握作业方法和作业要求;作业过程中及时处理、解决各种技术和质量问题;作业完成后对图幅、要素进行 100%两级质量检查。

作业员对所做成果质量负责,各级检查员对所查产品质量负责。

6.2 数据质量的检查与验收

检查验收工作是保证测绘成果质量的措施,本项目数据整理及成果数据均采用三级检查和一级验收,即在自查互检的基础上进行过程检查和最终检查,具体要求如下:

要求对原始数据的分层分色等内容进行 100%图幅检查,并完全按照有关规定进行整理;

数据转换过程中要求字段完整、准确,字段值赋值正确;

数据要素分类代码必须与规定一致;

在自查互校的基础上,对数据整理、转换后的数据进行 100%图幅、100%要素的过程检查、最终检查和内部验收;

各生产工序填写完整的质量检查记录,检查记录随过程成果向下一道工序传递;

按照公司的质量管理制度对各类质量问题进行处罚,促使作业员提高作业质量;

产品成果的验收按《数字测绘成果质量检查与验收》(GB/T 18316—2008)的要求进行。

附录 B　基础地理要素分层及属性设置表

附表 B-1　基础地理要素分层及属性设置表

主题分类	要素分层		空间类型	表示内容	基本属性项
	中文名	字符名			
1. 定位基础	测量控制点	KZDP	点	各等级测量控制点	点名、等级、高程
	坐标格网	GRIDL	线	图廓线、坐标格网线、经纬网线	
	图幅索引	INDEXA	面	地形图图幅索引图	图名、图号、
	控制点注记	KZDZJ	点	各种注记	名称、代码、内容、角度
2. 水系	水系要素_点	SXP	点	水文站、水位站、流量站、发电站、水闸、提灌站、试验站、泉、井等要素	名称、编码、河流、岸别、隶属、方位角、高程、类型、日期
	水系要素_线	SXL	线	单线河流、双线河流中心线、沟渠、干沟、堤、坝等	名称、类别、说明
	水域_面	SXAA	面	河流、湖泊、水库、坑塘、海洋水面	
	水系要素_面	SXA	面	水系设施、沼泽、湿地、滞洪区、灌区等	名称、代码、类型
	水系注记	SXZJ	点	水系层注记	名称、代码、内容、角度
3. 居民地及设施	建筑物_点	JMDP	点	不依比例尺房屋、蒙古包、窑洞等	名称、代码、角度
	建筑物_线	JMDL	线	半依比例尺房屋及附属设施	名称
	建筑物_面	JMDA	面	依比例尺的房屋、街区等	名称
	地物设施_点	DLDWP	点	矿井、水塔、独立坟、亭、碑等	名称、类型、方位角
	地物设施_线	DLDWL	线	围墙、篱笆、铁丝网、过街天桥等	名称
	地物设施_面	DLDWA	面	坟、打谷场、体育场、温室等	名称、类型
	居民地注记	JMDZJ	点		名称、代码、内容、角度

续附表 B-1

主题分类	要素分层		空间类型	表示内容	基本属性项
	中文名	字符名			
4. 交通	铁路	JTRLWYL	线	各种铁路、轻便轨道、缆车道	名称、类型
	公路	JTHIWYL	线	各等级公路	名称、编码、等级、宽度
	其他道路	JTROADL	线	大车路、乡村路、小路、内部道路、街道等	名称
	桥梁	JTBRDGL	线	各种桥梁	名称、类型、宽度
	交通要素_点	JTP	点	路标、里程桩、灯塔碑等	名称
	交通要素_线	JTL	线	各类道路中心线、桥梁、隧道、渡口等	名称
	交通要素_面	JTA	面	收费站等	名称
	交通注记	JTZJ	点		名称、代码、内容、角度
5. 管线	管线	GXEL	线	电力线,通信线,油、气、水管道	名称、类型
	管线设施	GXP	点	地下检修井、污水篦子等	
	管线注记	GXZJ	点		名称、代码、内容、角度
6. 境界与政区	境界线	JJL	线	行政区划界、特殊地区界、自然保护区界	类别
	省级行政区	BOPRVNA	面	省级行政区域	名称、代码
	地级行政区	BODISTA	面	地级行政区域	名称、代码
	县级行政区	BOCUNTA	面	县级行政区域	名称、代码
	乡级行政区	BOTOWNA	面	乡级行政区域	名称、代码
7. 地貌	等高线	DGXL	线	等高线、草绘等高线	高程
	高程点	GCDP	点	高程注记点	高程
	地貌要素_点	DMP	点	比高注记点、山峰、溶洞、土堆、石堆等	名称、数值、方位角
	地貌要素_线	DML	线	冲沟、陡崖、梯田坎、干河床等	名称
	地貌要素_面	DMA	面	面状地貌要素	名称
	地貌注记	DMZJ	点		名称、代码、内容、角度

续附表 B-1

主题分类	要素分层		空间类型	表示内容	基本属性项
	中文名	字符名			
8. 植被与土质	植被_点	ZBTZP	点	独立树、零星树等	
	植被_线	ZBTZL	线	地类界、田埂、行树、防火带等	
	植被土质_面	ZBTZA	面	耕地、园地、林地、草地、盐碱地、沙砾地等	名称
9. 地类	土地分类	DLA	面	土地利用分类	名称、地类

附录 C　基础地理数据库表结构

附表 C-1　注记_点表

字段名称	标识符	字段类型	计量单位	字段描述
要素代码	FCODE	C(8)		
要素名称	FNAME	C(40)		
名称	NAME	C(20)		
方位角	ANGLE	N(6,3)	(°)	注记的方向,以坐标方位角表示

附表 C-2　测量控制点表

字段名称	标识符	字段类型	计量单位	字段描述
要素代码	FCODE	C(8)		地理要素的分类代码,下同
要素名称	FNAME	C(40)		地理要素的名称,下同
点名	NAME	C(20)		控制点名称或编号
等级	FLEVEL	C(2)		控制点等级
高程	ELEV	N(7,3)	m	高程值

附表 C-3　坐标格网表

字段名称	标识符	字段类型	计量单位	字段描述
要素代码	FCODE	C(8)		
要素名称	FNAME	C(40)		

附表 C-4　图幅索引表

字段名称	标识符	字段类型	计量单位	字段描述
要素代码	FCODE	C(8)		
要素名称	FNAME	C(40)		
图名	NAME	C(20)		地形图的图幅名称
图号	MAPNU	C(14)		地形图图幅号
序号	SERIAL	C(6)		地形图序列号
注记	FNOTE	C(40)		图廓外的行政区名称注记

附表 C-5 水域表

字段名称	标识符	字段类型	计量单位	字段描述
要素代码	FCODE	C(8)		
要素名称	FNAME	C(40)		
名称	NAME	C(20)		
编码	CODE	C(8)		
流域	RBASIN	C(20)		
类型	TYPE	C(10)		湖泊、坑塘等对象的性质，如“淡”“鱼”“藕”等

附表 C-6 水系要素_点表

字段名称	标识符	字段类型	计量单位	字段描述
要素代码	FCODE	C(8)		
要素名称	FNAME	C(40)		
名称	NAME	C(20)		要素表示的对象名称
编码	CODE	C(12)		
河流	RIVER	C(20)		水文站、水位站等所在的河流
岸别	RSIDE	C(10)		水文站、水位站所在的岸别
隶属	BELONG	C(20)		水文站等的行政所属，如“委属”“河南省”等
方位角	ANGLE	N(6,3)	(°)	符号的方向，以坐标方位角表示
高程	ELEV	N(7,2)	m	水位点、堤防里程桩等的高程值
类型	TYPE	C(10)		井、泉等对象的性质，如“地热”“温”
日期	FDATE	C(20)		水位点日期

附表 C-7 水系要素_线表

字段名称	标识符	字段类型	计量单位	字段描述
要素代码	FCODE	C(8)		
要素名称	FNAME	C(40)		
名称	NAME	C(20)		要素表示的对象名称
类别	CLASS	C(10)		
说明	DESCRIP	C(50)		

附表 C-8 水系要素_面表

字段名称	标识符	字段类型	计量单位	字段描述
要素代码	FCODE	C(8)		
要素名称	FNAME	C(40)		
名称	NAME	C(20)		要素表示的对象名称
代码	CODE	C(12)		
类型	TYPE	C(10)		

附表 C-9 建筑物_点表

字段名称	标识符	字段类型	计量单位	字段描述
要素代码	FCODE	C(8)		
要素名称	FNAME	C(40)		
名称	NAME	C(20)		居民地的名称
方位角	ANGLE	N(6,3)	(°)	符号的方向,以坐标方位角表示

附表 C-10 建筑物_线表

字段名称	标识符	字段类型	计量单位	字段描述
要素代码	FCODE	C(8)		
要素名称	FNAME	C(40)		
名称	NAME	C(20)		居民地的名称

附表 C-11 建筑物_面表

字段名称	标识符	字段类型	计量单位	字段描述
要素代码	FCODE	C(8)		
要素名称	FNAME	C(40)		
名称	NAME	C(20)		居民地的名称

附表 C-12 地物设施_点表

字段名称	标识符	字段类型	计量单位	字段描述
要素代码	FCODE	C(8)		
要素名称	FNAME	C(40)		
名称	NAME	C(20)		要素表示的对象名称
类型	TYPE	C(10)		储存设备的储存物,矿井的产品如“油”“煤”等
方位角	ANGLE	N(6,3)	(°)	符号的方向,以坐标方位角表示

附表 C-13　**地物设施_线表**

字段名称	标识符	字段类型	计量单位	字段描述
要素代码	FCODE	C(8)		
要素名称	FNAME	C(40)		
名称	NAME	C(20)		要素表示的对象名称

附表 C-14　**地物设施_面表**

字段名称	标识符	字段类型	计量单位	字段描述
要素代码	FCODE	C(8)		
要素名称	FNAME	C(40)		
名称	NAME	C(20)		要素表示的对象名称
类型	TYPE	C(10)		打谷场、饲养场、球场等对象的性质，如“谷”“牲”“球”等

附表 C-15　**铁路表**

字段名称	标识符	字段类型	计量单位	字段描述
要素代码	FCODE	C(8)		
要素名称	FNAME	C(40)		
名称	NAME	C(20)		铁路名称
类型	TYPE	C(10)		铁路类型

附表 C-16　**公路表**

字段名称	标识符	字段类型	计量单位	字段描述
要素代码	FCODE	C(8)		
要素名称	FNAME	C(40)		
名称	NAME	C(20)		公路名称或编号
编码	TCODE	C(1)		公路技术等级代码
行政等级	FLEVEL	C(8)		高速公路:“高速”,国道:“G”,省道:“S”,县乡道路:“X”
宽度	WIDTH	N(4,1)	m	

附表 C-17　其他道路表

字段名称	标识符	字段类型	计量单位	字段描述
要素代码	FCODE	C(8)		
要素名称	FNAME	C(40)		
名称	NAME	C(20)		道路名称

附表 C-18　桥梁表

字段名称	标识符	字段类型	计量单位	字段描述
要素代码	FCODE	C(8)		
要素名称	FNAME	C(40)		
名称	NAME	C(20)		桥梁名称
类型	TYPE	C(10)		桥梁类型
宽度	WIDTH	N(6,3)		桥梁的宽度

附表 C-19　交通要素_点表

字段名称	标识符	字段类型	计量单位	字段描述
要素代码	FCODE	C(8)		
要素名称	FNAME	C(40)		
名称	NAME	C(20)		

附表 C-20　交通要素_线表

字段名称	标识符	字段类型	计量单位	字段描述
要素代码	FCODE	C(8)		
要素名称	FNAME	C(40)		
名称	NAME	C(20)		要素表示的对象名称

附表 C-21　交通要素_面表

字段名称	标识符	字段类型	计量单位	字段描述
要素代码	FCODE	C(8)		
要素名称	FNAME	C(40)		
名称	NAME	C(20)		要素表示的对象名称

管线要素表结构：

附表 C-22　管线设施_线表

字段名称	标识符	字段类型	计量单位	字段描述
要素代码	FCODE	C(8)		
要素名称	FNAME	C(40)		
名称	NAME	C(20)		要素表示的对象名称
类型	TYPE	C(10)		电力线的电压值、管道的传输物等

附表 C-23　管线设施_点表

字段名称	标识符	字段类型	计量单位	字段描述
要素代码	FCODE	C(8)		
要素名称	FNAME	C(40)		

境界与政区要素表结构：

附表 C-24　境界线表

字段名称	标识符	字段类型	计量单位	字段描述
要素代码	FCODE	C(8)		
要素名称	FNAME	C(40)		
类型	TYPE	N(1)		沿地物跳绘境界赋值“1”,其余为空

附表 C-25　省级行政区表

字段名称	标识符	字段类型	计量单位	字段描述
要素代码	FCODE	C(8)		
要素名称	FNAME	C(40)		
名称	NAME	C(20)		行政区名称
代码	ACODE	C(8)		行政区划代码

附表 C-26　地级行政区表

字段名称	标识符	字段类型	计量单位	字段描述
要素代码	FCODE	C(8)		
要素名称	FNAME	C(40)		
名称	NAME	C(20)		行政区名称
代码	ACODE	C(8)		行政区划代码

附表 C-27　县级行政区表

字段名称	标识符	字段类型	计量单位	字段描述
要素代码	FCODE	C(8)		
要素名称	FNAME	C(40)		
名称	NAME	C(20)		行政区名称
代码	ACODE	C(8)		行政区划代码

地貌要素表结构：

附表 C-28　等高线表

字段名称	标识符	字段类型	计量单位	字段描述
要素代码	FCODE	C(8)		
要素名称	FNAME	C(40)		
高程	ELEV	N(7,2)	m	等高线高程值

附表 C-29　高程点表

字段名称	标识符	字段类型	计量单位	字段描述
要素代码	FCODE	C(8)		
要素名称	FNAME	C(40)		
高程	ELEV	N(7,2)	m	高程点的高程值

附表 C-30　地貌要素_点表

字段名称	标识符	字段类型	计量单位	字段描述
要素代码	FCODE	C(8)		
要素名称	FNAME	C(40)		
名称	NAME	C(20)		山峰、山隘等的对象名称
数值	FVALUE	N(6,2)		土堆、山峰、比高注记点的比高值
方位角	ANGLE	N(6,3)	(°)	符号的方向，以坐标方位角表示

附表 C-31　地貌要素_线表

字段名称	标识符	字段类型	计量单位	字段描述
要素代码	FCODE	C(8)		
要素名称	FNAME	C(40)		
名称	NAME	C(20)		

附表 C-32　地貌要素_面表

字段名称	标识符	字段类型	计量单位	字段描述
要素代码	FCODE	C(8)		
要素名称	FNAME	C(40)		
名称	NAME	C(20)		

植被与土质要素表结构：

附表 C-33　植被_点表

字段名称	标识符	字段类型	计量单位	字段描述
要素代码	FNAME	C(8)		
要素名称	FCODE	C(40)		

附表 C-34　植被_线表

字段名称	标识符	字段类型	计量单位	字段描述
要素代码	FNAME	C(8)		
要素名称	FCODE	C(40)		

附表 C-35　植被_面表

字段名称	标识符	字段类型	计量单位	字段描述
要素代码	FNAME	C(8)		
要素名称	FCODE	C(40)		
名称	NAME	C(20)		要素表示的对象名称

附表 C-36　地类_面表

字段名称	标识符	字段类型	计量单位	字段描述
要素代码	FNAME	C(8)		999999
要素名称	FCODE	C(40)		土地利用分类
地类码	NAME	C(20)		地类代码
地类名称	NAME	C(20)		地类名称

附录 D　基础地理要素分类代码与图层对照表

附表 D-1　基础地理要素分类代码与图层对照表

分类代码	要素名称	分类代码	要素名称	分类代码	要素名称
100000	定位基础	340000	公共服务及其设施	500000	管线
110000	测量控制点	340100	文教卫生	510000	输电线
110100	平面控制点	340101	学校	510100	高压输电线
110101	大地原点	340102	医院	510101	架空线
110102	三角点	340103	馆	510102	地下线
110103	图根点	340200	商业设施	510103	入地口
110200	高程控制点	340201	宾馆、饭店	510200	配电线
110201	水准原点	340202	超市	510201	架空线
110202	水准点	340300	休闲娱乐、景区	510202	地下线
110300	卫星定位控制点	340301	游乐场	510203	入地口
110302	卫星定位等级点	340302	公园	510300	附属设施
110400	其他测量控制点	340303	陵园	510301	电杆
110401	重力点	340304	动物园	510302	电线架
110402	独立天文点	340305	植物园	510303	电线塔(铁塔)
119000	测量控制点注记	340306	剧场、电影院	510304	电缆标
120000	数学基础	340400	体育	510305	检修井孔
120100	内图廓线	340401	露天体育场	510400	变电设备
120200	坐标网线	340403	体育馆	510401	变电站(所)
200000	水系	340404	游泳场、池	510402	变压器
210000	河流	340405	跳伞塔	519000	输电线注记
210100	常年河	340406	露天舞台	520000	通信线
210101	地面河流	340500	公共传媒与通信	520100	陆地通信线
210102	地下河段	340501	电视台	520101	地上
210103	地下河段出入口	340502	电信局	520102	地下
210104	消失河段	340503	邮局	520103	入地口

续附表 D-1

分类代码	要素名称	分类代码	要素名称	分类代码	要素名称
210200	时令河	340504	电视发射塔	520104	电缆标
210300	干涸河(干河床)	340505	移动通信塔	520105	检修井孔
219000	河流注记	340506	微波塔	529000	通信线注记
220000	沟渠	340600	环卫设施	600000	境界与政区
220100	运河	340601	厕所	620000	国家行政区
220200	干渠	340602	垃圾台(场)	620200	国界线
220201	地面干渠	340700	殡葬设施	620201	已定界
220202	高于地面干渠	340701	公墓	620202	未定界
220300	支渠	340702	坟地	620300	界桩、界碑
220301	地面支渠	340703	独立大坟	629000	国家行政区注记
220302	高于地面支渠	340704	殡葬场所	630000	省级行政区
220303	地下渠	349000	公共服务及其设施注记	630200	行政区界线
220304	地下渠出水口	380000	其他建筑物及其设施	630201	已定界
220400	坎儿井	380100	城墙、长城	630202	未定界
220500	渠首	380101	砖石城墙(完好)	630300	界桩、界碑
220600	输水渡槽	380102	砖石城墙(破坏)	639000	省级行政区注记
220700	输水隧道	380103	土城墙	640000	地级行政区
220800	倒虹吸	380200	垣栅	640200	行政区界线
220900	涵洞	380201	围墙	640201	已定界
221000	干沟	380202	栅栏	640202	未定界
229000	沟渠注记	380203	篱笆	640300	界桩、界碑
230000	湖泊	380204	活树篱笆	649000	地级行政区注记
230100	常年湖、塘	380205	铁丝网、电网	650000	县级行政区
230101	湖泊	380300	地下建筑物	650200	行政区界线
230102	池塘	380301	出入口	650201	已定界
230200	时令湖	380302	天窗	650202	未定界
230300	干涸湖	380303	通风口	650300	界桩、界碑
239000	湖泊注记	380400	建筑附属设施	659000	县级行政区注记

续附表 D-1

分类代码	要素名称	分类代码	要素名称	分类代码	要素名称
240000	水库	380401	柱廊	700000	地貌
240100	库区	380402	门顶	710000	等高线
240101	水库	380403	阳台	710100	等高线
240102	建筑中水库	380404	台阶	710101	首曲线
240200	溢洪道	380405	室外楼梯	710102	计曲线
240300	泄洪洞、出水口	380406	院门	710103	间曲线
249000	水库注记	380407	门墩	710104	助曲线
300000	居民地及设施	380408	支柱、墩	710400	示坡线
310000	居民地	380500	街道设施	719000	等高线注记
310300	单幢房屋、普通房屋	380501	路灯	760000	人工地貌
310301	建成房屋	380502	照射灯	760100	斜坡
310302	建筑中房屋	380503	岗亭、岗楼	760101	未加固
310400	突出房屋	380504	宣传橱窗、广告牌	760102	已加固
310500	高层房屋	380505	喷水池	760200	田坎、路堑、沟堑、路堤
310600	棚房	380506	假石山	760201	未加固
310700	破坏房屋	380600	避雷针	760202	已加固
310800	架空房	389000	其他建筑物及其设施注记	760300	垄
310900	廊房	400000	交通	760301	石垄
311000	其他房屋	420000	城际公路	760302	土垄
311001	地面窑洞	420100	国道	769000	人工地貌注记
311002	地下窑洞	420101	建成	800000	植被与土质
311003	蒙古包、放牧点	420102	建筑中	810000	农林用地
311100	行政机构位置标识	420200	省道	810100	地类界
311101	国务院	420201	建成	810200	田埂
311102	省级政府	420202	建筑中	810300	耕地
311103	地级政府	420300	县道	810301	稻田
311104	县级政府	420301	建成	810302	旱地
311105	乡级政府	420302	建筑中	810303	菜地
311106	村委会	420400	乡道	810304	水生作物地

续附表 D-1

分类代码	要素名称	分类代码	要素名称	分类代码	要素名称
319000	居民地注记	420500	专用公路	810305	台田、条田
330000	农业及其设施	420600	匝道	810400	园地
330100	排灌设施	420700	公路控制点	810401	果园
330101	抽水站	420701	高速路入口	810402	桑园
330200	饲养场	420702	高速路出口	810403	茶园
330300	水产养殖场	420703	高速公路临时停车点	810404	橡胶园
330400	温室、大棚	429000	城际公路注记	810500	林地
330500	粮仓(库)	440000	乡村道路	810501	成林
330600	附属设施	440100	机耕路(大路)	810502	幼林
330601	水磨坊、水车	440200	乡村路	810503	灌木林
330602	风磨坊、风车	440300	小路	810504	竹林
330603	打谷场	449000	乡村道路注记	999999	土地利用分类

附录 E　土地利用现状分类和编码

附表 E-1　土地利用现状分类和编码

一级类		二级类		含义
编码	名称	编码	名称	
01	耕地			指种植农作物的土地，包括熟地、新开发、复垦、整理地，休闲地（轮歇地、轮作地）；以种植农作物（含蔬菜）为主，间有零星果树、桑树或其他树木的土地；平均每年能保证收获一季的已垦滩地和海涂。耕地中还包括南方宽度小于 1.0 m、北方宽度小于 2.0 m 固定的沟、渠、路和地坎（埂）；临时种植药材、草皮、花卉、苗木等的耕地，以及其他临时改变用途的耕地
		011	水田	指用于种植水稻、莲藕等水生农作物的耕地，包括实行水生、旱生农作物轮种的耕地
		012	水浇地	指有水源保证和灌溉设施，在一般年景能正常灌溉，种植旱生农作物的耕地，包括种植蔬菜等的非工厂化的大棚用地
		013	旱地	指无灌溉设施，主要靠天然降水种植旱生作物的耕地，包括没有灌溉设施，仅靠引洪淤灌的耕地
02	园地			指种植以采集果、叶、根、茎、枝、汁等为主的集约经营的多年生木本作物和草本作物，覆盖度大于 50%或每亩株数大于合理株数 70%的土地。包括用于育苗的土地
		021	果园	指种植果树的园地
		022	茶园	指种植茶树的园地
		023	其他园地	指种植桑树、橡胶、可可、咖啡、油棕、胡椒、药材等其他多年生作物的园地
03	林地			指生长乔木、竹类、灌木的土地，及沿海生长红树林的土地。包括迹地，不包括居民点内部的绿化林木用地，以及铁路、公路、征地范围内的林木，河流、沟渠的护堤林
		031	有林地	指树木郁闭度≥0.2 的乔木林地，包括红树林地和竹林地
		032	灌木林地	指灌木覆盖度≥40%的林地
		033	其他林地	包括疏林地（指树木郁闭度≥0.1 且<0.2 的林地）、未成林地、迹地、苗圃等林地

续附表 E-1

一级类		二级类		含义
编码	名称	编码	名称	
04	草地			指生长草本植物为主的土地
		041	天然牧草地	指以天然草本植物为主,用于放牧或割草的草地
		042	人工牧草地	指人工种牧草的草地
		043	其他草地	指树林郁闭度<0.1,表层为土质,生长草本植物为主,不用于畜牧业的草地
05	商服用地			指主要用于商业、服务业的土地
		051	批发零售用地	指主要用于商品批发、零售的用地,包括商场、商店、超市、各类批发(零售)市场,加油站等及其附属的小型仓库、车间、工场等的用地
		052	住宿餐饮用地	指主要用于提供住宿、餐饮服务的用地,包括宾馆、酒店、饭店、旅馆、招待所、度假村、餐厅、酒吧等
		053	商务金融用地	指企业、服务业等办公用地,以及经营性的办公场所用地,包括写字楼、商业性办公场所、金融活动场所和企业厂区外独立的办公场所等用地
		054	其他商服用地	指上述用地以外的其他商业、服务业用地,包括洗车场、洗染店、废旧物资回收站、维修网点、照相馆、理发美容店、洗浴场所等用地
06	工矿仓储用地			指主要用于工业生产、物资存放场所的土地
		061	工业用地	指工业生产及直接为工业生产服务的附属设施用地
		062	采矿用地	指采矿、采石、采砂(沙)场,盐田,砖瓦窑等地面生产用地及尾矿堆放地
		063	仓储用地	指用于物资储备、中转的场所用地
07	住宅用地			指主要用于人们生活居住的房基地及其附属设施的土地
		071	城镇住宅用地	指城镇用于居住的各类房屋用地及其附属设施用地,包括普通住宅、公寓、别墅等用地
		072	农村宅基地	指农村用于生活居住的宅基地

续附表 E-1

一级类		二级类		含义
编码	名称	编码	名称	
08	公共管理与公共服务用地			指用于机关团体、新闻出版、科教文卫、风景名胜、公共设施等的土地
		081	机关团体用地	指用于党政机关、社会团体、群众自治组织等的用地
		082	新闻出版用地	指用于广播电台、电视台、电影厂、报社、杂志社、通讯社、出版社等的用地
		083	科教用地	指用于各类教育,独立的科研、勘测、设计、技术推广、科普等的用地
		084	医卫慈善用地	指用于医疗保健、卫生防疫、急救康复、医检药检、福利救助等的用地
		085	文体娱乐用地	指用于各类文化、体育、娱乐及公共广场等的用地
		086	公共设施用地	指用于城乡基础设施的用地,包括给水排水、供电、供热、供气、邮政、电信、消防、环卫、公用设施维修等用地
		087	公园与绿地	指城镇、村庄内部的公园、动物园、植物园、街心花园和用于休憩及美化环境的绿化用地
		088	风景名胜设施用地	指风景名胜(包括名胜古迹、旅游景点、革命遗址等)景点及管理机构的建筑用地。景区内的其他用地按现状归入相应地类
09	特殊用地			指用于军事设施、涉外、宗教、监教、殡葬等的土地
		091	军事设施用地	指直接用于军事目的的设施用地
		092	使领馆用地	指用于外国政府及国际组织驻华使领馆、办事处等的用地
		093	监教场所用地	指用于监狱、看守所、劳改场、劳教所、戒毒所等的建筑用地
		094	宗教用地	指专门用于宗教活动的庙宇、寺院、道观、教堂等宗教自用地
		095	殡葬用地	指陵园、墓地、殡葬场所用地

续附表 E-1

一级类		二级类		含义
编码	名称	编码	名称	
10	交通运输用地			指用于运输通行的地面线路、场站等的土地,包括民用机场、港口、码头、地面运输管道和各种道路用地
		101	铁路用地	指用于铁道线路、轻轨、场站的用地,包括设计内的路堤、路堑、道沟、桥梁、林木等用地
		102	公路用地	指用于国道、省道、县道和乡道的用地,包括设计内的路堤、路堑、道沟、桥梁、汽车停靠站、林木及直接为其服务的附属用地
		103	街巷用地	指用于城镇、村庄内部公用道路(含立交桥)及行道树的用地,包括公共停车场,汽车客货运输站点及停车场等用地
		104	农村道路	指公路用地以外的南方宽度≥1.0 m、北方宽度≥2.0 m的村间、田间道路(含机耕道)
		105	机场用地	指用于民用机场的用地
		106	港口码头用地	指用于人工修建的客运、货运、捕捞及工作船舶停靠的场所及其附属建筑物的用地,不包括常水位以下部分
		107	管道运输用地	指用于运输煤炭、石油、天然气等管道及其相应附属设施的地上部分用地
11	水域及水利设施用地			指陆地水域、海涂、沟渠、水工建筑物等用地,不包括滞洪区和已垦滩涂中的耕地、园地、林地、居民点、道路等用地
		111	河流水面	指天然形成或人工开挖河流常水位岸线之间的水面,不包括被堤坝拦截后形成的水库水面
		112	湖泊水面	指天然形成的积水区常水位岸线所围成的水面
		113	水库水面	指人工拦截汇积而成的总库容≥10 万 m^3 的水库正常蓄水位岸线所围成的水面
		114	坑塘水面	指人工开挖或天然形成的蓄水量<10 万 m^3 的坑塘常水位岸线所围成的水面
		115	沿海滩涂	指沿海大潮高潮位与低潮位之间的潮侵地带,包括海岛的沿海滩涂,不包括已利用的滩涂
		116	内陆滩涂	指河流、湖泊常水位至洪水位间的滩地;时令湖、河洪水位以下的滩地;水库、坑塘的正常蓄水位与洪水位间的滩地。包括海岛的内陆滩地,不包括已利用的滩地
		117	沟渠	指人工修建,南方宽度≥1.0 m、北方宽度≥2.0 m 用于引、排、灌的渠道,包括渠槽、渠堤、取土坑、护堤林
		118	水工建筑用地	指人工修建的闸、坝、堤路林、水电厂房、扬水站等常水位岸线以上的建筑物用地
		119	冰川及永久积雪	指表层被冰雪常年覆盖的土地

续附表 E-1

一级类		二级类		含义
编码	名称	编码	名称	
12	其他土地			指上述地类以外的其他类型的土地
		121	空闲地	指城镇、村庄、工矿内部尚未利用的土地
		122	设施农业用地	指直接用于经营性养殖的畜禽舍、工厂化作物栽培或水产养殖的生产设施用地及其相应附属用地,农村宅基地以外的晾晒场等农业设施用地
		123	田坎	主要指耕地中南方宽度≥1.0 m、北方宽度≥2.0 m 的地坎
		124	盐碱地	指表层盐碱聚集,生长天然耐盐植物的土地
		125	沼泽地	指经常积水或渍水,一般生长沼生、湿生植物的土地
		126	沙地	指表层为沙覆盖、基本无植被的土地,不包括滩涂中的沙漠
		127	裸地	指表层为土质,基本无植被覆盖的土地;或表层为岩石、石砾,其覆盖面积≥70%的土地

参考文献

[1] 陈国平,边志华,袁磊. 空间数据库技术应用[M]. 2 版. 武汉:武汉大学出版社,2023.

[2] 程昌秀. 空间数据库管理系统概论[M]. 2 版. 北京:科学出版社,2023.

[3] 李岑. 空间数据库原理与应用实验教程[M]. 2 版. 武汉:华中科技大学出版社,2018.

[4] 王珊,杜小勇,陈红. 数据库系统概论[M]. 6 版. 北京:高等教育出版社,2023.

[5] 邓立国,佟强. 数据库原理与应用[M]. 6 版. 北京:清华大学出版社,2017.

[6] 萨师煊,王珊. 数据库系统概论[M]. 4 版. 北京:高等教育出版社,2007.

[7] 史嘉权. 数据库系统概论[M]. 北京:清华大学出版社,2006.

[8] 周德伟. MySQL 数据库基础实例教程[M]. 北京:人民邮电出版社,2021.

[9] 黄杏元,马劲松. 地理信息系统概论[M]. 4 版. 北京:高等教育出版社,2010.

[10] 赵会丽. GIS 技术及应用[M]. 郑州:黄河水利出版社,2019.

[11] 李满春,任建武,陈刚,等. GIS 设计与实现[M]. 北京:科学出版社,2004.

[12] 边馥苓. 空间信息导论[M]. 北京:测绘出版社,2006.

[13] 崔铁军. 地理空间数据库原理[M]. 北京:科学出版社,2007.

[14] 吴信才. 空间数据库[M]. 北京:科学出版社,2009.

[15] 张新长,马林兵,张青年. 地理信息系统数据库[M]. 北京:科学出版社,2005.

[16] 黄杏元,汤勤. 地理信息系统概论[M]. 北京:高等教育出版社,2001.

[17] 邬伦,刘瑜,张晶,等. 地理信息系统——原理、方法和应用[M]. 北京:科学出版社,2005.

[18] 陶宏才,等. 数据库原理与设计[M]. 北京:清华大学出版社,2007.

[19] 王琴. 地图学与地图绘制[M]. 郑州:黄河水利出版社,2008.

[20] 汤国安,杨昕. ArcGIS 地理信息系统空间分析实验教程[M]. 北京:科学出版社,2006.